油气藏渗流理论与开发技术系列

纳微米非均相流体提高油藏采收率理论与技术

朱维耀 著

科学出版社
北京

内 容 简 介

本书以多孔介质中非均相多相流体的界面融进、靶向驱替、微观力作用为基底，有别于均相流体的流动，从非均相多相功能流体体系的构建和流动机理出发，创建了纳微米非均相流体提高采收率的理论与技术体系，提高难采油田的采收率。主要内容包括：纳微米非均相提高采收率技术的新途径及实验方法体系、非均相提高采收率的机理、纳微米非均相体系调驱渗流理论；扩大流场有效动用范围的提高采收率技术的新途径、驱替单元渗流理论、宽带压驱等流场扩容引效适配技术；适合难采油田的四类七种纳微米非均相体系、现场应用技术规范；难采油藏非均相体系提高采收率的开发方法、纳微米非均相体系调驱决策方法。

本书适合石油工程领域的技术人员、科学技术工作者，以及石油院校的师生参考阅读。

图书在版编目（CIP）数据

纳微米非均相流体提高油藏采收率理论与技术 / 朱维耀著. —北京：科学出版社，2023.4

（油气藏渗流理论与开发技术系列）

ISBN 978-7-03-074223-0

Ⅰ. ①纳… Ⅱ. ①朱… Ⅲ. ①非均质流体-应用-石油开采-采油率（油气开采）-研究 Ⅳ. ①TE357

中国版本图书馆CIP数据核字（2022）第236131号

责任编辑：万群霞 / 责任校对：王萌萌
责任印制：吴兆东 / 封面设计：无极书装

科学出版社 出版
北京东黄城根北街 16 号
邮政编码：100717
http://www.sciencep.com
北京建宏印刷有限公司 印刷
科学出版社发行 各地新华书店经销
*
2023 年 4 月第 一 版 开本：720 × 1000 1/16
2023 年 4 月第一次印刷 印张：16 1/2
字数：340 000

定价：168.00 元

（如有印装质量问题，我社负责调换）

前　言

功能纳微米非均相流体驱油是一项变革性技术，也是未来提高采收率发展的主要方向。该技术破解均匀驱替剂用量大、驱替效能低的难题，可用于目前三次采油和纳米驱油技术无法适用的领域。原有的化学驱剂驱油提高采收率技术是靠添加化学剂来降低油水界面张力，增加水相黏度及扩大波及体积以达到提高驱油效率的目的。这类方法在技术和经济上不适用于低渗致密、稠油、高含水等难采油田，所以探寻适用于难采油田提高采收率的新技术方向十分必要。本书在跟踪国内外油气提高采收率理论研究的基础上，通过创新思维，从非均相多相功能流体体系的构建和驱替机理出发，创建了纳微米非均相流体提高采收率的理论与技术体系，实现了对难采油田采收率的提高。

本书重点阐述纳微米非均相流体提高采收率的驱油机理、渗流理论、数值模拟方法、油藏工程方法、驱油体系制备和应用实例。全书共分 16 章。第 1 章和第 2 章介绍纳微米非均相流体的基本性能、功能纳微米非均相调驱体系制备及性能、各类功能纳微米非均相调驱体系；第 3 章和第 4 章介绍非均相渗流物理模拟的实验方法、功能纳微米非均相提高采收率驱油的机理；第 5 章和第 6 章介绍纳微米非均相体系调驱双重介质渗流理论、有效驱替单元渗流理论；第 7～10 章介绍压裂-渗吸-驱油(压驱)提高原油采收率的方法、低渗致密油藏注水井宽带压裂引效方法、径向钻孔-微压裂扩容-调驱方法、纳微米非均相体系调驱决策方法；第 11 章介绍纳微米非均相体系调驱开发效果评价方法；第 12～16 章介绍纳微米非均相体系调驱技术，并分别给出了其在致密油田、低渗透油田、中渗透油田、普通稠油油田、高含水油田等的应用，同时给出了针对油田实际的具体技术对策和应用效果。

本书部分研究成果得到了国家自然基金项目的资助。感谢笔者团队青年教师岳明、孔德彬、潘滨，博士研究生马启鹏、刘昀枫、李华、王九龙、刘凯、李兵兵、李想等为本书所做出的贡献，也感谢团队其他同事对本书给予的支持和帮助。

目前，已出版的渗流理论、油气藏工程类图书涉及上述部分内容的尚少。因此，希望本书的出版能为石油科技、工程技术人员、大专院校师生在油气藏开发的学习和应用起到积极作用。

由于水平有限，书中疏漏和不妥之处在所难免，恳请读者批评指正。

朱维耀

2022年9月20日

目　录

第1章　纳微米非均相流体的基本性能

1.1　基本概念和定义

1.1.1　非均匀流体

非均匀流体是指在流场的不同区域中性质改变的流体。流体是近程有序的，围绕每一个分子，在3～5个分子的距离内，有一个密度周期起伏并逐渐衰减的有序结构，这一有序结构决定了整个流体的性质[1]。

非均匀流体的性质特点，通常是指非均匀流体本身的性质特点，而不是指流动方式。非均匀流体的性质是在一个标准大气压和20℃下，流体处于静止状态时测得的。当多于一种明显的流体状态存在时，非均匀流体具有随位置变化的分段连续的宏观属性[2]。

严格地说，空气中的颗粒混合物是一种非均匀流体，这是因为空气和颗粒是不同的两相，而且颗粒区与空气区具有不同的性质。实际生产中的许多物料是非均匀流体。从物理化学的观点来看，实际生产中常遇到的流体是一种分散体系，如果从分子或微团结构出发来分析其微观结构对流变性的影响，那么就可以将生产中常遇到的流体看成非均匀流体，如原油，特别是含蜡量高的原油，当油温较低时，有蜡晶析出，这时也会呈现出与非均匀流体相似的特性[3]。

1.1.2　非均相体系

非均相体系也称非均相系统，是物理化学的一个基本概念。“体系”又称为“系统”，是热力学中的一个概念。根据研究的需要，人为地把一部分物料从周围的物体中划分出来作为研究对象，这一被划分出来的一部分物料称为体系或系统。系统以外的部分与系统有直接联系的物料统称为环境。“相”也是热力学的基本概念，是指系统内部物理和化学性能均匀，有明显的边界且用机械方法可以分离出来的部分。因此，非均相体系是指系统内含有一个以上的相，相间有明显的分界面[4]。

构成非均相体系的物质可以由一个组分构成，如水蒸气和水构成气、液两相，其组分都是水；也可以由几个组分构成，如糖和糖水，由两种组分构成，糖溶于水后成为糖水液相，而不能再溶的部分则沉淀在下面构成固相。

非均相体系的存在或非均相间与均相间的转化不仅和其本身组成有关，还和周围的环境条件有关。一杯底部有固体糖沉淀的糖水是一个固液非均相体系。如果温度升高，底部的固体糖就会溶解，直到全部溶解，系统就会变成糖水相，成为均相系统。一杯漂浮着冰块的水是一非均相体系，当温度升高，冰全部融化成水，就成为水的均相体系。

非均相体系和均相体系间的变化有物理变化，也有化学变化，甚至伴随着新物质和新相的产生。非均相体系和均相体系之间的变化伴随着能量的变化。如一杯水加入一些硝酸铵粉末，刚开始是固液非均相体系，随着硝酸铵的溶解成为均相体系，同时溶液温度降低，因为硝酸铵的溶解过程是吸热的。

1.1.3 分散相

胶体化学中被分散的物质称为分散相，又称弥散相，而分散介质称为连续相。例如，在合金固溶胶中，合金内分散相以细小而弥散分布的微粒形式存在的相。在合金钢中，存在细小微粒弥散分布的相，它对晶界有钉孔和扩大相界面的作用，使合金的强度和硬度增加[5]。

分散相一般是两个组分以上的多组分体系，不过也存在极为罕见的单组分分散体系，这类分散体系是液体。由于分子的热运动而出现的涨落现象使一些分子在液态内部聚集成较大的聚集体，聚合物或大分子量物质如蛋白质、纤维素及各种天然和人工合成的聚合物都存在分散相。

1.1.4 微纳米流体力学

流体力学是力学的一个分支，主要研究在各种力的作用下，流体本身的静止状态和运动状态，以及流体和固体界壁间有相对运动时的相互作用和流动规律[6]。在流体力学中，存在以下几个基本假设。

1. 连续体假设

物质都由分子构成，分子都是离散分布的，做无规则的热运动。但理论和实验都表明，在很小的范围内，做热运动的流体分子微团的统计平均值是稳定的。因此，可以近似地认为流体是由连续物质构成，其中温度、密度、压力等物理量都是连续分布的标量场。

2. 质量守恒

质量守恒的目的是建立描述流体运动的方程组。欧拉法描述：流进绝对坐标系中任何闭合曲面内的质量等于从这个曲面流出的质量，这是一个积分方程组。将其化为微分方程组：密度和速度乘积的散度是零(无散场)。用欧拉法描述：流体微团质量的导数随时间的变化率为零。

3. 动量定理

流体力学属于经典力学的范畴，因此，动量定理和动量矩定理适用于流体微元。

4. 应力张量

对流体微元的作用力主要有表面力和体积力，表面力和体积力分别是力在单位面积和单位体积上的量度，所以它们有界。由于我们在建立流体力学基本方程组时考虑的是尺寸很小的流体微元，因此流体微元表面所受的力是尺寸的二阶小量，体积力是尺寸的三阶小量，故当体积很小时，可以忽略体积力的作用。认为流体微团只受表面力(表面应力)的作用。在非各向同性的流体中，流体微团位置不同，表面法向不同，所受的应力也是不同的。应力是由一个二阶张量和曲面法向的内积来描述的，二阶应力张量只有三个量是独立的，所以只要知道某点在三个不同面上的应力，就可以确定这个点的应力分布情况。

5. 黏性假设

流体具有黏性，利用黏性定理可以导出应力张量。

6. 能量守恒

能量守恒具体表述为：单位时间内体积力对流体微团做的功加上表面力和流体微团变形速度的乘积等于单位时间内流体微团的内能增量加上流体微团的动能增量。

微纳米流体力学是一门研究微米、亚微米直至纳米尺度下流体的流动及输运规律的学科。

1.1.5　纳微米颗粒非均相流体

根据连续相的状态，非均相流体分为两类：气态非均相流体，如含尘气体、含雾气体等；液态非均相流体，如乳浊液、悬浊液及泡沫液等。显然，非均相流体中存着相界面，界面两侧的物料具有不同的物理性质。

纳微米非均相流体是指纳微米颗粒悬浮在液相中，并且在液相内溶解度分布不均一的流体。

1.2　纳微米非均相流体的类型

1.2.1　固液颗粒分散体系

当把固体颗粒投入液体中并搅拌时，首先发生固体颗粒的表面润湿过程，即液体取代颗粒表面层的气体并进入颗粒之间的间隙；然后是颗粒团聚体被流体动力打散，即分散过程。通常，在搅拌过程中不会使颗粒的大小发生变化，只能达到原来颗粒尺度上的均匀混合。如果搅拌速度较慢，颗粒会全部或部分沉于釜底，这会极大地降低固液接触界面。只有足够强的扫底总体流动和高度湍动才能使颗粒悬浮起来。当搅拌器的转速由小增大到某一临界值时，全部颗粒将离开釜底悬浮起来，这一临界转速称为搅拌器的悬浮临界转速。实际操作时，搅拌器的转速必须大于此临界转速，才能使固液两相有充分的接触界面[7]。

1.2.2 气液分散体系

1. 乳浊液

将一种液体分散在另一种互不相溶的液体中所形成的体系叫作乳浊液。组成乳浊液的一种液体一般是水或水溶液,另一种液体是与水互不相溶的有机液体，统称为油。油和水形成的乳浊液有两种类型：一种是油分散在水中，叫作水包油型，即油/水(O/W)型；另一种是水分散在油中，叫作油包水型，即水/油(W/O)型[8]。

将油和水放在一起猛烈地振荡，可得到乳浊液。但是这样得到的乳浊液并不稳定，只要放置片刻，就又会分成两层。因为分散开来的油珠相互碰撞时会自行合并起来。所以，要想得到稳定的乳浊液，通常必须有第三组分即乳化剂的存在。乳化剂的作用在于使由机械分散所得的液滴不能相互聚结。乳化剂的种类有很多，许多乳化剂是表面活性物质，如蛋白质、树胶、肥皂或人工合成的表面物质。倘若加入一点肥皂，再猛烈地振荡就可以得到稳定的乳浊液。当这些物质加到油水混合物中时，亲水基朝着水而疏水基向着油定向地排列起来，降低了它们的界面能，使得体系更加稳定。同时，它们也在油珠外面组成了一个具有一定强度的膜，当分散开的油珠再次相遇时，可以阻止它们之间的合并。

2. 悬浊液

大于100nm不溶的固体小颗粒悬浮于液体里形成的混合物叫作悬浊液。常见的悬浊液有面糊、泥水、石灰乳等。悬浊液不透明、不均一、不稳定，不能透过滤纸，静置后会出现分层(即分散质粒子在重力作用下逐渐沉降下来)[9]。

3. 泡沫液

泡沫液又称为泡沫浓缩液或泡沫原液，是可按适宜的浓度与水混合形成泡沫溶液的浓缩液体[10]。

1.3　纳微米非均相流体的特性

1.3.1　黏度

黏度是物质的一种物理化学性质，定义面积为 A、相距 $\mathrm{d}r$ 的一对平行板，板间充以某种液体；今对上板施加推力 F，使其产生速度变化所需的力。由于黏度的作用，物体在流体中运动时会受到摩擦阻力和压差阻力，造成机械能的损耗。

任一点上的剪应力都同剪切变形速率呈线性函数关系的流体称为牛顿流体。最简单的牛顿流体流动是两无限平板以相对速度 U 相互平行运动时，两板间黏性流体的低速定常剪切运动(或库埃特流动)。非牛顿流体是指不满足牛顿黏性实验定律的流体，即其剪应力与剪切变形速率之间不呈线性关系。非牛顿流体广泛存在于生活、生产和大自然之中。绝大多数生物流体都属于所定义的非牛顿流体，如人体身上的淋巴液、囊液等多种体液，以及像细胞质那样的“半流体”[11]。

纳微米非均相流体属于非牛顿流体。因此，非牛顿流体的黏度定义同样适用于纳微米非均相流体的黏度定义。

1.3.2　流变特征

1. 剪切变稀性

对于假塑性的纳微米非均相流体，随着剪切变形速率或剪应力的增加，其表观黏度降低。在这种情况下，它不再像牛顿流体那样具有确定的流变方程形式，此时具有多种形式的流变方程可用于描述假塑形的流变特性[12]。

2. 剪切增稠性

受力就会有流动，但剪应力与剪切变形速率不成比例，随着剪切变形速率的增大，剪应力增加的速率越来越大，即随着剪切变形速率的增大，流体的表观黏度增大。

1.3.3　界面特性

热力学平衡时离子晶体的表面或界面由于有过剩的同号离子而带有一种电荷，这种电荷正好被晶界邻近的异号空间电荷层所抵消，这种现象叫作界面特性[13]。

纳微米非均相流体具有比均相流体更复杂的界面特性，主要表现为界面处纳微米颗粒的浓度不同于体相内部的浓度，所以纳微米非均相流体展现出均相流体不具有的特征，能够实现均相流体无法实现的特殊功能，详细论述请见随后章节。

1.3.4 润湿性

润湿性是指存在两种互不相溶的液体，液体首先润湿固相表面的能力，即一种液体在一种固体表面铺展的能力或倾向性[14]。物质表层的分子状态和它内部的分子状态不同，表面层分子的能量比它内部分子的能量高。当固体物质与液体物质接触时，一旦形成界面，就会发生降低表面能的吸附现象，液体物质将在固体物质表面铺展开来。

在实践中，通常用接触角来度量固体表面的润湿性(固体表面的亲水或疏水程度)。当气泡在固体表面附着(或水滴附着于固体表面)时，一般认为其接触处是三相接触，并将这条接触线称为“三相润湿周边”。在接触过程中，润湿周边是可以移动的，或者变大，或者缩小。当变化停止时，表明该周边三相界面的自由能(用界面张力表示)已达到平衡。在此条件下，在润湿周边上任意一点处液气界面切线与固液界面切线之间的夹角称为平衡接触角，简称接触角[15]。

固体表面的润湿性主要由界面层原子或原子团的性质决定。因此，对于固体而言，其润湿性将随固液两相的组成与性质而发生变化。而对于施加表面改性剂后的固体，其润湿性与固体基材性质无关，主要取决于改性剂和液相的性质。

岩石流体中的润湿情况受界面张力的影响。改变岩石或其中流体的类型将改变界面张力，因此也改变了系统的润湿性。添加化学药剂，如表面活性剂、聚合物、防腐剂、除垢剂等，也会改变其润湿性。

1.3.5 流体饱和度

流体饱和度是描述储层岩石孔隙中流体充满的程度，该参数可影响油气藏储量的大小。因此，它与孔隙度、渗透率合称为孔、渗、饱参数，用来评价储层的优劣[16]。

当储层岩石孔隙中同时存在多种流体(原油、地层水或天然气)时，某种流体所占的体积百分数称为该种流体的饱和度。

流体饱和度分为原始含水饱和度、原始含油饱和度、束缚水和束缚油饱和度等。确定储层流体饱和度的方法包括油层物理法、测井方法、经验统计图版法等。

1.3.6 多孔介质中的流动特征

多孔介质是宏观上连续(微观上随机)分布着孔隙空间的固体物质，也是多相物质共存的一种组合体，没有固体骨架的那部分空间叫作孔隙，由液体、气体或气液两相共同占有，相对于其中一相来说，其他相都弥散在其中，并以固相为固体骨架，构成空隙空间的某些空洞相互连通。孔隙度是多孔介质中孔隙体积与多孔介质总体积之比。有效孔隙是多孔介质中相互连通且不被结合水所占据的那一部分孔隙。有效孔隙度是多孔介质中有效孔隙体积与多孔介质总体积之比。盲端孔隙是多孔介质中一端与其他孔隙连通且另一端是封闭的孔隙[16]。

在多孔介质中的流体流动具有以下特性：表面分子力作用显著，毛细管作用突出，流动阻力较大，流动速度一般较慢，在微纳米尺度常呈现非线性渗流规律。具体地，需承受以下几个力的作用。

1. 重力

重力可能是动力也可能是阻力。油气存在于地下岩层内，未开采时岩石和流体都处于均衡受压的平衡状态。随着油气的不断开采，油气层内的压力逐渐降低，上覆岩层和油层内的压力差逐渐增大，使岩石变形，造成岩石孔隙度的减小即内部孔隙体积减小，所以多孔介质内的流体逐渐向压力低的方向流动。同时，渗流方向也发生改变。

2. 毛细管力

多孔介质可以看成是固体内部存在许多个毛细管，这些毛细管散乱分布，互相连通。发生渗流时，一种流体驱替另一种流体，在两种流体交界面上产生压力跳跃，这个压力称为毛细管压力。

3. 流体的黏性及黏滞力

流体在流动时，不同流速的流体间受分子间内聚力的影响会产生相互作用力，使速度低的加速，速度高的受到限制，流体的这种属性称为黏性。流体的黏性与流体的种类、温度及压力相关。在渗流中，黏滞力为阻力，且动力消耗主要用于渗流时克服流体黏滞阻力。

4. 微观力

在微纳米尺度，多孔介质表面的电性通过扩散双电层和范德华力作用于孔隙中的流体，进而影响该尺度下的流体运移。

第2章　功能纳微米非均相调驱体系的制备及性能

2.1　功能纳微米聚合物微球的制备

2.1.1　功能纳微米聚合物微球制备的原理

本节制备了两种功能纳微米聚合物微球，第一种是以纳微米级无机核-聚合物壳的典型核壳结构为核的复合纳微米聚合物微球。选取粒径均一的二氧化硅作为复合材料的核，并在此核上再进行聚合物的包覆，以形成形貌均一的复合纳微米聚合物微球。更重要的是，二氧化硅具有较高的强度，可使整个复合纳微米聚合物微球在封堵时具有一定的强度。再在纳微米聚合物微球表面包覆一层部分水解聚丙烯酰胺，即水化层，以保证纳微米聚合物微球能够稳定存在于水中，不会沉淀，此种特殊结构的纳微米聚合物微球能够选择性地进入大中小孔道，在大孔道中缓慢通过，在小孔道中变形快速通过，从而达到堵大不堵小，更好地提高了波及程度和洗油效率。第二种是不加入二氧化硅，采用单体直接进行聚合，得到纳微米聚合物微球。这种纳微米聚合物微球也具有一定的弹性和水化膨胀性能，能够选择性地进入不同的孔道[17-19]。

2.1.2　二氧化硅制备

选取介孔二氧化硅和实心二氧化硅作为功能纳微米聚合物制备的核。

1. 粒径可控的介孔二氧化硅制备

合成步骤：在 15℃下将一定量的无水乙醇和去离子水混合加入 250mL 锥形瓶中，在中速磁力搅拌下，向上述混合液中加入适量的月桂胺(DDA)，待 DDA 全部溶解后，快速加入适量的正硅酸乙酯，15min 后溶液呈现淡蓝色浑浊，随时间推移逐渐变成乳白色。反应液搅拌 20h 后反应结束，将反应物用高速离心机(Hitachi Himac CR21F，最大转速为 21000r/min)离心，用乙醇洗涤 3 次后再次离心，在 60℃的恒温鼓风干燥箱中干燥 12h，然后在 823K 的马弗炉中焙烧 5h 得到去除导向剂 DDA 的产物。

样品形貌的表征采用 JSM-4500 和 JSM-5500 扫描电子显微镜(SEM)。小角 X 射线测量采用仪器为日本 Rigaku 公司生产 SAXRD，以 Cu Kα 为发射源，激发出荧光辐射的波长 K= 0.15418nm。样品形貌与结构的表征采用高分辨透射电子显微镜(HRTEM)，型号为日本JEOL生产的JEM-2010F。氮气吸附/脱附分析测定采用仪器为 Micromet ritics ASAP-2010。比表面积和孔径分布分别根据 BET (brunauer-emmet t-teller)和BJH (barrett-joyner-halanda)模型的吸附曲线得到。样品的热失重分析采用TGA-2050型热失重分析仪。

通过改变DDA与四乙氧基硅烷(TEOS)的比例和溶剂总量及醇水比例来调控二氧化硅的粒径，分别得到了 50nm～1μm 的形貌可控的纳微米聚合物微球。图2-1和图2-2分别为改变溶剂总量和共溶剂比例的微球粒径的变化趋势图。

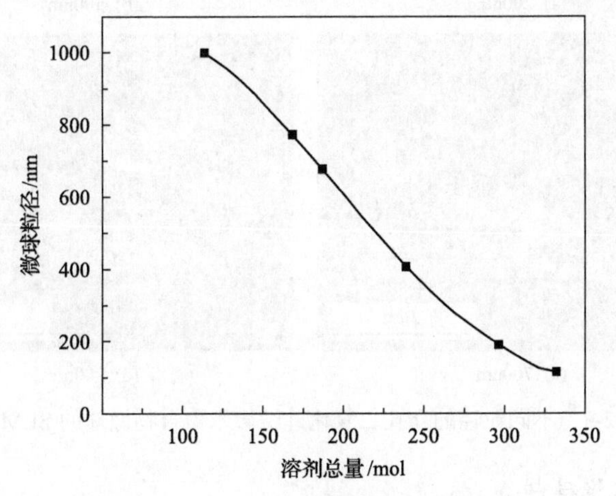

图2-1　溶剂总量与粒径的关系图

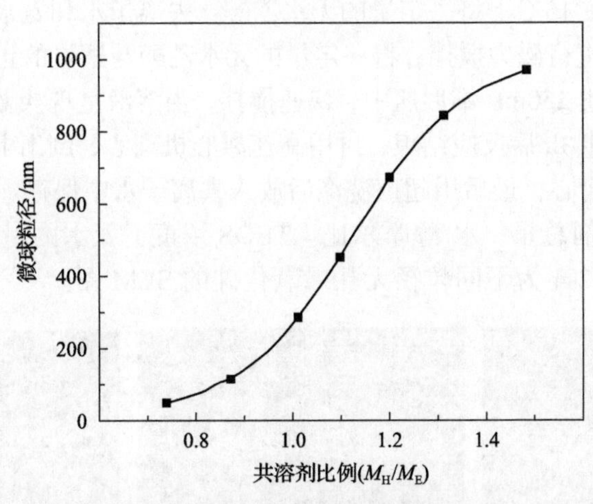

图2-2　共溶剂比例与粒径的关系图

根据实验结果挑选了4个不同粒径尺度的纳微米聚合物微球，其SEM图如图2-3所示。

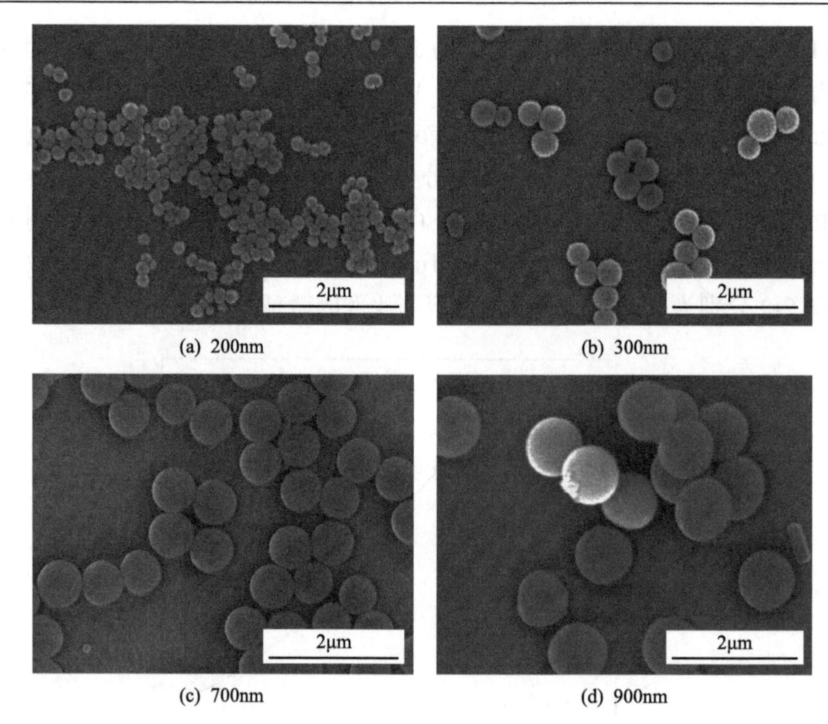

(a) 200nm　(b) 300nm　(c) 700nm　(d) 900nm

图 2-3　不同粒径的介孔二氧化硅纳微米聚合物微球的 SEM 图

2. 无孔二氧化硅制备

合成步骤：在 15℃下将一定量的无水乙醇、去离子水和氨水充分混合后加入 250mL 锥形瓶中进行磁力搅拌；将一定量的无水乙醇与适量的正硅酸乙酯充分混合后快速倒入上述 250mL 锥形瓶中，快速搅拌，当溶液呈现淡蓝色浑浊后，缓慢搅拌。反应液搅拌 3h 后反应结束，再用高速离心机离心，倒出上层清液，再用丙酮洗涤三次后再离心，最后用超声洗涤后放入去离子水中保存。

通过改变溶剂总量、水/醇摩尔比、TEOS 浓度、氨水的量来调控无孔二氧化硅的粒径，图 2-4 为不同粒径无孔二氧化硅的 SEM 图。

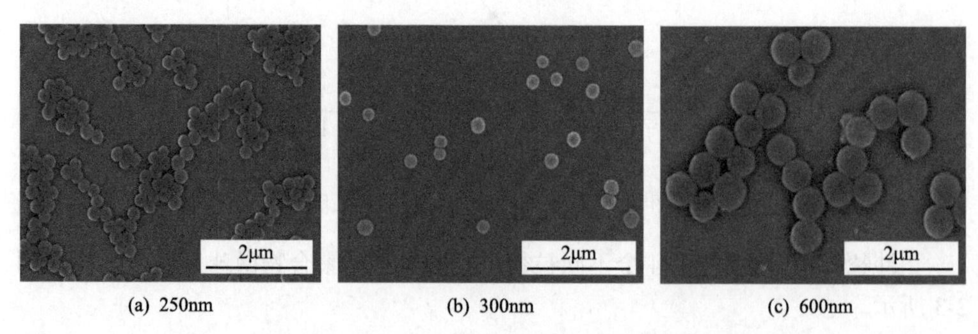

(a) 250nm　(b) 300nm　(c) 600nm

图 2-4　不同粒径的无孔二氧化硅纳微米聚合物微球的 SEM 图

由图 2-4 可知，无孔二氧化硅的形貌规则、表面光滑，可以作为后续包覆的功能聚合物微球的核。

2.1.3 沉淀-蒸馏法在二氧化硅表面包覆聚合物

采用沉淀-蒸馏法在二氧化硅表面直接包覆一层交联聚合物，使纳微米聚合物微球表层的聚合物层的厚度可控。先在二氧化硅表面包覆一层非水膨性的交联聚合物，再在交联聚合物表面包覆一层水化层聚合物。交联聚合物层保证了纳微米聚合物微球的弹性及变形性，使纳微米聚合物微球在小孔道中可变形通过；而水化层聚合物能使纳微米聚合物微球缓慢膨大，使聚合物能够在微球较小时注入地层，在进入地层后缓慢膨胀，在大孔道中形成较大的球状，缓慢流动，从而具备堵大不堵小的功能。

1. 改变交联剂的量以选择适合的交联层厚度

选取粒径为 200nm 的二氧化硅，质量为 0.5g，丙烯酰胺的质量为 0.5g，乙腈的体积为 40mL，改变交联剂亚甲基双丙烯酰胺(MBAA)占二氧化硅的质量比例，当 MBAA/SiO_2(质量比例，下同)由 0.5%增加到 60%时，可以发现包覆厚度先迅速增加后基本保持不变，纳微米聚合物微球半径因聚合物的包覆大约增加了 100nm。将以上微球分别溶于水中后发现，当交联剂低于 20%时，微球表面部分脱落；当比例增大到 40%时，微球表面可全部稳定存在，不脱落；当交联剂比例超过 60%时，包覆层呈现颗粒状。所以，本书选择交联剂的比例为 40%，此时形成的包覆层既可稳定存在又可保证在水中不脱落。

2. 改变丙烯酰胺的量以确定水化层的厚度

固定二氧化硅的质量为 0.5g，溶剂量为 40mL，MBAA/SiO_2 的比例为 40%，改变丙烯酰胺(AM)的量，由 0.25g 增加到 0.75g，发现包覆厚度由 30nm 增加到约 100nm，并随着丙烯酰胺质量的增加，纳微米聚合物微球表面聚合物的形貌越来越不规则，出现了小颗粒状物质，当单体增加到 0.75g 时，出现了网络状的结构。所以，本书选择丙烯酰胺的质量为 0.5g，此时包覆的效果最好。

3. SiO_2/AM/MBAA/AMPS 核壳结构的三元复合纳微米聚合物微球

除水化层包覆丙烯酰胺外，本书还加入了功能性的复合物，如 2-丙烯酰胺基-甲基丙磺酸(AMPS)和丙烯酰胺，将其按照一定比例加入外层包覆物中，此种复合纳微米聚合物微球具有较好的抗温、抗盐性能。改变 AMPS 的比例，当 AMPS/AM 的比例由 10%增大到 50%时，得到纳微米聚合物微球的 SEM 图如图 2-5 所示。

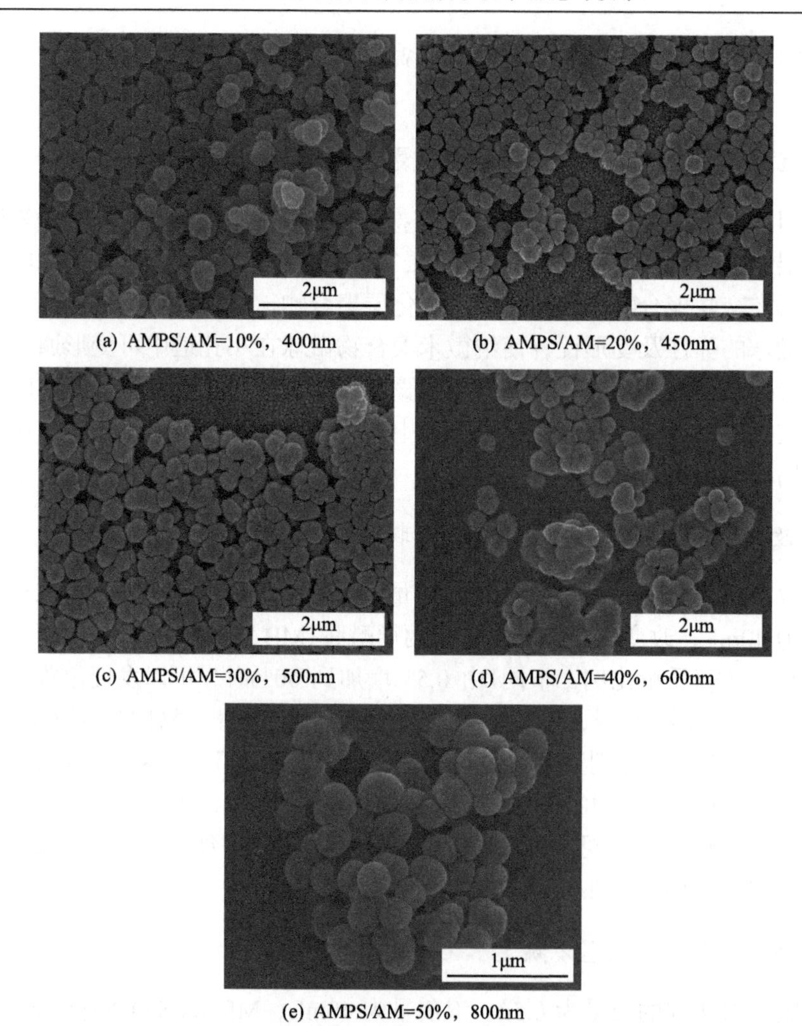

(a) AMPS/AM=10%，400nm (b) AMPS/AM=20%，450nm

(c) AMPS/AM=30%，500nm (d) AMPS/AM=40%，600nm

(e) AMPS/AM=50%，800nm

图 2-5 AMPS/AM 比例不同时制备的 SiO_2/MBAA/AMPS/AM 复合纳微米聚合物微球的 SEM 图

2.1.4 采用蒸馏-沉淀法直接合成纳微米聚合物

在沉淀法的基础上进行改进，用蒸馏来替代搅拌。在蒸馏状态下，丙烯酰胺、丙烯酸和甲基丙烯酸甲酯在引发剂偶氮二异丁腈(AIBN)存在的情况下，在有油溶性乙腈溶剂的圆底烧瓶中进行共聚合。在反应体系中，引发剂分解产生自由基，可与聚合单体反应得到新自由基，自由基链不断增长，引起自身极性发生变化，并从介质中沉析出来，多条链段相互缠结形成稳定的核并悬浮在介质中，所形成的初级增长核吸收反应介质中的单体，自由基在核内继续进行聚合反应，形成聚合物微球。丙烯酰胺、丙烯酸和甲基丙烯酸甲酯共聚合物属于自由基共聚合，共聚反应方程式为

$$m\mathrm{CH_2{=}CH(COOH)} + n\mathrm{CH_2{=}CH(CONH_2)} + k\mathrm{CH_2{=}C(CH_3)(COOCH_3)} \xrightarrow{\mathrm{AIBN}} \left[\mathrm{CH_2{-}CH(COOH)}\right]_m\left[\mathrm{CH_2{-}CH(CONH_2)}\right]_n\left[\mathrm{CH_2{-}C(CH_3)(COOCH_3)}\right]_k \tag{2-1}$$

1. 考虑丙烯酰胺和丙烯酸的单体比例的影响

合成丙烯酰胺和丙烯酸（AA）二元共聚纳微米聚合物微球，保持交联剂与单体的质量比为 10%，总单体的质量体积浓度为 25g/L，引发剂的质量为 0.02g，改变两种单体的质量比例，AA/AM 从 0∶10 逐步上升至 10∶0，其组成及所得产物如表 2-1 所示，SEM 图如图 2-6 所示。

表 2-1　单体比例的组成及 SEM 结果分析

序号	AA/g	AM/g	AA∶AM	SEM 粒径分布及形貌
A1	0	1	0∶10	不成球状
A2	0.2	0.8	2∶8	400～700nm，颗粒不均一，黏连严重
A3	0.4	0.6	4∶6	330～450nm，黏连
A4	0.5	0.5	5∶5	280nm，光滑球，单分散，大小均一
A5	0.6	0.4	6∶4	300nm，团聚成一个大球
A6	0.8	0.2	8∶2	不形成球状，大块状
A7	1.0	0	10∶0	无反应

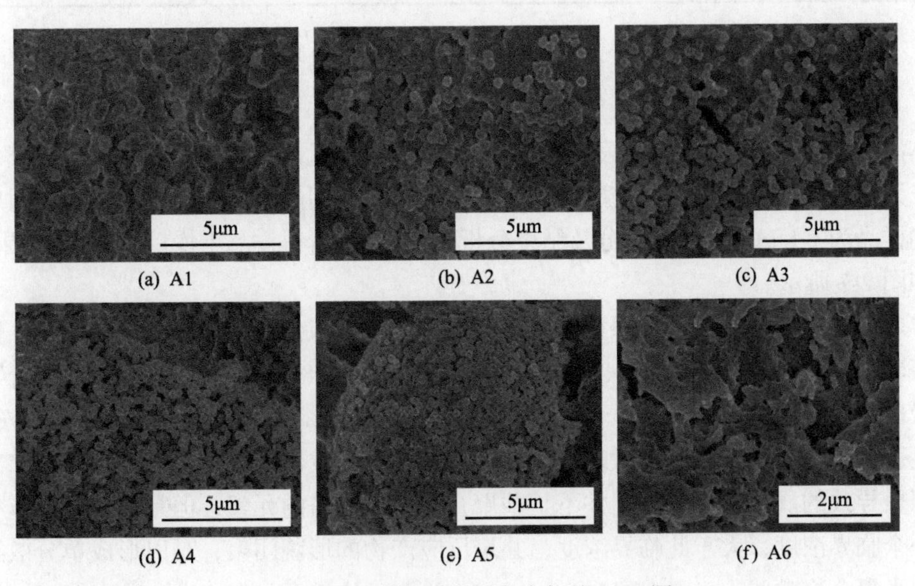

(a) A1　(b) A2　(c) A3　(d) A4　(e) A5　(f) A6

图 2-6　改变单体比例时各产物的 SEM 图

从图 2-6 可以看出，保持其他配比不变，当 AA/AM 由 0∶10 逐渐增大时，实验结果由不成球到逐渐成球，再到球形度渐好但黏连；当 AA/AM 比例增大到 5∶5 时，成球及分散性最好，超过此比例后，纳微米聚合物微球开始团聚，逐渐成块；最后，当 AA/AM 达到 10∶0 时，又不能成球。可见，当 AA 与 AM 的质量比为 5∶5 时，所得纳微米聚合物微球的黏连最少、成球率最高，纳微米聚合物微球粒径为 280nm，呈良好的单分散状态。这表明丙烯酰胺和丙烯酸以等质量共聚合时，聚合效果最好。

2. 考虑单体浓度对共聚合反应的影响

通过第一组实验，选取最优单体比例(AM/AA 为 5∶5)，保持 *N*，*N*′-亚甲基双丙烯酰胺(MBA)占总单体质量比例为 10%，引发剂为 0.02g，通过改变反应溶剂的量来研究单体浓度对聚合过程的影响，对应样品为 B1～B5，具体组分参见表 2-2。

表 2-2 不同单体浓度下扫描电镜结果分析

序号	溶剂/mL	单体/(g/L)	SEM 粒径分布及形貌
B1	10	100	不形成球
B2	20	50	700～1000nm，黏连，大小不一
B3	40	25	280nm，光滑球，单分散，大小均一
B4	60	16.7	180～220nm，大小不均一，黏连
B5	80	12.5	大小不一，黏连严重，团聚

3. 考虑交联剂对共聚合反应形成的纳微米聚合物微球水化特性的影响

通过第一组实验选取最优单体比例(AA/AM)为 5∶5，第二组实验选取最优单体浓度为 25g/L，并保持引发剂的质量为 0.02g，通过改变交联剂比例来研究其对二元共聚合反应的影响。交联剂占总单体的质量比例由 0 逐渐增大到 16%，对应的样品为 C1～C6，具体组分及结果分析见表 2-3，所得样品干燥后的 SEM 结果，如图 2-7 所示。

由图 2-7 可知，当体系中不加入交联剂时，合成纳微米聚合物微球的均一性好、粒径小且单分散；当 MBA 的比例由 1%增大到 8%时，得到的纳微米聚合物微球粒径稍大，但整体变化不大；当该比例达到 16%时，纳微米聚合物微球粒径显著增大，纳微米聚合物微球表面粗糙，这是所形成小纳微米聚合物微球的二次团聚导致的。这说明交联剂并不是共聚合反应所必需的元素，但是共聚合反应有一个临界浓度，大于此临界浓度，共聚反应产物的形貌团聚，难以形成单分散纳微米聚合物微球。

表 2-3　改变交联剂比例时扫描电镜和激光粒度仪结果分析

序号	MBA/单体(质量比例)/%	SEM 粒径/nm	纳微米聚合物微球水化后激光粒度仪测量的粒径分布/μm	水化后是否有团聚	膨胀倍数
C1	0	180～200	—	—	—
C2	1	250～270	2.0～10，峰 5	2～100μm，有团聚	19
C3	2	220～240	0.8～4，峰 1.9	5～80μm，有团聚	8.3
C4	4	200～240	0.8～3.0，峰 1.7	10～50μm，有团聚	7.7
C5	8	280～300	0.3～0.8，峰 0.5	无团聚	1.7
C6	16	650～900	0.6～2.0，峰 1.1	无团聚	1.4

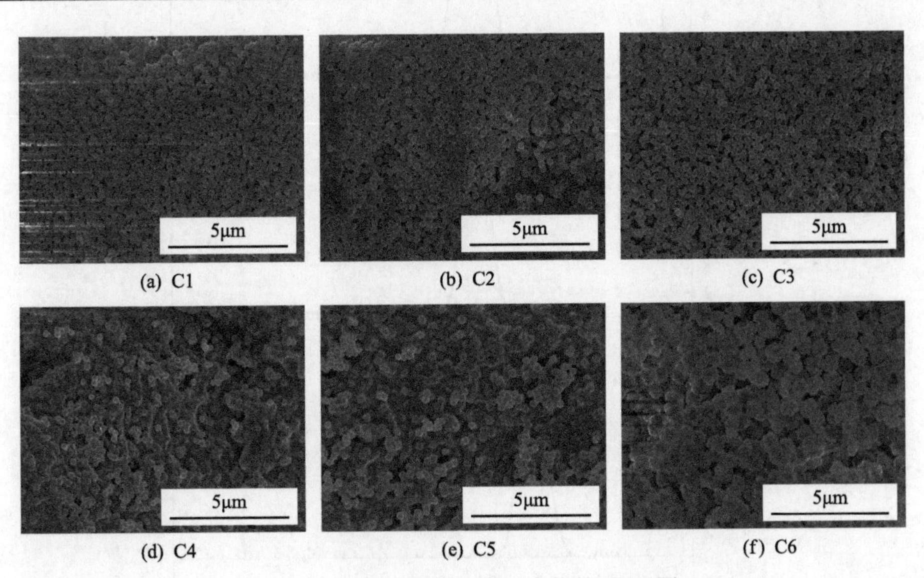

(a) C1　(b) C2　(c) C3　(d) C4　(e) C5　(f) C6

图 2-7　改变交联剂比例时产物的 SEM 图

所得样品用蒸馏水配制成 4000mg/L 的水溶液，水化 1h 后，用激光粒度仪测量纳微米聚合物微球的水化粒径分布，样品 C2～C6 的粒径分布如图 2-8 所示。其中，C1 纳微米聚合物微球溶于水后测不出其粒径分布，说明 C1 纳微米聚合物微球在水溶液中全部散开了；C2～C4 纳微米聚合物微球不仅出现了一个主峰，在粒径较大范围内还有一个或两个小峰，这可以认为是纳微米聚合物微球在水溶液中团聚而导致的；C5 和 C6 纳微米聚合物微球的水化粒径只有一个峰，说明纳微米聚合物微球在水溶液中的分散性好，没有发生团聚现象。这说明交联剂含量只有达到一个临界值后，所形成纳微米聚合物微球在水化后不会发生团聚现象。

将纳微米聚合物微球水化粒径分布的主峰峰值(D50)除以干燥纳微米聚合物微球扫描电镜的平均粒径，可求得膨胀倍数：随着交联剂比例的增大，C2～C5 的

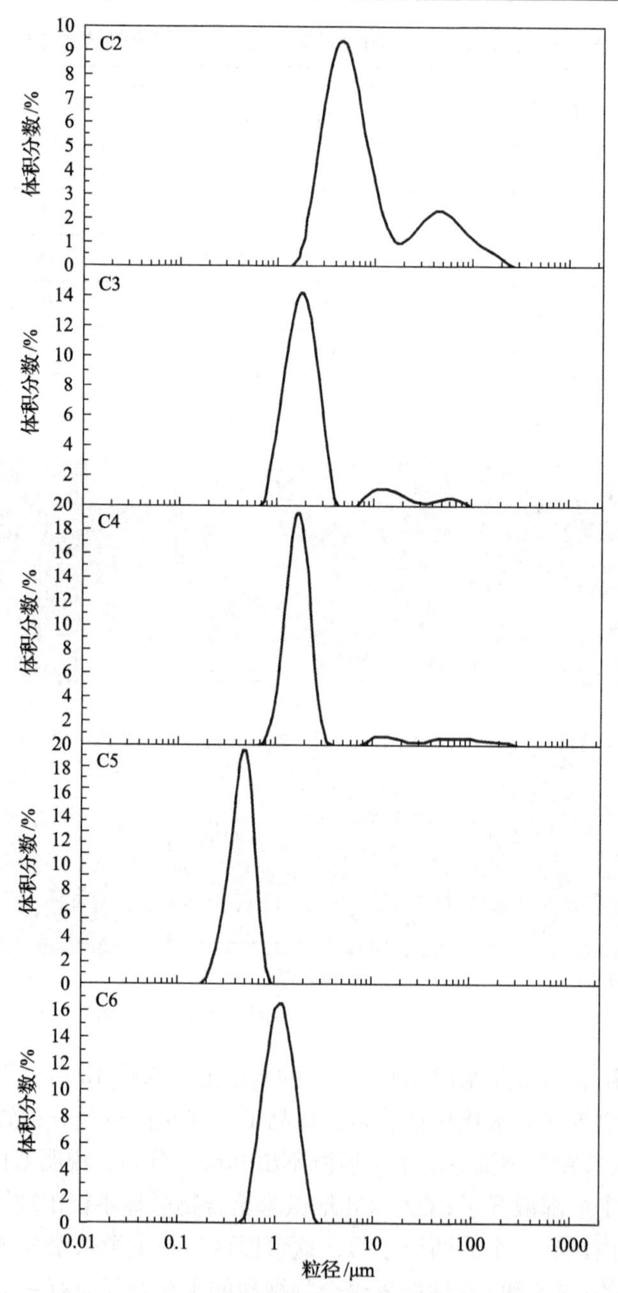

图 2-8　改变交联剂比例时水化粒径分布图

水化粒径分布逐渐降低，C6 的水化粒径虽然明显高于 C5，但是由于 C6 干燥纳微米聚合物微球的粒径远大于 C5 的粒径，故整体上其膨胀倍数随着交联剂比例的升高而减小。这说明交联剂对于纳微米聚合物微球的水化特性有明显的影响，即交联剂比例越大，纳微米聚合物微球聚合得越紧密，水化时纳微米聚合物微球越不容易分散开，水化膨胀倍数越小。

综上所述，交联剂的浓度选择必须从对纳微米聚合物微球的形成过程和对纳微米聚合物微球的水化特性影响这两方面进行综合考虑。如果想所得干燥纳微米聚合物微球的形貌好，水化后不团聚，并具有较好的膨胀倍数，可以选择交联剂对单体的比例为 8%。

4. 具有不同官能团的复合纳微米聚合物微球的制备

由于不同的单体具有不同的功能特性，所以采用不同的单体组合制备不同功能的复合纳微米聚合物微球。例如，由于 AMPS 具有抗高温、抗盐的性能，故所得纳微米聚合物微球 P(AM-AMPS)也具有抗高温高盐的性能。本书采用亲水性的丙烯酰胺为主单体，将丙烯酸替换为亲水性的 2-丙烯酰胺基-甲基丙磺酸(AMPS)或甲基丙烯酸(MAA)，或者换为疏水性的单体甲基丙烯酸甲酯(MMA)，进行二元共聚合反应，甚至直接在 AM/AA 的基础上添加疏水性的单体 MMA 进行三元共聚合 P(AM-AA-MMA)。所制得的复合纳微米聚合物微球的 SEM 图如图 2-9 所示，其形貌均较好。

(a) P(AM-AMPS)　(b) P(AM-MAA)

(c) P(AM-MMA)　(d) P(AM-AA-MMA)

图 2-9　不同官能团共聚合形成的纳微米聚合物微球的 SEM 图

为了检测所得纳微米聚合物微球的化学特性，对所得纳微米聚合物微球进行了傅里叶红外扫描，如图 2-10 所示。自下而上分别为 A～E 五条曲线，分别对应

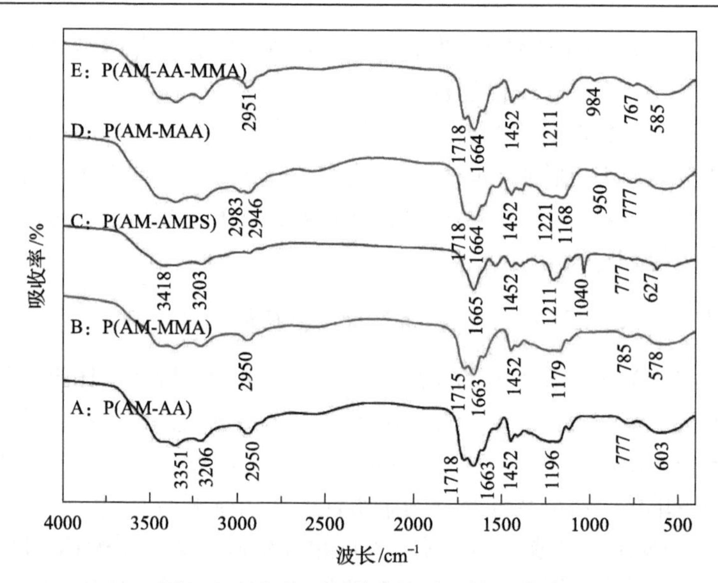

图 2-10　各种不同共聚物的红外光谱图

P(AM-AA)、P(AM-MMA)、P(AM-AMPS)、P(AM-MAA)、P(AM-AA-MMA)这五种共聚物的红外光谱图，可知五条吸收图谱中都有 1664cm^{-1} 的波长吸收，它是酰胺中 C═O 的伸缩振动，3351cm^{-1} 和 3206cm^{-1} 左右两个峰是 N—H 的对称和反对称伸缩振动，属于伯氨基，说明丙烯酰胺的存在；2950cm^{-1} 左右是—CH—的伸缩振动；1452cm^{-1} 是—CH_2—CH_2—中变角振动，777cm^{-1} 是—$(CH_2)_n$—的面外弯曲振动，这共同说明了聚合物的存在，其共同的特征峰可以证明样品中共同含有聚丙烯酰胺。曲线 A、B、D、E 都有 1718cm^{-1} 左右的吸收峰，它是羧酸中 C═O 的伸缩振动，1221cm^{-1} 是羧酸中 C—O 的伸缩振动，950cm^{-1} 是 O—H 的面外弯曲振动，说明存在羧酸；E 曲线中有 1718cm^{-1}、1211cm^{-1} 两处极强的吸收，这是羧酸酯的特征吸收，而 D 曲线中有明显的 2983cm^{-1}、2946cm^{-1} 峰是—CH_3 的反对称与对称伸缩振动，说明 D 中的甲基含量高于 E，从而证明 D 是 P(AM-MAA)，E 是 P(AM-AA-MMA)，而 C 曲线中有 1211cm^{-1} 处的极强宽峰和 1040cm^{-1} 的强峰，可说明有磺酸盐存在，从而证明是 P(AM-AMPS)。

通过蒸馏沉淀法制备聚丙烯酰胺系列复合微球，该方法的操作过程简单且绿色环保；同时，微球在水溶液中不易散开，分散性好，可保持球形并适度膨胀，具有一定的弹性，可以选择性地进入不同地层孔道，以用于油藏深部调驱提高采收率。

通过改变单体比例、单体浓度、交联剂浓度等合成条件，可以得到尺寸在 200nm～2μm 的聚丙烯酰胺复合聚合物微球，并优选出三个典型尺度的 AM/AA/MMA 微球进行后续实验。

2.2　纳微米聚合物微球的水化特征

2.2.1　试剂与仪器

试剂与仪器：AM/AA/MMA 聚合物微球、氯化钠、氯化钾、硫酸钠、碳酸钠、碳酸氢钠、氯化镁、氯化钙、氢氧化钠、盐酸均为分析纯试剂，去离子水(实验室自制)，恒温水浴振荡箱，PHS-25 数字 pH 计(上海雷磁仪器厂生产)，Mastersizer2000 型激光粒度仪(英国 Malvern Panalytical 公司生产，采用 He-Ne 光源，激光电源的功率为 10mW，测定波长为 633nm，仪器测试范围为 0.02～2000μm，测定温度为 25℃)。

2.2.2　实验方法

利用激光粒度分析仪测定不同水化时间的聚合物微球分散体系的粒径及分布，得到微球在不同水化时间的中值粒径。水化膨胀性[20,21]用膨胀倍率表示，即

$$Q = (D_2 - D_1) / D_1 \tag{2-2}$$

式中，Q 为膨胀倍率，无量纲；D_2 为微球水化膨胀后的中值粒径，μm；D_1 为微球水化膨胀前的中值粒径，μm。

2.2.3　实验结果与讨论

1. 聚合物微球水化膨胀的机理

丙烯酰胺类聚合物属于阴离子型聚电解质，在水溶液中，聚合物分子链—COOH 基团发生电离，使聚合物表面分子链带负电。带负电的聚合物分子与体相溶液间的界面生成双电层。紧靠聚合物分子表面处，由于静电引力和范德瓦耳斯作用力的作用，某些阳离子连同部分溶剂分子牢固地吸附在表面上，称为特性吸附离子。特性吸附离子的电性中心构成 Stern 平面，Stern 平面与表面之间的区域称为 Stern 吸附层。在 Stern 吸附层外，离子呈扩散分布，构成扩散层。由电荷分离而造成的固液两相内部的电位差，称为表面电势。聚合物分子表面双电层结构见图 2-11。

聚合物微球水化后，溶剂水大量进入聚合物分子吸附层，随着聚合物分子链电离使聚合物分子表面所带的负电荷越来越多，各分子链上—COO^- 负离子之间的静电排斥也逐渐加强，所以分子链间的静电斥力得以增强，聚合物分子链的舒展程度增加，分子链表面水化层逐渐增厚，聚合物颗粒得以水化膨胀，尺寸逐渐增大。聚合物颗粒的水化膨胀受各种因素的影响，归根结底主要是影响了聚合物分子链间的静电斥力[22]。聚合物颗粒分散体系中的阳离子进入聚合物分子吸附层后，

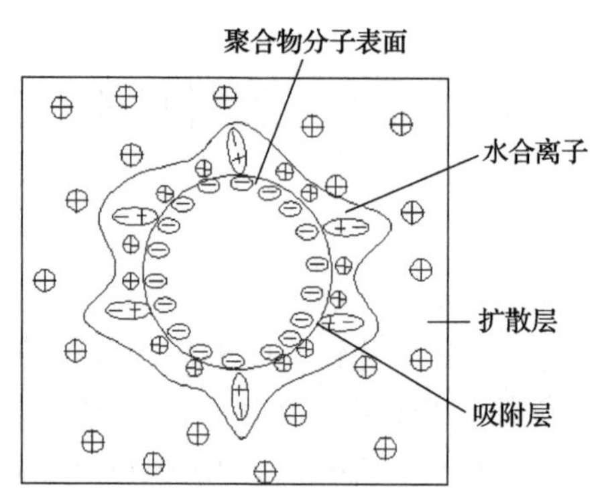

图 2-11　聚合物分子表面双电层结构

会中和分子链上羧基所带的负电荷，对分子链上的—COO^-之间的静电排斥起到了有效的屏蔽作用，使分子链间的静电斥力被极大地减弱，聚合物分子链卷曲程度增加，扩散层厚度减小，电势下降。体系中阳离子的浓度越高，这种屏蔽作用越强烈，聚合物微球水化受到的影响也越大。具体表现为测试得到的聚合物微球粒径随阳离子浓度的增大而减小。

2. NaCl 浓度对聚合物微球膨胀性能的影响

温度为 60℃，浓度为 1.5g/L 的聚合物微球分散体系在不同 NaCl 浓度下聚合物微球的膨胀倍率随水化时间的变化关系见图 2-12。由图可知，当 NaCl 浓度相同时，聚合物微球的膨胀倍率随水化时间的增大而增大，直到水化约 150h 后，其大小趋于不变。在水化初始阶段，微球膨胀倍率迅速增加，但随着水化时间的增加，微球的膨胀速度变慢，曲线趋于平缓。在相同水化时间下，随着 NaCl 浓度的增大，聚合物微球的膨胀倍率减小。同时，微球在去离子水与盐水中的膨胀倍率

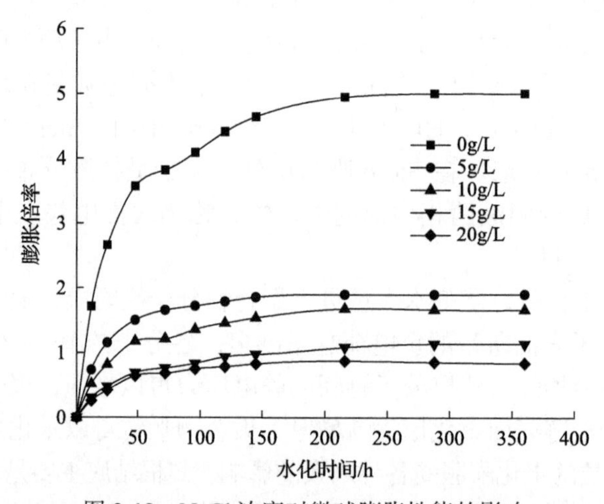

图 2-12　NaCl 浓度对微球膨胀性能的影响

相差很大。可见，NaCl 浓度对微球膨胀性能的影响很大。

NaCl 浓度对微球膨胀性能的影响可以利用 Flory 理论来解释。根据 Flory 理论[23]，从微球内外离子浓度差产生的渗透压出发，可以计算平衡时的最大膨胀倍率 Q_{max}：

$$Q_{max}^{5/3} \approx \left[\left(\frac{i}{2V_u S^{1/2}} \right)^2 + (1/2 - x_1)/V_1 \right] \Big/ \frac{V_e}{V_0} \tag{2-3}$$

式中，Q_{max} 为最大膨胀倍率；V_u 为微球的摩尔体积；S 为外部电解质的离子强度；x_1 为聚合物微球和水的相互作用参数；V_0 为未膨胀微球的摩尔体积；V_1 为已膨胀微球的摩尔体积；V_e 为交联网络的有效交联单元数；i 为每个结构单元所具有的电荷数；i/V_u 为固定在微球上的电荷浓度；$(1/2-x_1)/V_1$ 为水与微球网络的亲和力；V_e/V_0 为微球的交联密度。

由式(2-3)可知，当微球置入电解质溶液时，电解质溶液的浓度越大，电解质离子强度 S 越大，微球的最大膨胀倍率 Q_{max} 越小，即微球最大膨胀倍率 Q_{max} 随着 NaCl 浓度的增大而减小。

3. 温度对聚合物微球膨胀性能的影响

当 NaCl 浓度为 5g/L 时，浓度为 1.5g/L 的聚合物微球分散体系在不同温度下聚合物微球的膨胀倍率随水化时间的变化关系见图 2-13。由图可知，当温度相同时，聚合物微球的膨胀倍率随水化时间的增大而增大，并最终趋于平衡。在相同的水化时间下，聚合物微球的膨胀倍率随着温度的升高而增大。温度越高，微球膨胀倍率的增加幅度越大，说明温度越高，微球的膨胀效果越好。

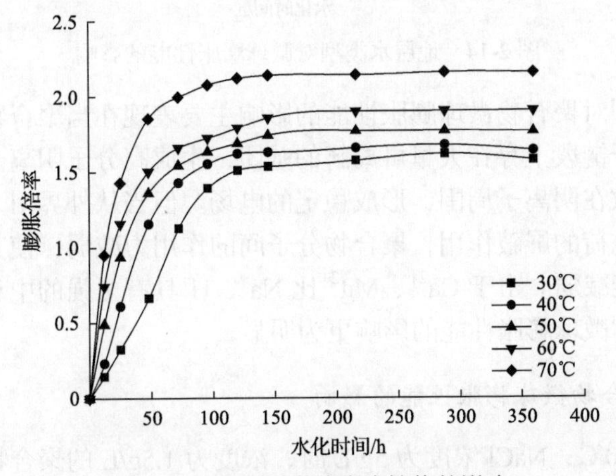

图 2-13　温度对微球膨胀性能的影响

温度对聚合物微球膨胀性能的影响同样可以用 Flory 理论来解释。提高温度会促使微球中的酰胺基团进一步水解，根据 Flory 理论，水解度增加会使 i/V_u 增大，同时也使最大膨胀倍率增大。通过进一步分析发现，高温下的 i/V_u 更大，即 S 的系数更大，S 的变化对 Q_{max} 的影响也越大；低 NaCl 浓度下的 S 越小，i/V_u 的系数越大，i/V_u 变化时对 Q_{max} 的影响也越大。可见，高温下 NaCl 浓度对膨胀倍率的影响更加显著，低 NaCl 浓度下温度对膨胀倍率的影响更加显著。

4. 地层水类型对聚合物微球膨胀性能的影响

当温度为 60℃，NaCl 浓度为 5g/L 时，浓度为 1.5g/L 的聚合物微球分散体系在不同类型地层水中聚合物微球的膨胀倍率随水化时间的变化关系见图 2-14。由图可知，氯化钙和氯化镁型水对微球膨胀倍率的影响较大，表现为当微球水化膨胀平衡时，在氯化钙和氯化镁型水中微球的最大膨胀倍率分别为 1.18 和 2.54，明显小于在硫酸钠型水和碳酸氢钠型水中的膨胀倍率。

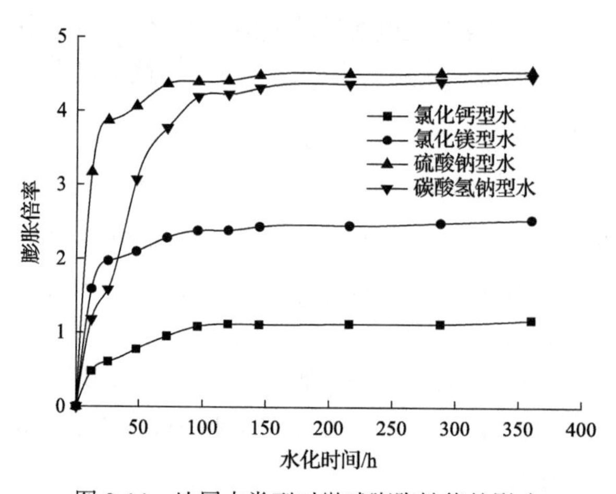

图 2-14　地层水类型对微球膨胀性能的影响

地层水类型对聚合物微球膨胀性能的影响主要表现在当聚合物微球膨胀吸水后，聚合物分子链段上存在大量可离解的基团，生成高分子阴离子和阳离子。阳离子无规则分散在阴离子周围，形成稳定的电场。但当从外界引入阳离子时，由于阳离子对负电荷的屏蔽作用，聚合物分子间的作用力减弱，使其更易趋于稳定状态，膨胀性能减弱。由于 Ca^{2+}、Mg^{2+} 比 Na^+、H^+ 具有更强的中和屏蔽的能力，所以其对聚合物微球膨胀性能的影响更为明显。

5. pH 对聚合物微球膨胀性能的影响

当温度为 60℃，NaCl 浓度为 5g/L 时，浓度为 1.5g/L 的聚合物微球分散体系分别在不同 pH 下聚合物微球的膨胀倍率随水化时间的变化关系，如图 2-15 所示。当体系 pH<7 时，即处于酸性环境中，体系较早达到水化膨胀平衡；当体系 pH>7

时，即处于碱性环境中，体系较晚达到水化膨胀平衡。不管是在酸性还是碱性环境中，聚合物微球的膨胀性能均弱于中性环境。

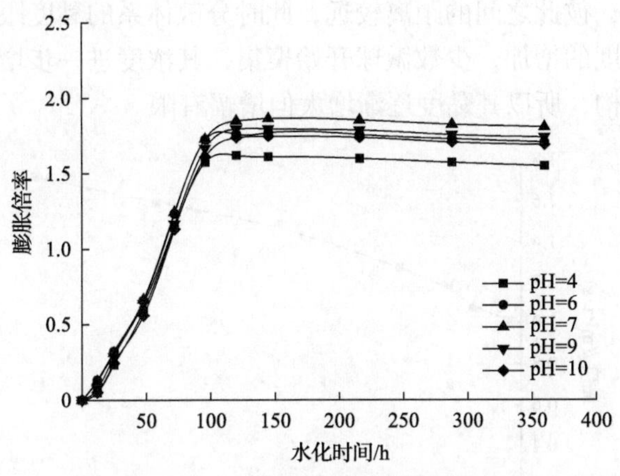

图 2-15　pH 对微球膨胀性能的影响

这是由聚合物微球所带电荷引起的，微球表面附着有带负电的阴离子，当 pH 较低时，水中的氢离子使微球所带负电失效，分子线团发生收缩，单位体积内的网络空间减小，所以微球膨胀倍率变小；当 pH 较高时，微球所带负电的排斥作用使其分子拉伸，宏观表现为微球膨胀倍率增加，但当 pH 过高时，容易破坏分子内结构，使分子线团断裂。

2.3　纳微米聚合物微球分散体系的黏度特性

2.3.1　实验方法

利用黏度计对聚合物微球分散体系的黏度特性进行测试分析，剪切变形速率为 $7.4s^{-1}$，考察微球浓度、温度、NaCl 浓度和水化时间对微球黏度特性的影响。

2.3.2　试剂与仪器

试剂与仪器：AM/AA/MMA 聚合物微球；氯化钠(分析纯试剂)，去离子水(实验室自制)，恒温水浴振荡箱，分析电子天平，Brookfield DV-Ⅱ黏度计(美国 Brookfield 公司生产)。

2.3.3　实验结果与讨论

1. 聚合物微球分散体系的黏度-浓度关系

温度为 60℃，水化时间为 5d，NaCl 浓度为 5g/L 时，聚合物微球分散体系的黏度随微球浓度的变化关系见图 2-16。由图可知，随着聚合物微球浓度的增加，聚合物微球分散体系的黏度逐渐增大。这是因为当聚合物微球浓度较低时，微球孤立存在于水中，彼此之间的距离较远，此时分散体系的黏度跟水基本一致；随着聚合物微球浓度的增加，少数微球开始聚集，其浓度进一步增加，微球形成了明显的聚集体结构，所以其黏度逐渐增大但增幅有限。

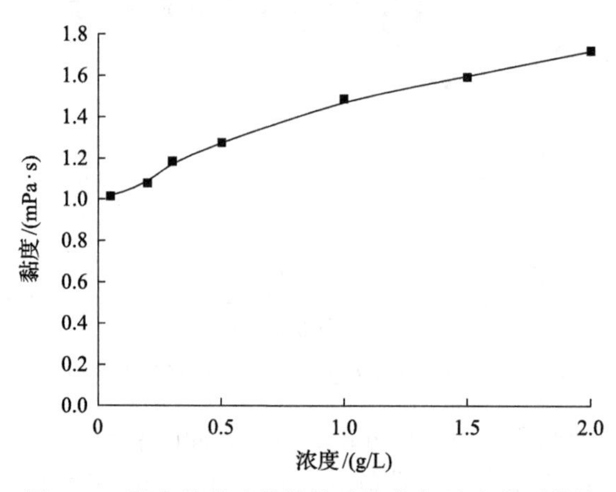

图 2-16 聚合物微球分散体系的黏度-浓度关系曲线

2. 聚合物微球分散体系的黏度-温度关系

浓度为 1.5g/L、水化时间为 5d、NaCl 浓度为 5g/L 时，聚合物微球分散体系的黏度随温度的变化关系见图 2-17。由图可知，随着温度的升高，聚合物微球分散体系的黏度逐渐减小。这是因为温度升高，微球的热运动加剧，所以增加了聚合物微球之间的缔合，但同时也促使解缔合作用的快速发生，从而使黏度降低，但其随温度的变化幅度很小。

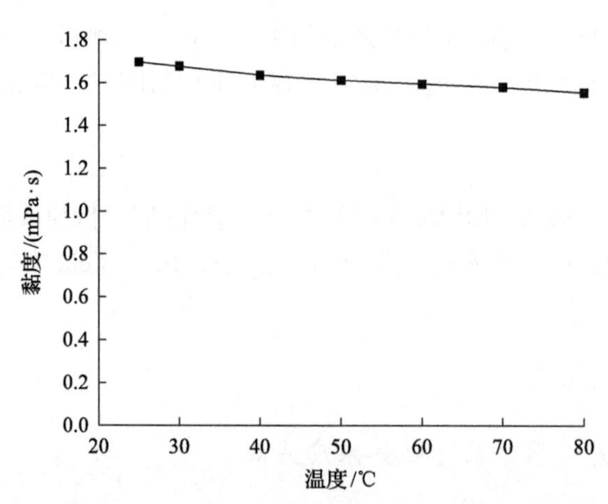

图 2-17 聚合物微球分散体系的黏度-温度关系曲线

3. 聚合物微球分散体系的黏度-NaCl 浓度关系

当温度为 60℃、浓度为 1.5g/L 和水化时间为 5d 时，聚合物微球分散体系的黏度随 NaCl 浓度的变化关系见图 2-18。由图可知，随着 NaCl 浓度的增加，聚合物微球分散体系的黏度逐渐减小。这是因为随着 NaCl 浓度的增加，微球的双电层及水化层减薄，微球尺寸变小，微球间的聚结作用变差，所以分散体系的黏度降低。

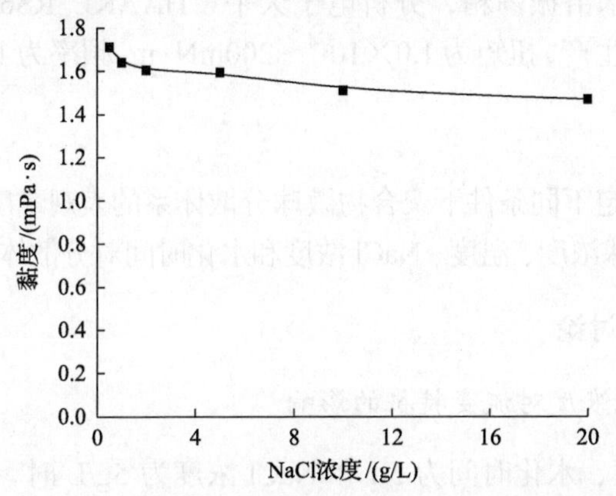

图 2-18　聚合物微球分散体系的黏度-NaCl 浓度关系曲线

4. 聚合物微球分散体系的黏度稳定性

温度为 60℃、浓度为 1.5g/L 和 NaCl 浓度为 5g/L 时，聚合物微球分散体系的黏度随水化时间的变化见图 2-19。由图可知，随着水化时间的增加，聚合物微球分散体系的黏度逐渐增加，在水化初期，黏度增加的速度较快，随着水化时间的进一步延长，聚合物微球分散体系黏度的增速减缓，逐渐达到平衡。这是因为水化时间增加，水进入微球内部，水化膨胀使得微球体积增大，所以微球之间的接触概率增大，因此黏度增大。

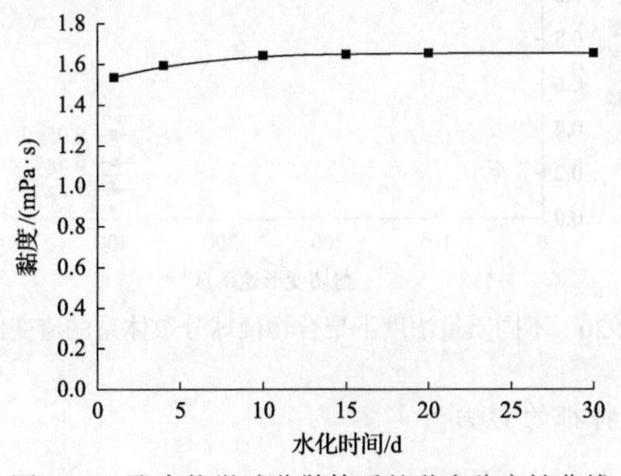

图 2-19　聚合物微球分散体系的黏度稳定性曲线

2.4 纳微米聚合物微球分散体系的流变特征

2.4.1 试剂与仪器

试剂与仪器：AM/AA/MMA 聚合物微球，氯化钠(分析纯试剂)，去离子水(实验室自制)，恒温水浴振荡箱，分析电子天平，HAAKE RS600 型流变仪(德国 ThermoHaake 公司生产，扭矩为 1.0×10^{-4}～200mN·m，频率为 1.0×10^{-4}～100Hz)。

2.4.2 实验方法

利用流变仪测定不同条件下聚合物微球分散体系的表观黏度随剪切变形速率的变化关系，考察微球浓度、温度、NaCl 浓度和水化时间对分散体系流变特征的影响。

2.4.3 实验结果与讨论

1. 聚合物微球浓度对流变特征的影响

当温度为 60℃、水化时间为 5d 和 NaCl 浓度为 5g/L 时，不同质量浓度下聚合物微球分散体系的流变关系见图 2-20。由图可知，随着聚合物微球质量浓度的增加，分散体系的表观黏度逐渐增大。在较低的剪切变形速率下，聚合物微球分散体系的表观黏度均随剪切变形速率的增大而减小，表现出剪切变稀的假塑性流体特性。在较高的剪切变形速率下，聚合物微球分散体系的黏度基本保持不变，表现出牛顿流体的特性。

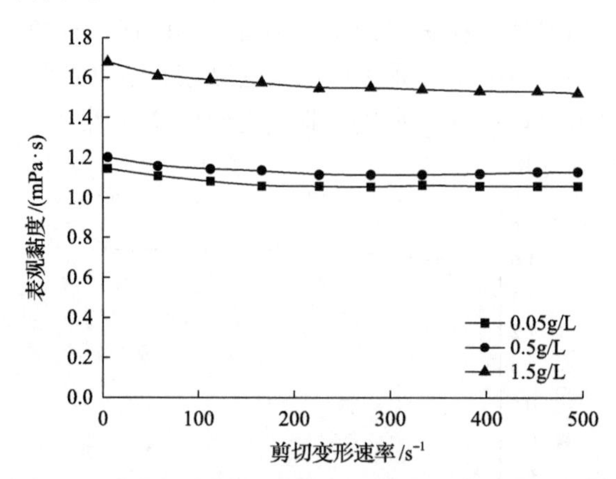

图 2-20 不同质量浓度下聚合物微球分散体系的流变曲线

2. 温度对流变特征的影响

当质量浓度为 1.5g/L、水化时间为 5d 和 NaCl 浓度为 5g/L 时，不同温度下聚合物微球分散体系的流变关系见图 2-21。由图可知，随着温度的升高，分散体系的表观黏度逐渐降低。在较低的剪切变形速率下，不同温度下分散体系的表观黏度均随剪切变形速率的增大而减小，表现出剪切变稀的假塑性流体特性。在较高甚至更高的剪切变形速率下，聚合物微球分散体系的黏度基本保持不变，表现出牛顿流体的特性。

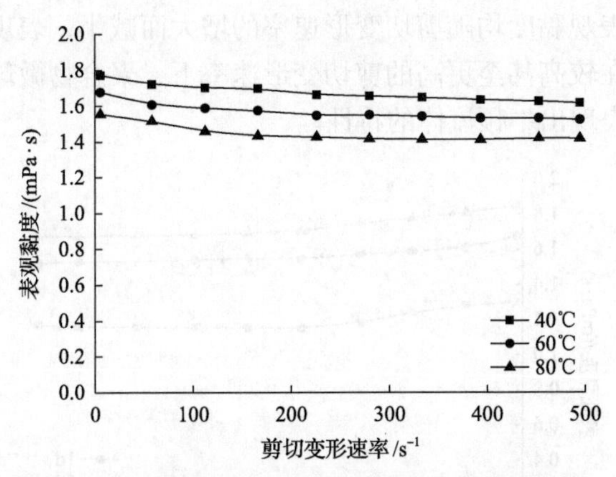

图 2-21　不同温度下聚合物微球分散体系的流变曲线

3. NaCl 浓度对流变特征的影响

当温度为 60℃、质量浓度为 1.5g/L 和水化时间为 5d 时，不同 NaCl 浓度下聚合物微球分散体系的流变关系见图 2-22。由图可知，随着 NaCl 浓度的增加，分散体系的表观黏度逐渐降低。在较低的剪切变形速率下，不同 NaCl 浓度下分散体系的表观黏度均随剪切变形速率的增大而减小，表现出剪切变稀的假塑性流体特性。在较高甚至更高的剪切变形速率下，聚合物微球分散体系的黏度基本保持不变，表现出牛顿流体的特性。

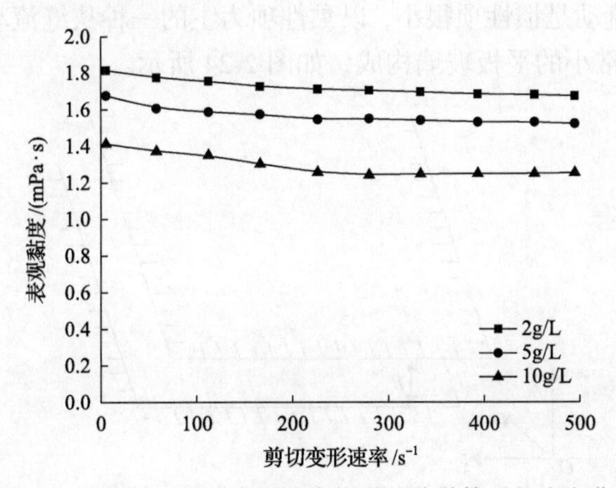

图 2-22　不同 NaCl 浓度下聚合物微球分散体系的流变曲线

4. 水化时间对流变特征的影响

当温度为60℃、质量浓度为1.5g/L和NaCl浓度为5g/L时，在不同水化时间的条件下，聚合物微球分散体系的流变关系见图2-23。由图可知，随着水化时间的增加，分散体系的表观黏度逐渐增加。在较低的剪切变形速率下，不同水化时间下分散体系的表观黏度均随剪切变形速率的增大而减小，表现出剪切变稀的假塑性流体特性。在较高甚至更高的剪切变形速率下，聚合物微球分散体系的黏度基本保持不变，表现出牛顿流体的特性。

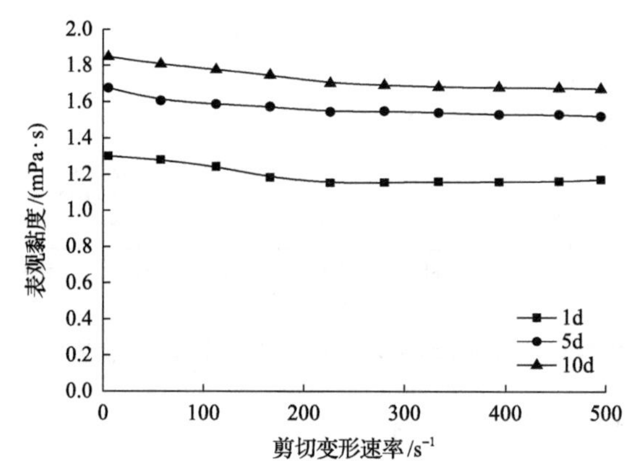

图2-23 不同水化时间下聚合物微球分散体系的流变曲线

2.5 纳微米聚合物微球分散体系的微极流体特征

2.5.1 纳微米非均相微极流体的Hele-Shaw流动方程

Hele-Shaw流动是惯性项很小，以黏性项为主的一种狭缝流动，Hele-Shaw模型由两片间距非常小的平板玻璃构成，如图2-24所示。

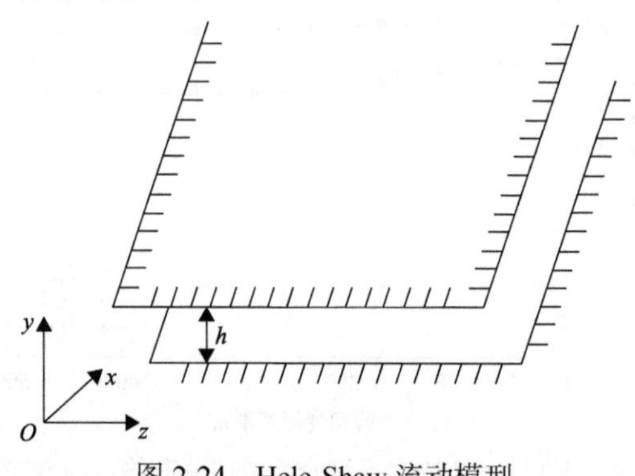

图2-24 Hele-Shaw流动模型

考虑缓慢的定常流动，在忽略重力影响的条件下，其向量形式的场方程为

$$\begin{cases}\dfrac{\partial\rho}{\partial t}+\nabla(\rho\vec{v})=0\\-\nabla\prod+(\lambda_{\mathrm{v}}+2\mu_{\mathrm{v}}+\hbar_{\mathrm{v}})\nabla\times\nabla\times\vec{v}-(\mu_{\mathrm{v}}+\hbar_{\mathrm{v}})\nabla\times\nabla\times\vec{v}+\hbar_{\mathrm{v}}\nabla\times\vec{w}+\rho(\vec{f}-\dot{v})=0\\(\alpha_{\mathrm{v}}+\beta_{\mathrm{v}}+\gamma_{\mathrm{v}})\nabla\times\nabla\times\vec{w}-\gamma_{\mathrm{v}}\nabla\times\nabla\times\vec{w}+\hbar_{\mathrm{v}}\nabla\times\vec{v}-2\hbar_{\mathrm{v}}\vec{w}+\rho(\vec{L}-\dot{\sigma})=0\end{cases}\tag{2-4}$$

式中，ρ 为质量密度；$\vec{v}$ 为速度向量；$\vec{w}$ 为微转动角速度向量；$\vec{f}$ 为单位质量的体力；$\dot{v}$ 为惯性加速度；$\vec{L}$ 为体力偶；λ_{v}、μ_{v} 为经典流体力学的特性系数；$\hbar$、α、β、γ 为微极流体新的黏性系数。

对式(2-4)进行数量级估计，略去高阶小量，如惯性力项等，且忽略体力和体力偶，则 $\dot{v}=0$，$\vec{f}=0$，$\vec{L}=0$，$\dot{\sigma}=0$，且 $\prod$ 可以用流体压力 p 代替，则式(2-4)化为

$$\begin{cases}\dfrac{\partial\rho}{\partial t}+\nabla(\rho\vec{v})=0\\-(\mu_{\mathrm{v}}+\hbar_{\mathrm{v}})\nabla\times\nabla\times\vec{v}+\hbar_{\mathrm{v}}\nabla\times\vec{w}-\nabla p=0\\-\gamma_{\mathrm{v}}\nabla\times\nabla\times\vec{w}+\hbar_{\mathrm{v}}\nabla\times\vec{v}-2\hbar_{\mathrm{v}}\vec{w}=0\end{cases}\tag{2-5}$$

考虑两平行平板之间的缝隙流动，这时 y 方向的缝隙高度是一个小量，x 方向取在板面上，可以假定微极流体的速度和转动的角速度具有如下形式：

$$\begin{cases}\vec{v}=(u_1,u_2,u_3)\\\vec{w}=(w_1,0,w_3)\end{cases}\tag{2-6}$$

将式(2-5)进一步写为

$$\begin{cases}(\mu_{\mathrm{v}}+\hbar_{\mathrm{v}})\dfrac{\partial^2u_1}{\partial y^2}+\hbar_{\mathrm{v}}\dfrac{\partial w_3}{\partial y}-\dfrac{\partial p}{\partial x}=0\\(\mu_{\mathrm{v}}+\hbar_{\mathrm{v}})\dfrac{\partial^2u_3}{\partial y^2}-\hbar_{\mathrm{v}}\dfrac{\partial w_1}{\partial y}-\dfrac{\partial p}{\partial z}=0\\\gamma_{\mathrm{v}}\dfrac{\partial^2w_1}{\partial y^2}+\hbar_{\mathrm{v}}\dfrac{\partial u_3}{\partial y}-2\hbar_{\mathrm{v}}w_1=0\\\gamma_{\mathrm{v}}\dfrac{\partial^2w_3}{\partial y^2}-\hbar_{\mathrm{v}}\dfrac{\partial u_1}{\partial y}-2\hbar_{\mathrm{v}}w_3=0\\\dfrac{\partial p}{\partial y}=0\\\dfrac{\partial\rho}{\partial t}+\nabla(\rho\vec{v})=0\end{cases}\tag{2-7}$$

其边界条件为

$$\begin{cases} y=0, u_1=u_2=u_3=0, w_1=w_3=0 \\ y=h, u_1=u_2=u_3=0, w_1=w_3=0 \end{cases} \tag{2-8}$$

因为 p 与 y 无关，所以式(2-7)中第一、四式可视为变量 u_1、w_3 所满足的常微分方程组；同理式(2-7)中的第二、三式可视为变量 u_3、w_1 所满足的常微分方程组。由边界条件式(2-8)可求得这些方程的解，其解为

$$\begin{cases} u_1=-\dfrac{1}{2\mu_v+\hbar_v}\dfrac{\partial p}{\partial x}\left\{y(h-y)+\dfrac{N^2h}{m}\cdot\dfrac{\operatorname{ch}(mh)-\operatorname{ch}(my)}{\operatorname{sh}(mh)}\right\} \\ u_3=-\dfrac{1}{2\mu_v+\hbar_v}\dfrac{\partial p}{\partial z}\left\{y(h-y)+\dfrac{N^2h}{m}\cdot\dfrac{\operatorname{ch}(mh)-\operatorname{ch}(my)}{\operatorname{sh}(mh)}\right\} \\ w_1=-\dfrac{1}{2\mu_v+\hbar_v}\dfrac{\partial p}{\partial z}\left\{\dfrac{h\cdot\operatorname{sh}(my)}{\operatorname{sh}(mh)}-y\right\} \\ w_3=\dfrac{1}{2\mu_v+\hbar_v}\dfrac{\partial p}{\partial x}\left\{\dfrac{h\cdot\operatorname{sh}(my)}{\operatorname{sh}(mh)}-y\right\} \end{cases} \tag{2-9}$$

式中，$N=\left(\dfrac{\hbar_v}{\mu_v+\hbar_v}\right)^{\frac{1}{2}}$，$m=\left[\dfrac{\hbar_v^2+2\mu_v\hbar_v}{\gamma(\mu_v+\hbar_v)}\right]^{\frac{1}{2}}$。

单位宽度下的流量为

$$\begin{cases} q_x=\displaystyle\int_0^h u_1\mathrm{d}y=-\dfrac{1}{6(2\mu+\hbar)}\dfrac{\partial p}{\partial x}\left\{h^3+6l^2h\left[\dfrac{hm\cdot\operatorname{ch}(mh)}{\operatorname{sh}(mh)}-1\right]\right\} \\ q_z=\displaystyle\int_0^h u_3\mathrm{d}y=-\dfrac{1}{6(2\mu+\hbar)}\dfrac{\partial p}{\partial z}\left\{h^3+6l^2h\left[\dfrac{hm\cdot\operatorname{ch}(mh)}{\operatorname{sh}(mh)}-1\right]\right\} \end{cases} \tag{2-10}$$

式中，$l=\dfrac{N}{m}=\left(\dfrac{\gamma}{2\mu+\hbar}\right)^{\frac{1}{2}}$。

令 $\overline{l}=\dfrac{l}{h}$，$\vec{q}=(q_x,q_z)$，则

$$\vec{q}=-\frac{h^3}{6(2\mu+\hbar)}\left\{1+6\overline{l}^2\left[\frac{\frac{N}{\overline{l}}\cdot\operatorname{ch}\left(\frac{N}{\overline{l}}\right)}{\operatorname{sh}\left(\frac{N}{\overline{l}}\right)}-1\right]\right\}\nabla p=-\frac{k}{\mu+\hbar}\nabla p \tag{2-11}$$

所以，微极流体渗透率的表达式为

$$k=\frac{h^3}{12}\cdot\frac{\mu+\hbar}{\mu+\frac{\hbar}{2}}\left\{1+6\overline{l}^2\left[\frac{\frac{N}{\overline{l}}\cdot \mathrm{ch}\left(\frac{N}{\overline{l}}\right)}{\mathrm{sh}\left(\frac{N}{\overline{l}}\right)}-1\right]\right\} \tag{2-12}$$

由式(2-10)～式(2-12)可以看出，微极流体的渗透率与微极流体的特性参数具有明显的关系。微极流体与牛顿流体相比，式(2-11)增加了反应微极效应的无量纲特征参数 N 和 $\overline{l}$ 。N 可视为相对旋转黏滞力和牛顿黏滞力之比，$\overline{l}$ 为微极元物质的特征长度。由 N 和 $\overline{l}$ 的物理意义可知，当 $N\to 0$ 时，式(2-10)可简化为牛顿流体的形式，故当 N=0 时方程式(2-10)退化为牛顿流体的相应表达式。从式(2-12)还可以看出，微极流体的渗透率 k 与微极特性参数 N 成正比，与微极参数 $\overline{l}^2$ 成正比。

对于微极流体单位宽度的流量和渗透率可用式(2-11)和式(2-12)来表示。式(2-11)表示微极流体的 Darcy 公式，式(2-12)为微极流体的渗透率，而 $k_0=\frac{h^3}{12}$ 为牛顿流体渗透率，此时式(2-12)又可改写为

$$k_{\mathrm{mr}}=\frac{k}{k_0}=\frac{\mu+\hbar}{\mu+\frac{\hbar}{2}}\left\{1+6\overline{l}^2\left[\frac{\frac{N}{\overline{l}}\mathrm{ch}\left(\frac{N}{\overline{l}}\right)}{\mathrm{sh}\left(\frac{N}{\overline{l}}\right)}-1\right]\right\} \tag{2-13}$$

$$k=k_0k_{\mathrm{mr}} \tag{2-14}$$

式中，k_{mr} 为微极流体的相对渗透率。

2.5.2　纳微米非均相微极流体的渗流方程和不稳定渗流的数学模型

1. 微极流体在多孔介质中流动渗流的数学模型

多孔介质具有不均匀孔隙和网络的特性，这给实验研究多孔介质中的流动带来不便，但流体在多孔介质中的流动与其在 Hele-Shaw 模型中的流动具有相似性，所以可以在一定程度上用 Hele-Shaw 模型中的流动来近似多孔介质中的流动。根据前述的研究和前人的经验，我们可以把毛细缝隙作为多孔介质模型，那么对于多孔介质具有无数个满足孔隙分布 $\phi(h)$ 的 h 所组成的孔隙，这时微极流体在多孔介质中的视渗透率值为

$$
\begin{aligned}
k_{\mathrm{m}} &= \int_{h_{\min}}^{h_{\max}} k(h)\phi(h)\mathrm{d}h \\
&= \frac{\mu+\hbar}{\mu+\dfrac{\hbar}{2}} \int_{h_{\min}}^{h_{\max}} \frac{h^3}{12}\left[1+6\frac{l^2}{h^2}\left(\frac{mh\cdot \mathrm{ch}(mh)}{\mathrm{sh}(mh)}-1\right)\right]\phi(h)\mathrm{d}h \\
&= \frac{\mu+\hbar}{\mu+\dfrac{\hbar}{2}}\left[k_0+\int_{h_{\min}}^{h_{\max}} \frac{hl^2}{2}\left(\frac{mh\cdot \mathrm{ch}(mh)}{\mathrm{sh}(mh)}-1\right)\phi(h)\mathrm{d}h\right]
\end{aligned} \tag{2-15}
$$

由式(2-15)可以看出，视渗透率 k_{m} 与裂隙结构和微极流体特性有关。

对于可压缩流体:

$$
\rho=\rho_0\left[1+C_\rho(p-p_0)\right] \tag{2-16}
$$

地层是弹性的：

$$
\phi=\phi_0\left[1+C_\phi(p-p_0)\right] \tag{2-17}
$$

微极流体的运动方程为

$$
\vec{v}=-\frac{k_{\mathrm{m}}}{\mu+\hbar}\nabla p \tag{2-18}
$$

质量守恒方程为

$$
\frac{\partial(\rho\phi)}{\partial t}=-\mathrm{div}(\rho\vec{v}) \tag{2-19}
$$

将方程式(2-16)和式(2-18)代入式(2-19)中，得

$$
\frac{\partial p}{\partial t}=\frac{1}{C}\mathrm{div}\left(\frac{k_{\mathrm{m}}}{\mu+\hbar}\nabla p\right) \tag{2-20}
$$

式(2-16)～式(2-20)中，C_ρ 为液体压缩系数；C_ϕ 为岩石压缩系数；C 为总压缩系数。

由于上述引入的是微极流体的线性理论，式(2-4)是以 λ、μ、$\hbar$、α、β、γ 为常数的场方程，所以式(2-20)可写为

$$
\begin{aligned}
\frac{\partial p}{\partial t} &= \frac{k_0 k_{\mathrm{mr}}}{C(\mu+\hbar)}\nabla^2 p \\
&= \frac{k_0}{C\mu}\frac{k_{\mathrm{mr}}}{1+\dfrac{\hbar}{\mu}}\nabla^2 p \\
&= \hbar_0 k_{\hbar \mathrm{r}}\nabla^2 p
\end{aligned} \tag{2-21}
$$

式中，$\hbar_0=\dfrac{k_0}{C\mu}$，$k_{\hbar r}=\dfrac{k_{mr}}{1+\dfrac{\hbar}{\mu}}$。

式(2-21)是微极流体的压力传播方程。从式中可以看出，压力传播与微极流体的特性明显相关。

2. 无限大地层微极流体不稳定渗流数学模型的解

假设地层为水平圆盘状、均质等厚，厚度为 h，圆形边界为供给边界，在圆的中心打一口水利完善井，井的半径为 r_w，如图 2-25 所示。在地层中半径为 r 处取出厚度为 h、宽度为 dr 的微小圆环体，其体积为 $2\pi rh dr$。在给定时刻 t 时利用微元法由式(2-21)可得无限大地层微极流体不稳定渗流数学模型的解为

$$p_i - p_{(r,t)} = \frac{Q(\mu+\hbar)}{2\pi k_m h}\left[-\mathrm{Ei}\left(-\frac{r^2}{4\hbar_0 k_{\hbar r} t}\right)\right] \tag{2-22}$$

式中，$-\mathrm{Ei}\left(-\dfrac{r^2}{4\hbar_0 k_{\hbar r} t}\right)$为幂积分函数；$p_i$ 为原始地层压力，Pa；$p_{(r,t)}$ 为与点汇相距 r 处在 t 时刻的压力，Pa；$\hbar_0$ 为导压系数，m^2/s；t 为井的生产时间，s；Q 为井的产量，m^3/s；μ 为牛顿流体的黏度，Pa·s；k_m 为视渗透率，m^2；h 为储层厚度，m；r 为地层中某点到井中心的距离，m；$\hbar$ 为微极流体的黏性系数，Pa·s。

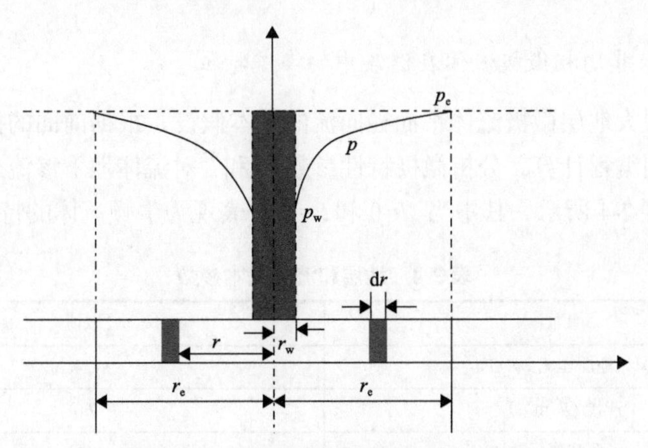

图 2-25　微极流体平面径向流示意图

p_e 为外边界压力；p_w 为内边界压力；r_e 为井供给半径；r_w 为井筒半径

从式(2-22)可以看出，微极流体不稳定渗流数学模型的解与牛顿流体有所不同：微极流体的黏性系数 $\hbar$ 对解的曲线特征将产生影响。

2.5.3 纳微米非均相微极流体的特征

1. 纳微米非均相微流体的微极特性对渗流特征的影响

根据式(2-12)可以得出微极参数 N 和 $\bar{l}$ 对相对渗透率 k_{mr} 的影响，如图 2-26 所示。当微极参数 $\bar{l}$ 不变时，随着 N 的增加，k_{mr} 减小，并且 N 越大，k_{mr} 减小的速率越快，流体的非牛顿性变化越显著；当微极参数 N 一定时，随着 $\bar{l}$ 的增加，k_{mr} 随之减小，当 $\bar{l}<0.4$ 时，微极参数 $\bar{l}$ 的变化对 k_{mr} 的影响较为明显，当 $\bar{l}\geqslant 0.4$ 时，k_{mr} 的变化较小，基本保持不变。

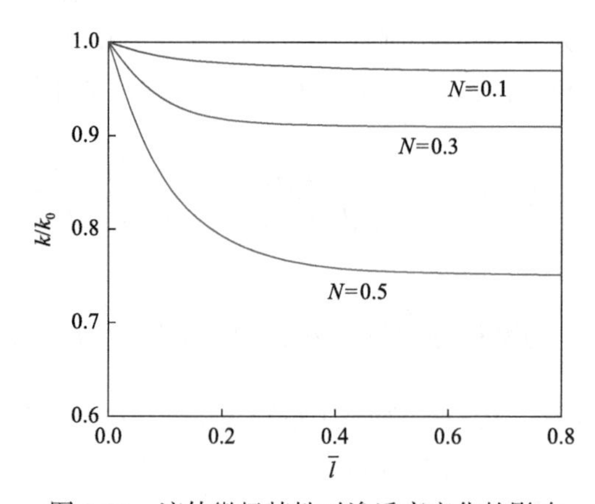

图 2-26　流体微极特性对渗透率变化的影响

2. 纳微米非均相微极流体在储层中的渗流特征

基于无限大地层微极流体平面径向流的基本假设，根据前面的推导并结合油藏参数，应用编程计算，分析微极特性参数 N 和 $\bar{l}$ 对流体地下渗流规律的影响，模拟参数如表 2-4 所示，其中当 N=0 和 $\bar{l}$ =0 时表现为牛顿流体的特征。

表 2-4　地层和流体基本参数

参数	取值
原始地层压力 p_i/MPa	24
产量 Q/(m³/s)	60
孔隙度 ϕ	0.26
储层厚度/m	5
牛顿流体渗透率 k_0/D	0.5
综合弹性压缩系数 C_t/Pa^{-1}	1.29×10^{-9}
牛顿流体黏度/(mPa·s)	6

1) 微极流体的压力分布特征

在外边界定压、内边界定产的条件下，可以从图 2-27 中看出微极流体与牛顿流体压力特征的差别。随着微极参数 N 和 $\bar{l}$ 的增大，流体的非牛顿性增强，在相同流量下，微极流体的压力差大于牛顿流体，微极特性越强则压差越大，压力降落得越快。微极参数 N 对压力分布的影响如图 2-27(a) 所示，当 $N<0.3$ 时，压力降落曲线基本重合，微极参数 N 对压力变化的影响较小；当 $N\geqslant0.3$ 时，微极流体与牛顿流体的压差明显变大，微极参数 N 越大则对压力变化的影响越明显。特征长度 $\bar{l}$ 对压力分布的影响如图 2-27(b) 所示，当 $\bar{l}<0.5$ 时，压力分布曲线明显不同，且微极参数 $\bar{l}$ 越小对压力变化的影响越大；当 $\bar{l}\geqslant0.5$ 时，压力降落曲线基本重合，微极参数 $\bar{l}$ 则对压力变化的影响较小；微极流体的显著特征是其有效黏度更大，从而增大了渗流阻力，因此能量消耗变大，压降范围增大，产量降低。

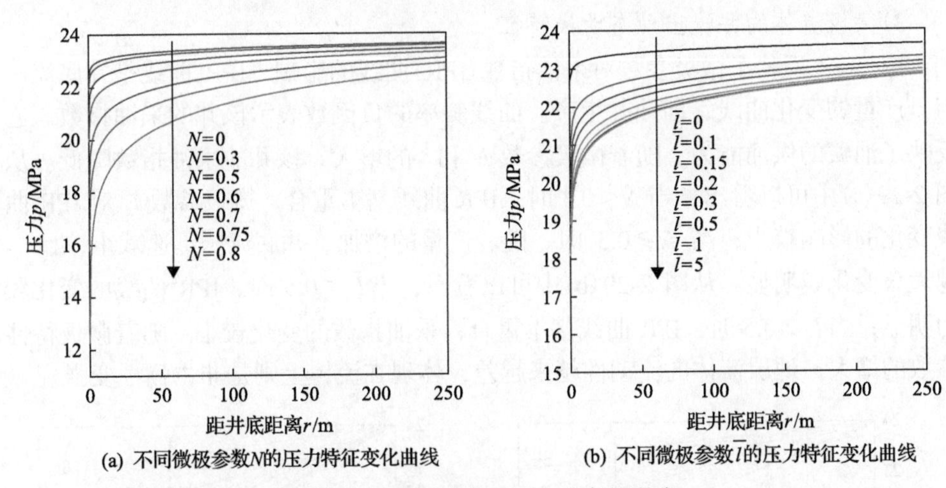

图 2-27　微极参数对压力分布的影响

2) 微极特性对渗流速度的影响

图 2-28 反映了微极参数对速度变化曲线的影响。流体的渗流速度随压力梯度的增大而增大，在相同的压力梯度下，随着微极参数 N 和 $\bar{l}$ 的增大，流体的渗流速度逐渐变小，且微极参数 N 对速度变化的影响较大。从图 2-28(a) 中可以看出，当 $N<0.7$ 时，速度变化曲线随微极参数 N 的变化较为明显；当 $N\geqslant0.7$ 时，微极参数 N 对流体速度的影响较小，且 N 越大，压力梯度对流速的影响越小。从图 2-28(b) 中可以看出，当 $\bar{l}<0.5$ 时，特征长度 $\bar{l}$ 越小则速度曲线变化越明显；当 $\bar{l}\geqslant0.5$ 时，速度变化曲线基本重合，微极参数 $\bar{l}$ 对速度变化的影响较小。这是由于随着微极特性参数的增大，流体显现的非牛顿性越强，流体在流动过程中所受的阻力也越大，在相同的能量供给下带来的生产增效则越小。

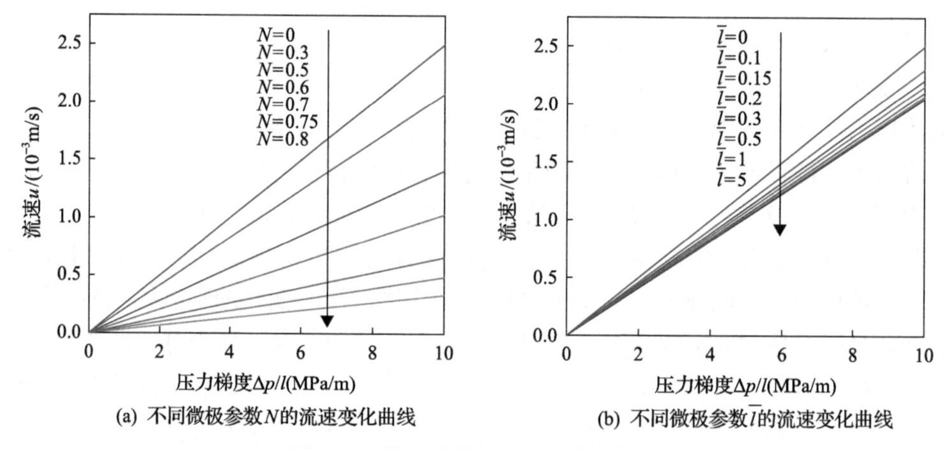

(a) 不同微极参数N的流速变化曲线　(b) 不同微极参数$\bar{l}$的流速变化曲线

图 2-28　微极参数对流速变化的影响

3) 微极流体的井流出动态曲线特征

图 2-29 反映了微极参数对采油指数(IPR)曲线的影响，IPR 曲线是井底流压与日产量的变化曲线，即油井生产。曲线斜率的负倒数表示该井的采油指数，它反映了油藏的供油能力。随着微极参数 N 和 $\bar{l}$ 的增大，该井的采油指数降低。从图 2-29(a) 中可以看出，当 $N<0.3$ 时，IPR 曲线基本重合，微极参数 N 对 IPR 曲线变化的影响较小；当 $N\geqslant0.3$ 时，随着产量的增加，井底流压迅速减小，且 N 越大该变化越明显。从图 2-29(b) 中可以看出，当 $\bar{l}<0.5$ 时，IPR 曲线的变化较为明显；当 $\bar{l}\geqslant0.5$ 时，IPR 曲线基本重合，采油指数的变化较小。随着微极特性参数的增大，地层流体的流动性越来越差，体现在流体上则是非牛顿性变强。

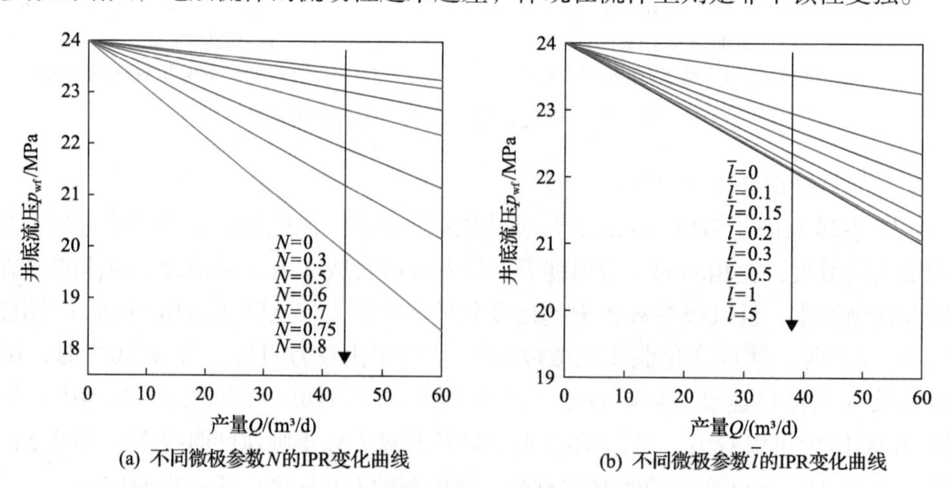

(a) 不同微极参数N的IPR变化曲线　(b) 不同微极参数$\bar{l}$的IPR变化曲线

图 2-29　微极参数对 IPR 曲线的影响

第3章　非均相渗流物理模拟实验方法

3.1　非均相微观多尺度渗流实验方法

近20年来，随着微纳技术的广泛应用，液体在纳米通道内的流动特征受到了人们的关注，以往对纳米通道中的研究一般可用分子动力学模拟的方法，而很少采用实验的方法。液体在纳米尺度下的受力情况远不同于宏观尺度（1mm～1m），其流量或远大于传统理论预测的流量，或远小于传统理论预测的流量[24]。明确液体在纳米尺度下的流动特征，有利于在生物技术、污染处理、油气田开发中驱油效率的提高。在现有技术中用于微纳尺度的纳米管束中最多的是碳纳米管，但是由于碳纳米管一般小到单分子的直径或单一的纳米刻蚀通道，故流量太小难以检测，因此常规的实验根本无法对液体的流动特征进行测量。

为解决以往纳米通道中的研究一般用分子动力学模拟的方法而很少采用实验方法，本书提供了一种能够实现纳米尺度下对液体流动进行实验研究，操作简便地测定纳米通道中液体流动特征的实验方法（图3-1）。

所述纳米通道中液体流动特征的实验方法包括以下步骤。

(1) 选择 25～125nm 孔径的氧化铝纳米膜，并用扫描电镜测量其准确的直径和孔密度。

(2) 向液体罐中加入经紫外线杀菌并用25nm孔径规格的纳米膜过滤后的去离子水。

(3) 用耐高压的塑料软管连接各管路和电源，接口处采用硬密封封住。

(4) 利用含支撑砂岩的上下夹具各通过两个密封夹子和密封橡胶圈将通道束薄膜夹紧密封。

(5) 利用高纯氮气作为动力源，对整个实验体系加压驱替，通过压力测量仪和温度测量仪读取压力和温度，液体流量由光电位移检测仪测量。

(6) 调节驱替压力，得到0～0.2MPa压力下去离子水的流量，重复5～10次，取平均值。

其中步骤(1)所述去离子水的电导率小于 10μS/cm，所述步骤(5)结束后小心取下通道束薄膜，检查通道束薄膜是否破损。若通道束薄膜破损则舍弃数据，重新进行测量，若通道束薄膜无破损，则数据有效，对其进行记录并整合分析，多次测量取均值。

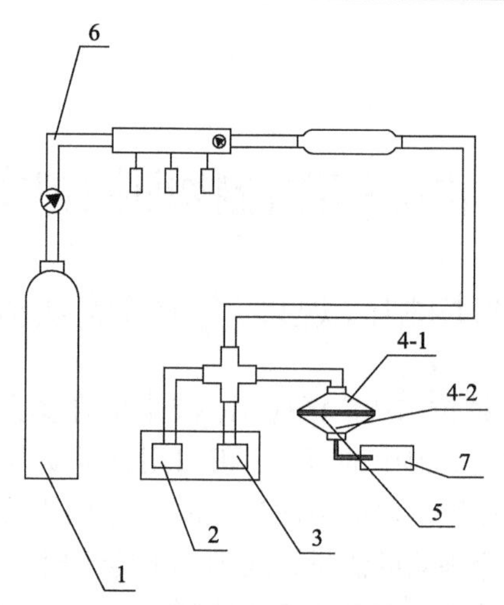

图 3-1　纳米通道中液体流动实验装置示意图

1. 液体罐；2. 压力测量仪；3. 温度测量仪；4-1. 上夹具；4-2. 下夹具；5. 通道束薄膜；6. 耐高压的塑料软管；7. 光电位移检测仪

对有效数据进行整合分析，结合 Hagen-Poiseuille 方程与实验数据进行计算和验证，得到 Hagen-Poiseuille 方程的修正公式：

$$Q_{\text{ex}} = N\frac{\pi\left[r_0 + \sigma(\nabla p)\right]^4}{8\mu_{\text{w}}}\Delta p \tag{3-1}$$

式中，N 为流经的所有通道总数量；μ_{w} 为水的黏度系数；∇p 为压力梯度；σ 为静水边界层厚度；π 为圆周率；r_0 为管半径；Q_{ex} 为修正泊肃叶理论公式后计算所得的理论流量。

利用所述纳米通道中液体流动特征的实验方法，可对液体在纳米尺度下的流量进行测量，并对不同条件下由实验得到不同条件的数据，通过对数据结合 Hagen-Poiseuille 方程计算和分析，可对 Hagen-Poiseuille 方程进行验证或修正，并明确液体在纳米尺度下的流动特征。

流量与压力的关系式——Hagen-Poiseuille 方程：

$$Q = \frac{\pi r_0^{\ 4}}{8\mu}\nabla p = \frac{\pi r_0^{\ 4}}{8\mu}\frac{\Delta p}{l} \tag{3-2}$$

式中，l 为管长度；∇p 为压力梯度；Δp 为管长度为 l 时所产生的压力差；μ 为流体黏性。

根据所测量的温度可以计算液体的黏性 μ，从而计算得到理论泊肃叶的流量 Q_{np}。根据测量所得的位移和时间可计算流速 v，由扫描电镜测量得到的纳米孔数量可计算出实际单根管中的流量 $Q_{\exp}$，如式(3-3)和式(3-4)：

$$Q_{\exp}=v\frac{A}{N} \tag{3-3}$$

$$Q_{\exp}=\frac{L}{t}\pi s^2 \tag{3-4}$$

式中，s 为位移，m。

对比实验流量与传统经典理论流量之间的差异，可以得到以下结论：①当孔径降低到纳米级别时，根据实验结果获得的数据都可以拟合成二次方程式，且拟合相关系数高达 0.98～0.99，实验数据具有较高的准确性；②流动特征随压力的变化表现出明显的非线性流动特征，且基本表现出随着孔径的降低，其非线性程度增大。

将实验流量与公式(3-2)计算得到的理论流量进行比对，分析去离子水的微纳米尺度效应。当去离子水在纳米管中流动时，随着孔径降低到纳米级别，表现出纳米孔径越小，实验流量曲线与泊肃叶理论预测流量的偏离程度越高。在纳米尺度下，去离子水的流量比理论流量低约 1 个数量级。

引入静水边界层理论，由于水分子的强极性特征，它与固体表面分子之间的取向、所诱导固液界面的相互作用力会将水分子吸附在固体表面上，形成边界黏附层，在静态条件下也称为静水边界层。根据实验流量和理论流量，假设边界层厚度为 σ，利用泊肃叶公式(3-2)，用纳米孔径减去静水边界层厚度可以得到有效孔径，进而得到有效流量的表达式(3-5)：

$$Q_{\exp}=N\frac{\pi(r_0-\sigma)^4\Delta p}{8\mu L} \tag{3-5}$$

通过比较去离子水的实验流量和理论流量，得到静水边界层厚度为 σ，其表达式为

$$\sigma=r_0-\left(\frac{8\mu LQ_{\exp}}{N\pi\Delta p}\right)^{0.25} \tag{3-6}$$

通过比较有效边界层厚度占管径的比例与驱替压力的关系，分析边界层对去离子水流动的影响。当压力较小时，边界层厚度占孔径的比例高，说明此时有大量的水分子被吸附在固壁表面，这就相当于流动的管道变窄，使流量较低。而随着驱替压力的增大，边界层厚度占孔径的比例不断降低，这就相当于流动的管道变宽，说明随着驱替压力的增加，纳米孔中的流体被不断驱替出来，更多的流体

参与流动，使流量快速增加。孔径越小，边界层流体占管径的比例越大，说明尺度越小，固液界面的相互作用力越大，吸附在壁面上的水分子越多，所以边界层厚度占孔径的比例越大。而随着驱替压力的增加，在相同压力梯度条件下，小孔径的有效边界层厚度占孔径比例也越大，说明在驱替压力的作用下，固液界面的相互作用力仍然具有重要作用，它使液体流量低于理论值。

有效边界层厚度随驱替压力非线性的变化关系特征是导致液体在小压力时流量低的原因，而当驱替压力不断增加时，边界层厚度降低，流量增大，所以边界层厚度随压力梯度的非线性减小是纳米管中流体非线性流动产生的原因。

去离子水的边界层厚度可以表示为

$$\sigma(\nabla p) = \sigma_0 - \beta l \ln(\nabla p) \tag{3-7}$$

式(3-3)～式(3-7)中，v 为流体流速；A 为流经所有通道的孔面积和；L 为单位时间 t 内流体流过的距离；t 为单位时间；σ_0 为拟合方程[式(3-7)]所示的拟合系数 A；β 为拟合方程所示的拟合系数 B。

因此，对传统的泊肃叶理论公式进行修正，得到去离子水在纳米尺度通道中的流动方程可以表示为

$$Q_{\mathrm{ex}} = N\frac{\pi[r_0 + \sigma(\nabla p)]^4}{8\mu_{\mathrm{w}}} \times \nabla p \tag{3-7}$$

该实验方法能够对纳米尺度内液体的流动特征进行准确检测，通过测量其流量可对其进行多方面的分析，对其在纳米尺度内的流动特征进行研究，其中除对泊肃叶理论公式进行的修正外，还可对液体在纳米尺度内的滑移影响和流动的阻力系数等多方面进行研究，填补了现有技术中尚未有该类实验方法的空白，对纳米尺度内的液体研究具有非常大的意义和价值。

3.2 非均相调驱性能在线检测方法

众所周知，实验室内岩心驱替是研究岩心内部流体流动最基本的手段，在研究石油天然气等地下流体的开发中被广泛应用，但岩心具有不可视化的特征，岩心内部流体的变化只能借助外部的参数来表示(如进出口压力、流速等)，也有通过数值模拟技术手段来描述驱替效果的，但这不能真实描述岩心内部的流动状况，也限制了对流体特性更深入的认知。在油田开发过程中通常注入堵水剂来封堵多孔介质中的大孔道，调节注入液体的流动方向和范围，达到扩大波及体积以提高采收率的最终目的[25]。如何将堵水调剖过程呈现为可视化成为石油工程技术领域

努力和追求的目标。

针对目前堵水剂在多孔介质中对封堵调剖无法描绘和表述的难题，本书的目的就是提供一种对多孔介质中封堵性进行可视化和评价的方法，将可视化微观仿真模型和图像色差处理技术结合，使堵水调剖在多孔介质中能够进行定量和定性分析。

包括如下步骤。

(1)提取孔隙结构。将天然岩心切割成铸体薄片，根据各个铸体薄片的形状，通过电镜扫描绘制出真实多孔介质的孔隙结构。

(2)刻蚀模板。通过掩膜加工技术，制成有效面积为40mm×40mm的多孔介质芯片掩膜，利用光刻机曝光技术将多孔介质芯片掩膜的影像呈现在匀胶铬版上，通过去铬液处理可以得到孔隙去铬的玻璃薄片，再经刻蚀液浸泡制成预期的多孔介质模型。

(3)烧结模型。高温条件下将多孔介质模板和同等大小抛光片在马弗炉中烧结，烧结温度为500～600℃，优选为550℃，即可制成可视化微观仿真模型，可视化微观仿真模型如图3-2所示。将该可视化微观仿真模型进行功能划分，划分成主通道、过渡区和边界区，如图3-3所示。可视化微观仿真模型优选为正方形，其中主通道、过渡区和边界区的优选排列为：正方形的四个顶点分别相对连接构成两条对角线，其中一条对角线的两个顶点分别设置为入口端和出口端；另一条对角线的两个顶点之间，从其中一个顶点到另一个顶点依次划分为边界区、过渡区、主通道、过渡区、边界区五个区域，其中主通道位于入口端到出口端的对角线上。为方便统计堵水剂波及面积，由速度分布、驱油效率和水驱油波及面积等因素综合划分其有效区域面积比为主通道∶过渡区∶边界区=7∶5∶4；主通道、过渡区和边界区所占正方形一边的边长比优选为 1∶1∶2。在驱油过程中，以注入口到采出口的连线为基准线，将驱替液主要波及的区域(即基准线上下两端一定

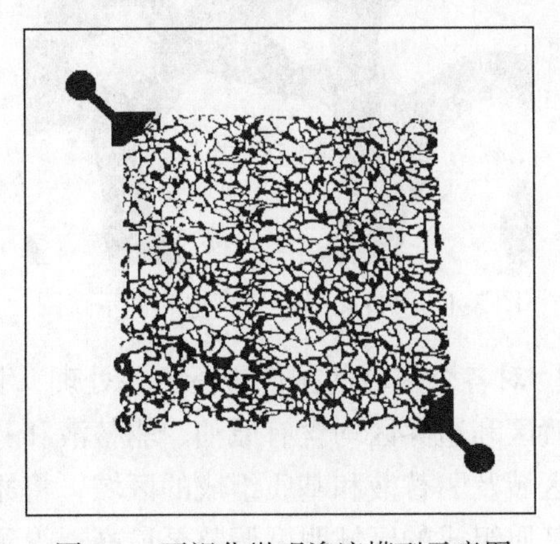

图3-2　可视化微观渗流模型示意图

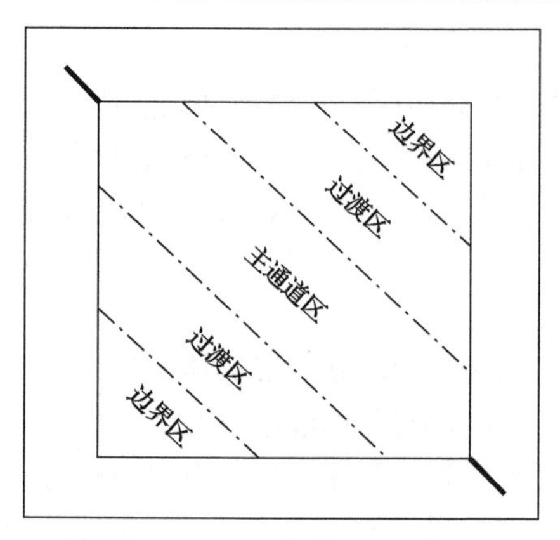

图 3-3　可视化微观仿真模型区域划分示意图

宽度的区域）划分为主通道，驱替液波及效果最差的区域（即远离基准线并靠近模型边界的区域）划分为边界区，剩余区域即为过渡区。主通道是连接流体注入和采出的纽带，也是驱替液对孔隙封堵的主要区域。过渡区是孔隙封堵后，驱替液液流方向发生转变的起始缓冲区域；边界区是流体流动的终止区域，同时也是波及范围增大的主要区域。划分这三个区域的作用是利用仿真计算，更加准确地统计封堵后不同区域照片的色度。

（4）前期水驱。首先将可视化微观仿真模型抽真空，饱和水后油驱，建立束缚水存在的模拟真实地层。随后再进行水驱油过程，用高倍显微镜对主通道、过渡区和边界区进行拍照和记录，从而得到各个区域的图像，如图 3-4 所示。

图 3-4　可视化微观模型饱和油示意图

（5）图像色差处理。对各个区域的图像进行色差处理，生成色差对比明显的图像，其中主通道、过渡区和边界区均含有原油、驱替液和基质区域。在图像中分别选择图像上的原油区域及驱替液和基质组成的区域，将原油区域的明度调整至最低，再将驱替液和基质组成的区域明度调整至最高，得到的结果即为色差处理后的图像。该方法较灰度处理技术的优点在于像素点的色度取值更加精准，极大地提高了计算的精度。

(6) 图像区域的色差比值计算，如图 3-5 所示。步骤如下：①遍历主通道、过渡区和边界区各个区域内图像中的所有点，记录每个点的色值，黑色的值为 0，白色的值为 1，灰色的值在 0～1 取值；②将每个点所得到色值的结果相加；③将步骤②中所述结果相加得到的数值除以遍历每个点的循环次数，即图像区域的像素点数，可得到图像区域的色差比值总和，记为 S_1。图 3-5 中，Sums 为有效面积为 40mm×40mm 范围内每个点对应的色值的总和；Sum 为有效面积为 40mm×40mm 范围内所遍历的点数的总和；S 为有效面积为 40mm×40mm 范围内每个点对应的色值；Res 为剩余油面积和有效面积的比值。

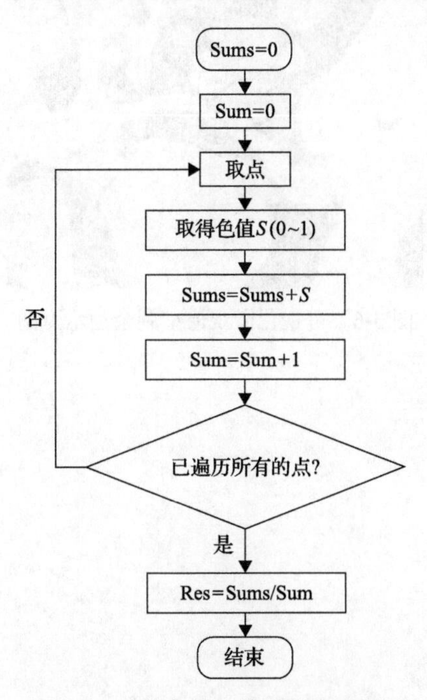

图 3-5 计算色差比值的程序流程图

(7) 后期驱油。用堵水剂驱替经步骤 (4) 水驱后的微观模型，通过微观可视化系统进行实时监控。当注入水体积达到预定孔隙体积的 20～40 倍，优选为 30 倍孔隙体积，出口端含水率预定数值为 98%～100%，优选为 99.9%。此时观测到的微观模型整体剩余油图像不再变化，即达到平衡。用高倍显微镜对三个区域进行拍照处理，如图 3-6 所示，用高倍显微镜对主通道、过渡区和边界区进行拍照和记录，从而得到各个区域的图像，利用步骤 (5) 和步骤 (6) 对后期驱油后的所述图像进行处理，即可得到图像区域的色差比值总和，记为 S_2。

(8)堵水剂封堵性能表征：水驱替之后和堵水剂驱替后的面积比值：

$$S = \frac{S_1}{S_2}$$

式中，S_1 为水驱替后的色差比值，无量纲；S_2 为堵水剂驱替后的色差比值，无量纲。本书采用可视化微观模型和图像色差处理技术表征堵水剂在岩心孔喉道中的封堵性能，这样不仅可以观察到堵水剂封堵调剖的过程，也可以定量计算堵水剂的封堵效果，从定性和定量两方面来综合表征封堵性能。

图 3-6　可视化微观模型剩余油示意图

第 4 章　功能纳微米非均相提高采收率驱油机理

4.1　微观机理 1：“拉网式”驱扫

1. 流度控制机理

纳微米聚合物微球进入储层后，首先进入高渗透层的大孔道，随着聚合物微球水化时间的增加，聚合物微球的尺寸逐渐增大。在一部分大孔道中，聚合物微球呈疏松的网状聚集，产生滞流，随液流方向缓慢移动，使该孔道内的流体流度降低，促使后续液流转向，扩大波及体积，提高驱油效果。

2. 液流转向机理

纳微米聚合物微球进入主要流通通道后，在一部分中小孔道及喉道中，聚合物微球之间会形成牢固的网状聚集，不再运移，产生滞留，从而堵塞孔道和喉道，迫使后续液流发生转向，扩大波及体积，提高驱油效果。

3. 压力波动机理

纳微米聚合物微球进入储层深部后，在一部分较小的孔道和喉道中，聚合物微球依靠弹性变形能力沿液流方向对喉道或孔道进行封堵、突破、再封堵、再突破，此时压力呈波动式变化，储层的压力场分布发生改变，压力的突然增大可以使所注入的流体克服较大的阻力进入更小的喉道或孔道中，扩大波及体积，提高驱油效果。

聚合物微球分散体系驱替过程中，由于聚合物微球与孔道和喉道的匹配关系，聚合物微球在运移过程中表现出不同的流动特征。聚合物微球在模型入口处的运移特征，如图 4-1 所示。由图可知，在聚合物微球正式进入多孔介质之前，呈疏松的聚集状态，随着后续微球的注入，微球的聚集状态被破坏，随之聚合物微球开始运移，通过喉道进入孔道。

聚合物微球在大孔道中呈缓慢的网状流动，可实现“拉网式”驱扫，通过网状体积排它驱扫剩余油和曳力拖拽、活性增溶剩余油，以克服均相流体中心通道突进问题，如图 4-2 所示。

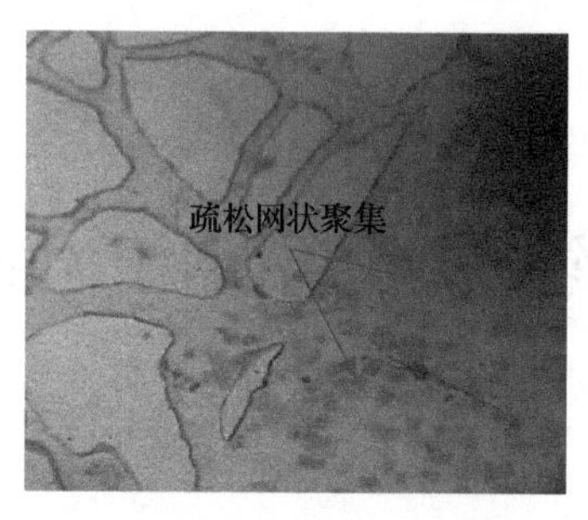

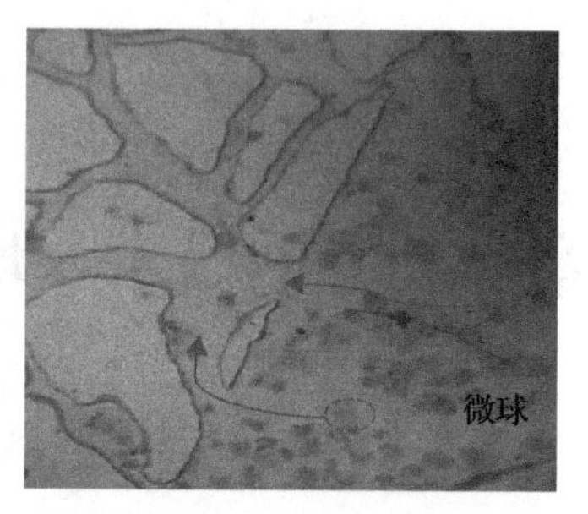

图 4-1　聚合物微球在模型入口处的运移特征

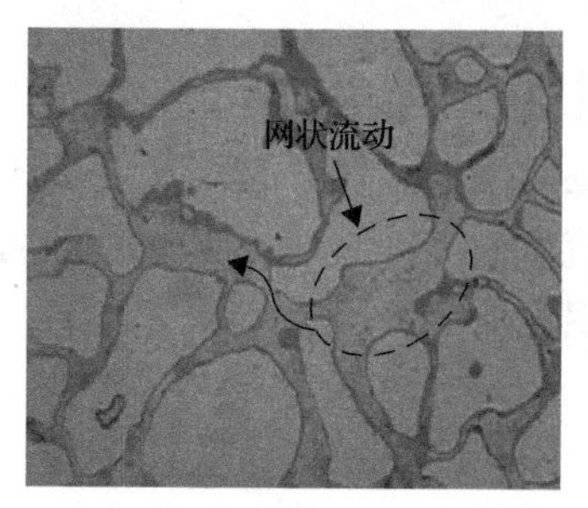

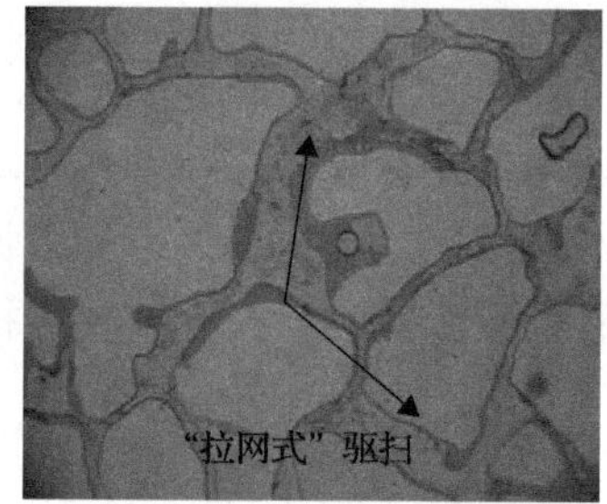

图 4-2　聚合物微球在大孔道中的网状流动和“拉网式”驱扫

4.2　微观机理 2：“界面寻的、浓度趋势化”

纳微米非均相微球具有界面趋向性，能够实现靶向驱油，如图 4-3 所示。同时纳微米非均相微球的表面能高，易通过表面吸附聚集在岩石-流体和流体-流体界面[26-29]，从而实现“界面寻的、浓度趋势化”，进而调整流速和相分布状态，启动剩余油。

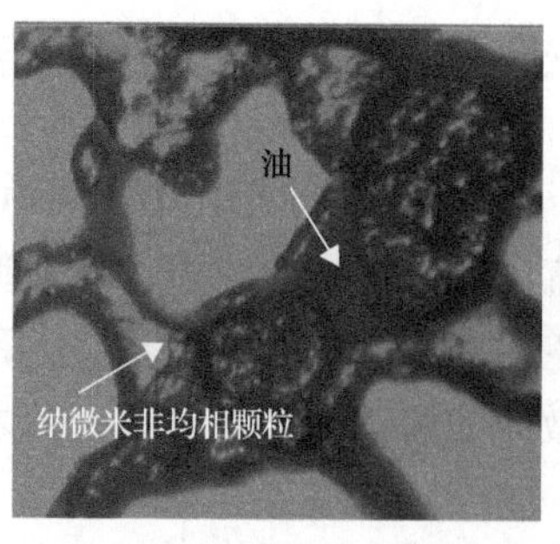

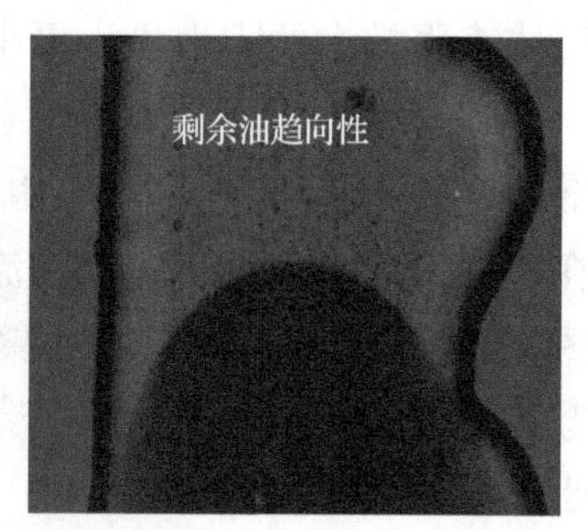

图 4-3　非均相体系“界面寻的”行为

4.3　微观机理 3：架桥暂驻液流转向及扩扫跃动逐级调驱

随着较多数量的聚合物微球进入多孔介质，在较大孔道处的聚合物微球架桥呈网状，使聚合物微球难以通过喉道，以网状聚集形态而滞留在该处，使后续注入的流体发生液流转向，见图 4-4。

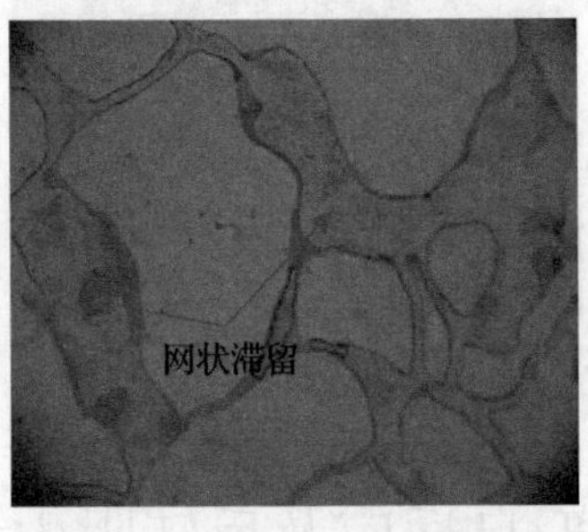

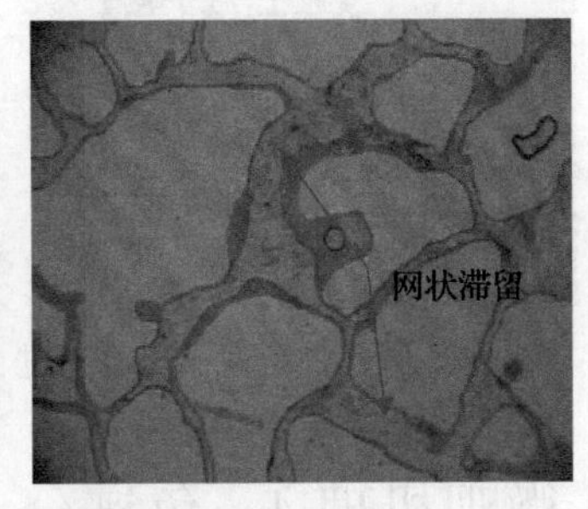

图 4-4　聚合物微球在大孔道中的网状滞留

进一步地，当聚合物微球经过喉道，且微球粒径较大且变形能力较差时，注入压力不足以克服阻力，这时将在喉道处发生封堵，形成堵塞，促使后续注入流体实现液流转向(图 4-5)。这使纳微米非均相聚合物体系能够实现堵而不死，扩大微观波及体积。

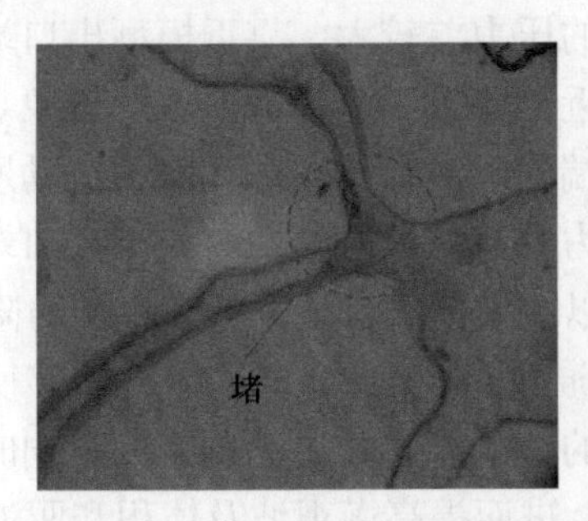

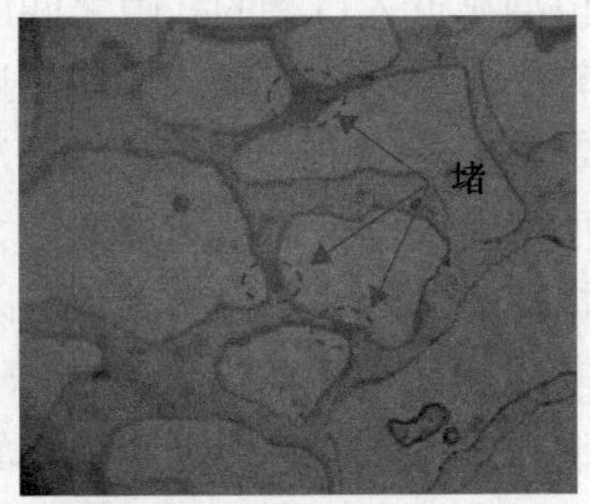

图 4-5　聚合物微球在喉道处的堵塞

聚合物微球依靠其变形能力可以连续通过较小的喉道，逐次进入大小不同的孔道，实现聚合物微球的逐级调剖作用，见图 4-6。图中所标聚合物微球依次通过了四个喉道，进入了多孔介质的深处，实现了深部调驱。

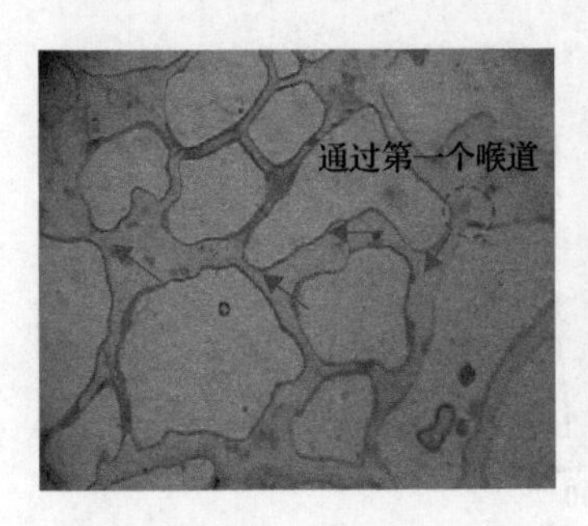

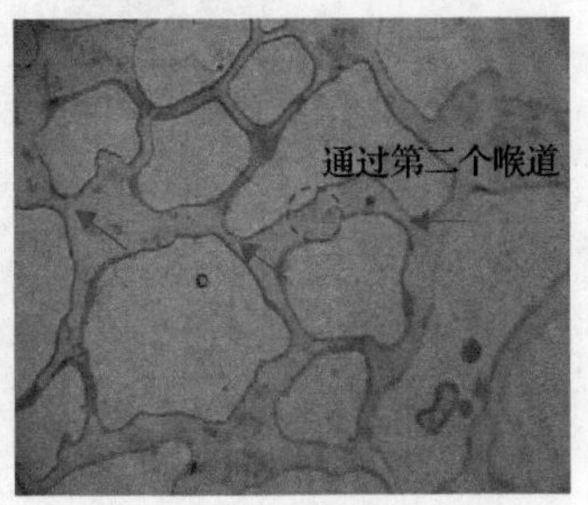

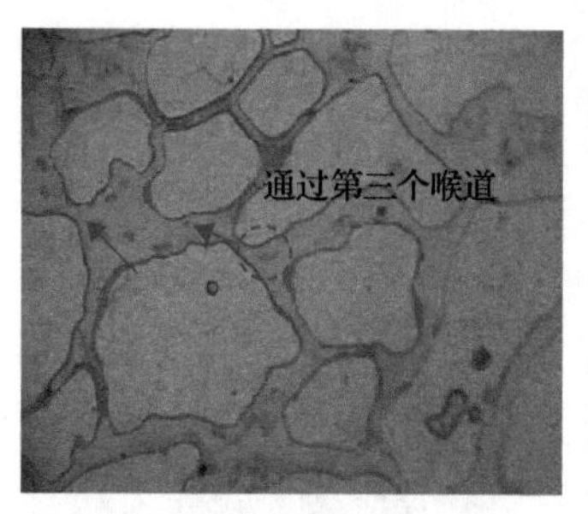

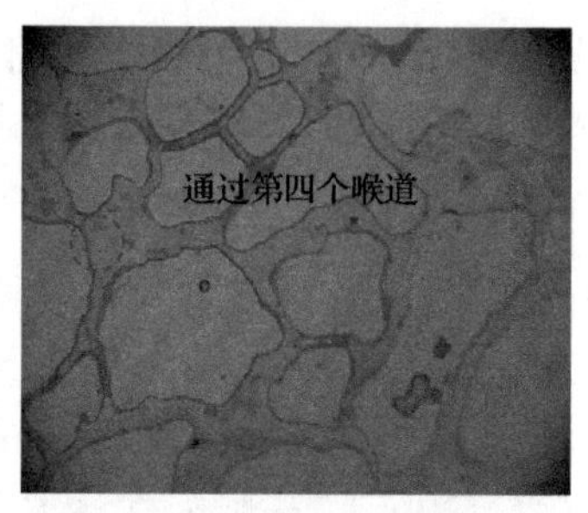

图 4-6 聚合物微球小孔道通过、大孔道流动缓慢实现逐级调剖

4.4 微观机理 4：色谱分离-自适应及反转阻力调驱

图 4-7 和图 4-8 分别为水驱油和聚合物驱油时网络模型的孔隙压力分布特征，模型入口端压力为 0.2MPa，出口端压力为 0.1MPa。从图中可以看出，水驱油时的网络模型在靠近入口端的孔隙之间的压力差比较小，靠近模型出口端的孔隙之间的压力差较大，在网络模型入口端附近形成了明显的“憋压”现象；聚合物驱油时，网络模型靠近入口端的孔隙之间的压力差较大，靠近模型出口端的孔隙之间的压力差较小，在网络模型入口端附近形成了明显的“泄压”现象。这是因为在模型两端定压的条件下，水驱时入口端附近被水相占据孔隙的流动所要克服的阻力减小，所以在模型入口端附近的压力憋起；聚合物驱时模型入口端附近被聚合物溶液占据孔隙的流动阻力增大，所以在模型入口端附近产生压力降落。

纳微米非均相体系中的聚合物微球通过色谱分离-自适应，能够反装阻力调驱。也就是说，该体系能够增强小孔隙的流动能力并启动剩余油；同时，能够实现多尺度反转阻力、驱扫剩余油富集区，进而提高微观波及体积和驱油效率。

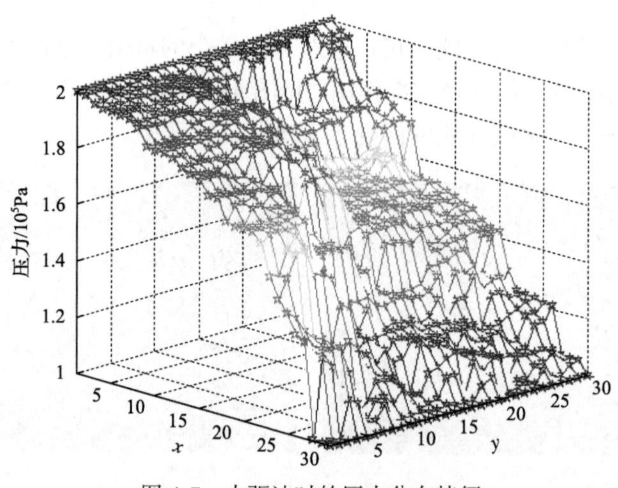

图 4-7 水驱油时的压力分布特征

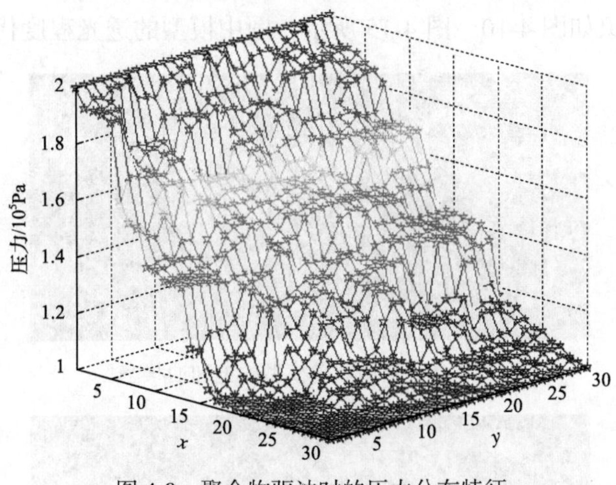

图 4-8　聚合物驱油时的压力分布特征

4.5　宏观机理：多尺度均渗阻调控

1. 平板填砂模型实验

利用平板填砂模型进行可视非均质渗流调控实验，实验步骤如下：平板填砂模型称干重；抽真空，饱和地层水称重，计算孔隙体积；注入模拟油，直至模型完全不出水，计算原始含油饱和度；以 0.3mL/min 为注入速度进行水驱，直至采出端含水率达到 98%，计算水驱采收率；以相同的速度注入 0.45PV(PV 数指孔隙体积的倍数)聚合物微球分散体系；后续水驱，直至不出油，计算聚合物微球分散体系提高的采收率，实验装置示意见图 4-9。

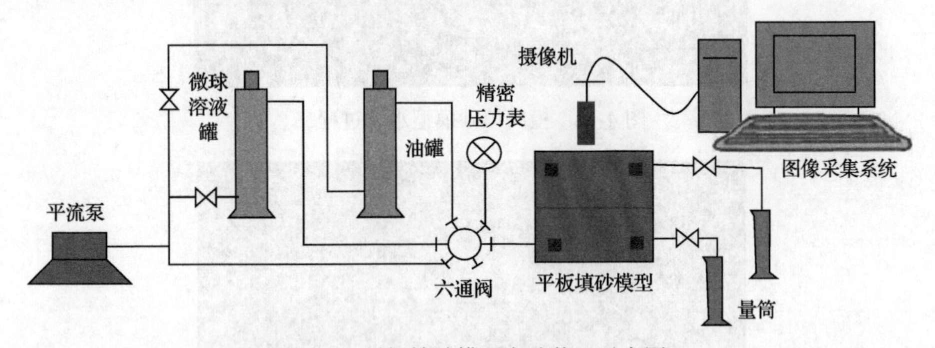

图 4-9　平板填砂模型实验装置示意图

2. 实验结果与讨论

首先，将平板填砂模型水平放置，模拟储层横向非均质性，进行可视化驱油实验，实验现象如图 4-10～图 4-15 所示，图中模型的透光程度代表含油程度。

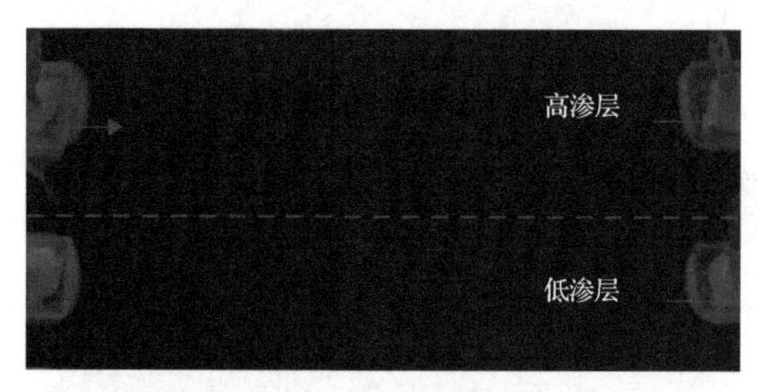

图 4-10　横向填砂模型的饱和油状态

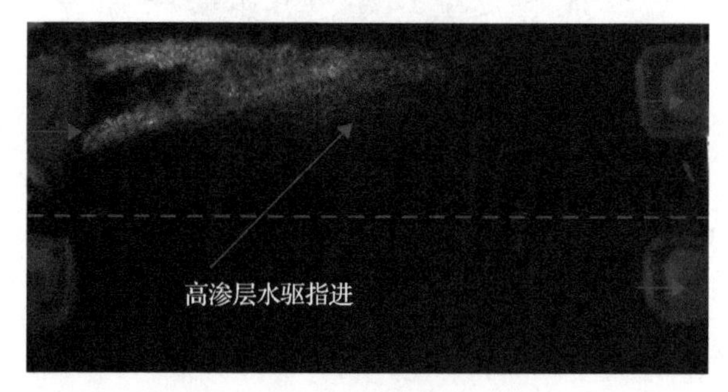

图 4-11　横向填砂模型水驱过程一

图 4-12　横向填砂模型水驱过程二

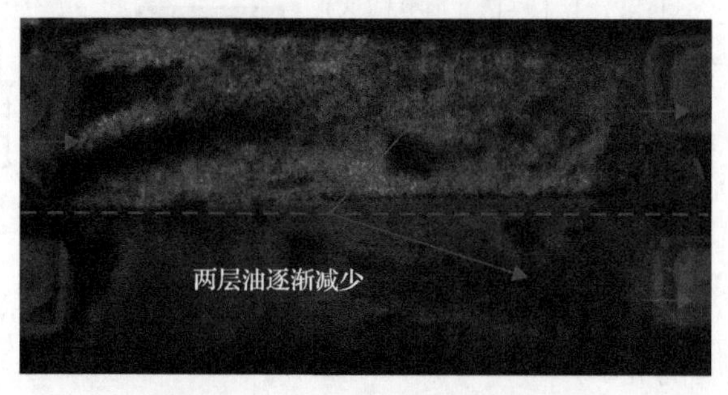

图 4-13　横向填砂模型水驱结束

图 4-14　横向填砂模型聚合物微球分散体系的调剖过程

图 4-15　横向填砂模型后续水驱结束

图 4-10 为饱和油后图像，图 4-11～图 4-13 为水驱过程。由图可知，当刚开始水驱时，注入水首先沿着高渗层运移，把高渗层中的原油驱替出来，随着原油被驱替出来，高渗层的透光性增强且透光面积增大；同时，注入水开始向低渗层波及，低渗层中的原油开始被启动，透光性逐渐增强且透光面积也逐渐加大。随着注入水体积的增加，水驱的波及范围进一步扩大，直到水驱结束，低渗层和高渗层各个地方均被波及，但高渗层的透光性明显高于低渗层。可见，低渗层剩余更多的原油，在低渗层水驱的采收率低于高渗层。图 4-14 为注入聚合物微球分散体系的过程，随着聚合物微球的注入，高渗层和低渗层模型的亮度明显增大，说明聚合物微球在高渗层起到了封堵调剖的作用，使液流转向低渗层，低渗层的剩余油被驱走。图 4-15 为后续水驱结束时的模型状况，由图可知，由于聚合物微球的调剖作用使高渗层和低渗层中的剩余油大幅度减少，尤其是低渗层中剩余油的降低幅度更大，聚合物微球不仅对层间起到了很好的扩大波及体积的作用，而且对于层内水驱波及不到的地方也起到了很好的调剖作用。

图 4-16 为横向填砂模型出口端高渗层和低渗层含水率、采出程度的变化曲线，由图可知，在水驱过程中，高渗层含水率的上升幅度明显高于低渗层，在注入聚合物微球分散体系及后续水驱过程中，低渗层含水率的下降幅度大于高

渗层。高渗层含水率由 98.28%降低到 90.33%，下降了 7.95 个百分点；低渗层含水率由 88.81%降低到 71.22%，下降了 17.59 个百分点；总采收率由 59.04%增加到 72.35%，提高了 13.31 个百分点。

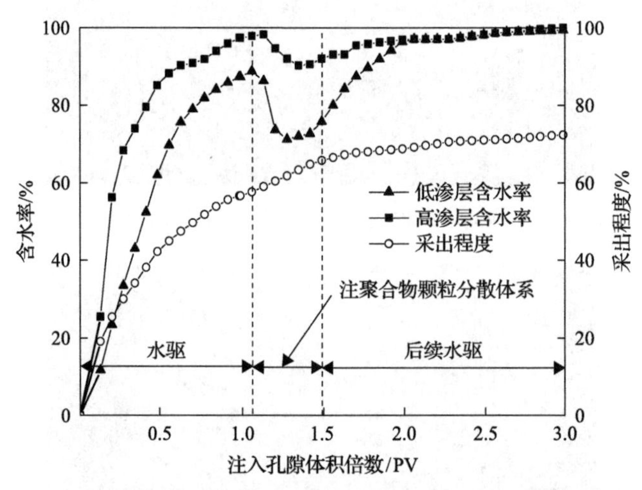

图 4-16　横向填砂模型出口端含水率与采出程度的变化曲线

其次，将平板填砂模型垂直放置，模拟储层纵向正韵律非均质，进行可视化驱油实验，实验现象如图 4-17～图 4-20 所示。图 4-17 为饱和油后图像，图 4-18

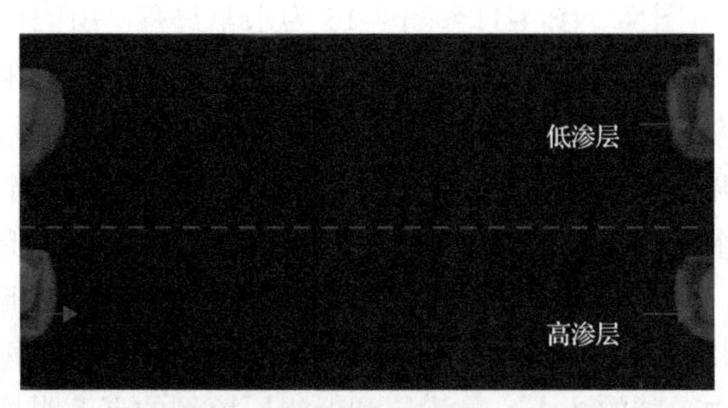

图 4-17　纵向填砂模型饱和油状态

图 4-18　纵向填砂模型水驱结束

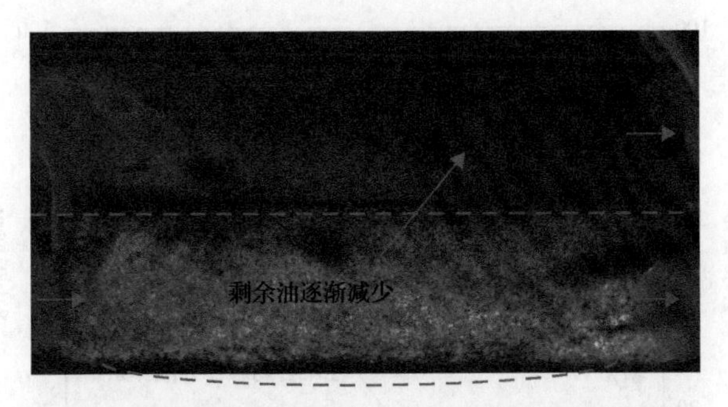

图 4-19　纵向填砂模型聚合物微球分散体系的调剖过程

图 4-20　纵向填砂模型后续水驱结束

为水驱结束时的状况，由图可知，与横向模型相比，纵向模型的低渗层存在大量的剩余油，这是由于在纵向正韵律模型中，水受重力影响而主要在高渗层流动，所以水驱的波及面积较小，很难波及低渗层，这使低渗层有较多的剩余油存在。图 4-19 为聚合物微球分散体系调剖过程中的状况，由图可知，随着注入模型中的聚合物微球发挥封堵调剖的作用，水的波及面积增大，水流开始向低渗层波及，低渗层中的剩余油大幅度减少，高渗层中底部难以驱出来的剩余油也在聚合物微球的调剖作用下大幅度减少。图 4-20 为后续水驱结束后的状况，由图可知，经过聚合物微球分散体系的调剖作用，后续水驱的波及面积大范围增大，低渗层的剩余油大幅度减少，聚合物微球分散体系的增油效果明显。

图 4-21 为纵向填砂模型出口端高渗层和低渗层含水率、采出程度的变化曲线，由图可知，水驱过程中，高渗层含水率的上升幅度明显高于低渗层，在注入聚合物微球分散体系及后续水驱过程中，低渗层含水率的下降幅度高于高渗层。高渗层的含水率由 98.22%降低到 87.97%，下降了 10.25 个百分点；低渗层含水率由 89.56%降低到 67.37%，下降 22.19 个百分点；总采收率由 48.12%增加到 71.26%，提高了 23.14 个百分点。可见，聚合物微球分散体系对纵向非均质储层的调剖作用优于横向非均质储层。

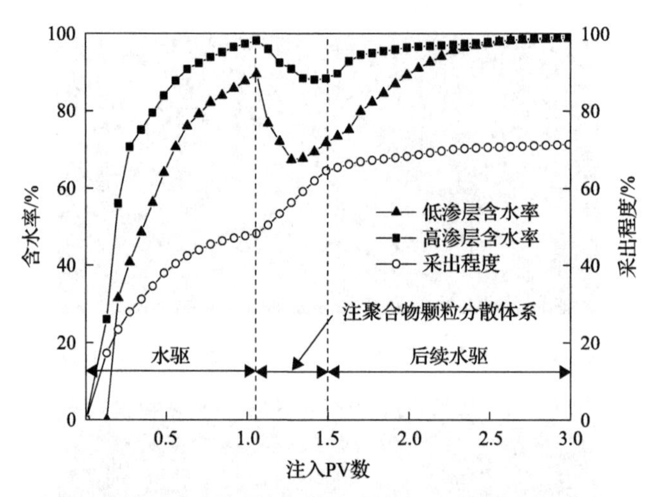

图 4-21　纵向填砂模型出口端含水率与采出程度的变化曲线

4.6　纳微米聚合物体系驱油的相对渗透率曲线

4.6.1　实验方法

1. 饱和岩心

采用抽真空 48h 后加压的方式使岩心中饱和地层水，用物质平衡法计算岩心的孔隙度，地层水型采用长庆油田的水型。

用浸入法将岩心装入夹持器，即先装上岩心夹持器的出口堵头，将其浸没在地层水中并装入岩心，接上入口堵头后，再将岩心夹持器接入驱替实验流程中。

2. 建立束缚水

采用从美国 ISCO 公司引进的 100DX 型高压高精密(最小流量 0.01μL/min，最高压力 10000psi，1psi=6.89476×10^3Pa)驱替泵，向岩心注入脱气原油，驱替至无水采出为止，计量驱出水总量并计算束缚水饱和度。

3. 聚合物驱油

利用 100DX 型高压高精密驱替泵向岩心中注入纳微米聚合物微球分散体系，记录实验各个参数至无油采出为止，计算岩心的残余油饱和度，同时用同样的方法测定水相渗透率。实验过程中容器罐和夹持器放置在 55℃恒温箱中。

4.6.2　实验结果与讨论

纳微米聚合物微球分散体系的相对渗透率及油水相对渗透率的实验结果参数对比见表 4-1 和表 4-2。由表可知，随着渗透率的降低和残余油饱和度的升高，采收率减小，共渗区范围变窄。聚合物驱油过程中，当渗透率由 515.43mD[①]降低到 0.425mD，残余油饱和度增大了 21.6 个百分点，采收率减小了 25.47 个百分点，共渗区范围缩小了 28.67 个百分点。

表 4-1　油水相对渗透率实验结果参数对比

序号	空气渗透率/mD	残余油饱和度/%	束缚水饱和度/%	共渗区跨度/%	等渗点饱和度/%	采收率/%
1	0.407	46.17	30.34	21.67	45.52	41.39
2	7.33	40.24	29.91	30.00	50.99	42.97
3	19.92	36.70	28.47	39.73	49.07	48.81
4	55.94	34.74	27.03	42.72	52.99	55.06
5	109.85	32.86	27.47	44.65	56.40	58.81
6	505.31	27.92	24.46	52.54	60.04	64.03
平均	116.46	36.44	29.95	38.55	52.50	51.84

表 4-2　油-纳微米聚合物微球相对渗透率实验结果参数对比

序号	空气渗透率/mD	残余油饱和度/%	束缚水饱和度/%	共渗区跨度/%	等渗点饱和度/%	采收率/%
1	0.425	44.53	28.74	24.74	50.82	44.49
2	5.82	39.23	27.52	33.25	56.33	45.87
3	23.56	27.46	27.14	45.40	57.40	62.31
4	57.76	26.67	26.43	46.90	59.35	63.75
5	100.27	25.34	26.01	47.40	62.00	64.01
6	515.43	22.93	23.67	53.41	63.02	69.96
平均	117.21	31.03	26.59	41.85	58.15	58.40

油水两相相对渗透率曲线的形态反映了流体的渗流特征，水相相对渗透率曲线等渗点之前，随含水饱和度的增加缓慢，在含水饱和度等渗点之后则增加迅速。直线形的相对渗透率曲线反映出随着含水饱和度的增加，其油相相对渗透率下降得很快，水相相对渗透率则上升缓慢，此表现在低渗透油层生产上呈现出油井见水后，随含水上升产液指数的下降，难以用提高排液量的方法保持稳产。

纳微米聚合物微球分散体系驱油的相对渗透率曲线如图 4-22～图 4-25 所示。由图可知，纳微米水驱使水相的相对渗透率明显下降，由于聚合物微米水化膨胀

① $1mD=10^{-3}\mu m^2$。

使水相的流动速度降低，孔道中纳微米聚合物出现滞留，使水相流动发生转变。而油相的相对渗透率发生右移，等渗点也发生右移，残余油饱和度降低，使共渗区变宽，从而提高了采收率。聚合物驱油的相对渗透率曲线中当岩心渗透率小于5.82mD时，岩心的孔喉半径分布小于5.3923μm，中值半径在0.3μm左右，聚合物溶液曲线呈上升趋势，这是因为纳微米聚合物微球进入岩心后，由于岩心中的大部分孔喉直径小于纳微米聚合物微球水化后的直径，聚合物在其中变形快速通过进行驱替。而当岩心渗透率增大后，岩心的最大孔喉半径分布在10.7971～17.990μm，纳微米聚合物微球在岩心中形成封堵，随着油相的不断驱出，两相流体形成连续相流动的过程延长，在相对渗透率曲线上表现为聚合物相末端呈下降的趋势。

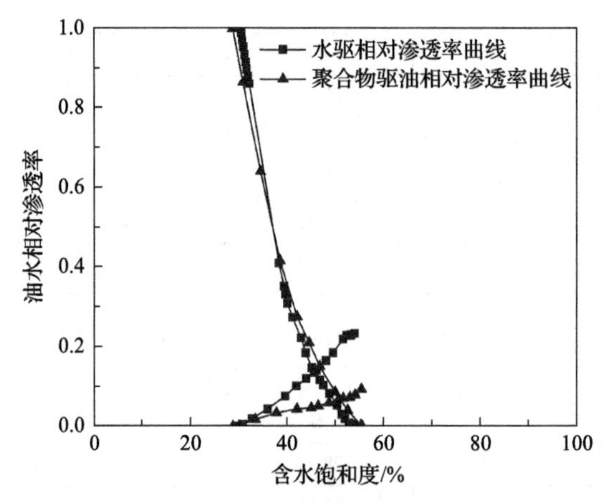

图4-22　纳微米聚合物微球分散体系驱(渗透率为0.425mD)与水驱(渗透率为0.407mD)相对渗透率的对比

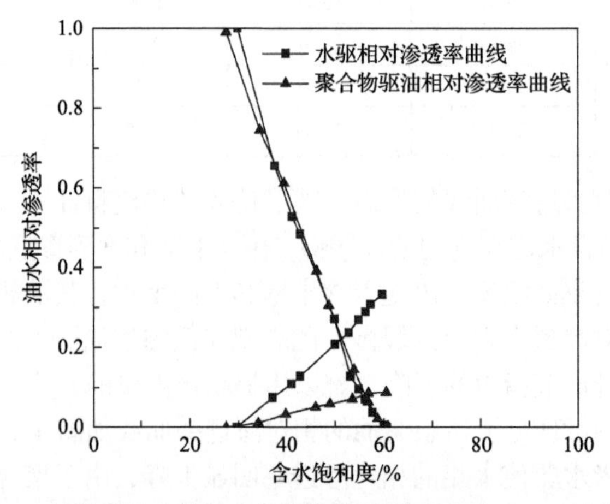

图4-23　纳微米聚合物微球分散体系驱(渗透率为5.82mD)与水驱(渗透率为7.33mD)相对渗透率的对比

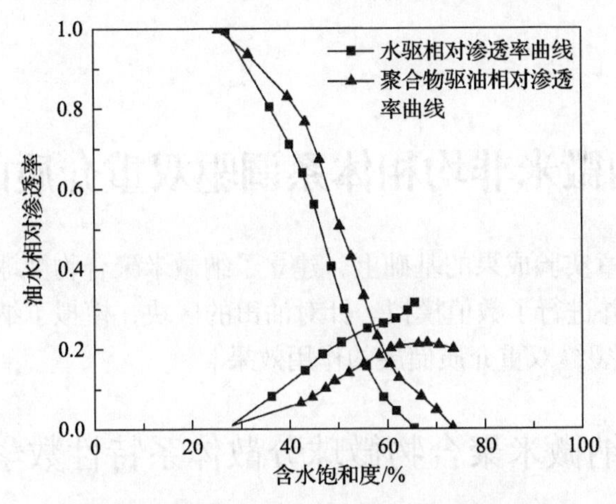

图 4-24　纳微米聚合物微球分散体系驱(渗透率为 57.76mD)与水驱(渗透率为 55.94mD)相对渗透率的对比

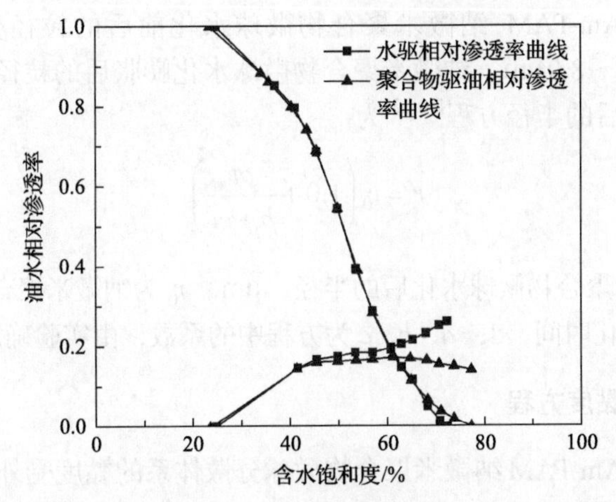

图 4-25　纳微米聚合物微球分散体系驱(渗透率为 515.43mD)与水驱(渗透率为 505.31mD)相对渗透率的对比

第5章　纳微米非均相体系调驱双重介质的渗流理论

本章在前4章实验成果的基础上，建立了纳微米聚合物微球分散体系调驱渗流的数学模型，并进行了数值模拟。针对油田的区块，模拟了纳微米聚合物微球分散体系对基质-裂缝双重介质储层的作用效果。

5.1　纳微米聚合物微球分散体系特性数学模型

5.1.1　水化膨胀方程

SiO_2-PMBAAm-PAM 纳微米聚合物微球水化前后的粒径分布范围分别为 0.5～3.0 μm、0.9～8.0 μm，纳微米聚合物微球水化膨胀后的粒径分布均满足正态分布。水化膨胀后的半径方程[30-32]为

$$r = r_0\left(1.0 + \frac{at}{b + ct}\right) \tag{5-1}$$

式中，r 为纳微米聚合物微球水化后的半径，μm；r_0 为纳微米聚合物微球的初始半径，μm；t 为水化时间，d；a、b、c 为方程中的系数，由实验确定。

5.1.2　分散体系黏度方程

SiO_2-PMBAAm-PAM纳微米聚合物微球分散体系的黏度受外界条件影响的变化程度不大，其黏度方程可表示为

$$\mu_p = \mu_w(1.0 + \gamma C_p) \tag{5-2}$$

式中，μ_p 为纳微米聚合物微球的黏度，mPa·s；C_p 为纳微米聚合物微球的浓度，g/L；μ_w 为水的黏度，mPa·s；γ 为方程中的系数，由实验确定。

5.2　纳微米聚合物微球分散体系渗流特性数学模型

1. 纳微米聚合物微球与储层的匹配关系

基质喉道半径与基质渗透率关系的方程为

$$r_h = 0.9232k^{0.3816} \tag{5-3}$$

式中，r_h 为基质喉道半径，μm；k 为基质渗透率。

纳微米聚合物微球与储层的匹配关系如下。

(1) 当纳微米聚合物微球粒径 $r < r_h$ 时可以穿过孔隙，当纳微米聚合物微球粒径 $r > r_h$ 时产生堵塞。

(2) 纳微米聚合物微球在小于 50mD 的地层，只通过但不改变渗透率。

其中，共有四种运移模式如下。

(1) 顺利通过，当 $r / r_h < 1$ 时，纳米级纳微米聚合物微球流动。

(2) 变形通过，当 $1.5 \geqslant r / r_h \geqslant 1$ 时，渗流表现为变形弹性通过，存在阻力。

(3) 破碎通过，当 $3 \geqslant r / r_h > 1.5$ 时，破碎后重新分布并通过多孔介质，存在渗流阻力。

(4) 形成有效堵塞，当 $r / r_h > 3$ 时，通过多孔介质时存在较大的渗流阻力，引起渗透率的下降幅度较大。

2. 堵塞压力方程

当 $r / r_h < 1.5$ 时，堵塞压力为 0。

当 $r / r_h \geqslant 1.5$ 时，产生堵塞压力，表达式为

$$p_r = 0.01X^2 + 1.10X - 1.46 \tag{5-4}$$

式中，p_r 为堵塞压力；$X = r / r_h$。

当注入压力增大到一定时，SiO_2-PMBAAm-PAM 纳微米聚合物微球在喉道处形成突破，突破压力的表达式为

$$p_t = 0.1X^2 + 1.28X - 1.83 \tag{5-5}$$

式中，p_t 为突破压力。

3. 纳微米聚合物微球水化膨胀和堵塞引起的基质渗透率下降

基质渗透率降低系数方程：

$$R_k = 1.0 + \frac{(R_{k,\max} - 1.0) b_k C_p}{1.0 + c_k C_p} \tag{5-6}$$

式中，C_p 为纳微米聚合物微球的浓度；$R_{k,\max}$ 为渗透率降低的最大系数；b_k 、c_k 为方程中的实验系数。

4. 残余阻力系数方程

残余阻力系数受岩心渗透率和含油饱和度的影响，根据实验和分析可用下式

表示：

$$R_{\mathrm{rf}}=\left(1+\frac{a_{\mathrm{k}}}{k}\right)(1+a_{\mathrm{s1}}S_{\mathrm{w}}+a_{\mathrm{s2}}S_{\mathrm{w}}{}^{2}) \tag{5-7}$$

式中，S_{w}为水相饱和度；a_{k}、a_{s1}、a_{s2}为方程中的系数，由实验确定。

5. 相对渗透率方程

$$k_{\mathrm{ro}}=k_{\mathrm{ro}}^{0}S_{\mathrm{w}}^{\beta C_{\mathrm{p}}} \tag{5-8}$$

$$k_{\mathrm{rw}}=k_{\mathrm{rw}}^{0}(1-S_{\mathrm{w}})^{1+\alpha C_{\mathrm{p}}} \tag{5-9}$$

式中，k_{ro}为油相的相对渗透率；k_{ro}^{0}为油相的初始相对渗透率；k_{rw}为纳微米聚合物微球分散体系的相对渗透率；k_{rw}^{0}为纳微米聚合物微球分散体系的初始相对渗透率；α、β为方程中的系数，由实验确定。

6. 地层物性与平均孔喉半径的关系

基质孔隙和喉道分布的形式为正态分布：

$$\overline{r}_{\mathrm{h}}=0.8529k^{0.4354} \tag{5-10}$$

$$\overline{r}_{\mathrm{k}}=-\mathrm{e}^{-0.5}k^{2}+0.1073k+131.79 \tag{5-11}$$

式中，$\overline{r}_{\mathrm{h}}$为平均喉道半径；$\overline{r}_{\mathrm{k}}$为平均孔隙半径，由$r$求出。

5.3　纳微米聚合物微球分散体系基质-裂缝渗流数学模型

5.3.1　质量守恒方程

为书写方便，使用下标 m 表示基质，下标 f 表示裂缝。根据问题的描述和渗流实验的研究结果，建立基质-裂缝双重介质渗流数学模型方程组。

裂缝中流体的质量守恒方程为

$$\frac{\partial W_{\mathrm{f}i}}{\partial t}+\nabla\cdot(\vec{F}_{\mathrm{f}i}+\vec{D}_{\mathrm{f}i})=Q_{\mathrm{f}i}+q_{\mathrm{m}ji}S_{j}C_{i} \tag{5-12}$$

基质中流体的质量守恒方程为

$$\frac{\partial W_{\mathrm{m}i}}{\partial t}+\nabla\cdot(\vec{F}_{\mathrm{m}i}+\vec{D}_{\mathrm{m}i})=Q_{\mathrm{m}i}-q_{\mathrm{m}ji}S_{j}C_{i} \tag{5-13}$$

式中，$i=1,2,\cdots,N_c$；N_c 为组分数；下标 m、f 分别表示基质和裂缝；W_{fi} 为裂缝中 i 组分的质量项；W_{mi} 为基质中 i 组分的质量项；$\vec{F}_i$ 为 i 组分的对流项；$\vec{D}_i$ 为 i 组分的扩散项；Q_i 为 i 组分的源汇项；t 为时间；q_{mji} 为单位时间内由单位体积基质块向裂缝介质中的 j 相 i 组分的流体质量，称为窜流强度。

裂缝质量项为

$$W_{fi}=\phi_f\tilde{C}_{fji}=\phi_f\sum_{j=1}^{N_p}\rho_j S_{fj}C_{fji}+(1-\phi_f)\rho_s C_{fsi} \tag{5-14}$$

基质质量项为

$$W_{mi}=\phi_m\tilde{C}_{mji}=\phi_m\sum_{j=1}^{N_p}\rho_j S_{mj}C_{mji}+(1-\phi_m)\rho_s C_{msi} \tag{5-15}$$

式中，j 为相数，这里取值为 1 或 2；N_p 为总相数；ϕ 为孔隙度；$\tilde{C}_{ji}$ 为 j 相中 i 组分的总质量分数；C_{ji} 为 j 相中 i 组分的质量分数；S_j 为 j 相饱和度(小数)；ρ_s 为固相密度；ρ_j 为 j 相密度。

裂缝对流项为

$$\vec{F}_{fi}=\sum_{j=1}^{N_p}\rho_j\vec{u}_{fj}C_{fji} \tag{5-16}$$

基质对流项为

$$\vec{F}_{mi}=\sum_{j=1}^{N_p}\rho_j\vec{u}_{mj}C_{mij} \tag{5-17}$$

式中，$\vec{u}_j$ 为 j 相的渗流速度。

裂缝扩散项为

$$\vec{D}_{fi}=-\sum_{j=1}^{N_p}\rho_j\phi_f S_{fj}\left(\sum_{k=1}^{N_c}D_{kfj}^i\nabla C_{fi}\right) \tag{5-18}$$

基质扩散项为

$$\vec{D}_{mi}=-\sum_{j=1}^{N_p}\rho_j\phi_{mj}S_{mj}\left(\sum_{k=1}^{N_c}D_{kmj}^i\nabla C_{mi}\right) \tag{5-19}$$

式中，D_{kfj}^i 为 j 相中 i 组分与 k 组分间的扩散系数。

裂缝源汇项为

$$Q_{fi}=\phi_f\sum_{j=1}^{N_p}\rho_j S_{fj}r_{fji}+(1-\phi_f)r_{fsi} \tag{5-20}$$

基质源汇项为

$$Q_{mi}=\phi_m\sum_{j=1}^{N_p}\rho_j S_{mj}r_{mji}+(1-\phi_m)r_{msi} \tag{5-21}$$

式中，r_{ji} 为 i 组分在 j 相的生成和聚并项；r_{si} 为固相捕集 i 组分项。

基质裂缝间的窜流强度 q_{mji} 为

$$q_{mji}=\alpha_D\frac{\rho_{0ji}}{\mu_j}(p_m-p_f) \tag{5-22}$$

式中，α_D 为无量纲窜流系数；ρ_{0ji} 为 j 相中 i 组分的参考密度；μ_j 为 j 相的黏度；p_m、p_f 分别为基质和裂缝压力。

5.3.2 运动方程

由于黏度、基质渗透率的下降系数随流动和时间发生变化，其为非达西流动，故各相运动方程表达式如下。

裂缝中流体运动方程为

$$\vec{u}_{fi}=-k_f\frac{k_{frj}}{\mu_j}(\nabla p_{fj}-\rho_j g\nabla Z) \tag{5-23}$$

基质中流体运动方程为

$$\vec{u}_{mj}=-k_m\frac{k_{mrj}}{\mu_j R_{mj}}(\nabla p_{mj}-\rho_j g\nabla Z-G) \tag{5-24}$$

式中，k 为绝对渗透率；k_{rj} 为 j 相的相对渗透率；R_j 为 j 相基质渗透率的下降系数；p_j 为 j 相压力；g 为重力加速度；Z 为油藏深度；G 为启动压力梯度。

5.3.3 辅助方程

1. 浓度方程

液相浓度：

$$\sum_{i=1}^{N_c}C_i=1,\quad i=1,2,\cdots,N_c \tag{5-25}$$

$$\sum_{j=1}^{N_p} S_{mj} C_{ij} + \sum_{j=1}^{N_p} S_{fj} C_{ij} = C_i, \quad i = 1, 2, \cdots, N_c \tag{5-26}$$

全组分浓度：

$$\widetilde{C}_i = C_i + \overline{C}_i, \quad i = 1, 2, \cdots, N_c \tag{5-27}$$

2. 饱和度方程

$$\sum_{j=1}^{N_p} S_{mj} + \sum_{j=1}^{N_p} S_{fj} = 1 \tag{5-28}$$

3. 吸附方程

$$\widehat{C}_3 = \frac{aC_3}{1 + bC_3} \tag{5-29}$$

4. 毛细管压力方程

$$p_c(S_w) = C_{pc} \sqrt{\frac{\phi}{k}} (1 - S_n)^{N_{pc}} \tag{5-30}$$

$$S_n = \frac{S_w - S_{wr}}{1 - S_{wr} - S_{or}} \tag{5-31}$$

式中，C_{pc}、N_{pc}为毛细管压力参数。

5.4 数值模拟方法

本模型涉及多重复杂的时间和空间上的非线性方程组，因此只能采用数值法进行求解，目前常用的数值求解方法为有限差分和有限元两种，本模型采用了半隐式中心差分的有限差分方法，对于双重介质中裂缝和渗透率模型各列出了三个差分方程，以求解压力、饱和度及相内组分质量分数(对于水和纳微米聚合物微球方程)三个未知物理量。对于非线性项，使用上游权原则进行处理，进而对纳微米聚合物微球分散体系在基质-裂缝双重介质中的调驱过程进行求解计算。

在计算时，由于$p_o = p_w + p_c$，所以将所有的p_w转化为了p_o和弱非线性项p_c，以减少方程中未知物理量的数量；同理，在实际处理中，将相内质量分数转化为水相质量分数C_w。平面二维条件下流动方程的差分求解如下。

5.4.1 基质中流动方程的差分格式

1. 水相

$$
\begin{aligned}
&\frac{\rho_l}{\Delta t}\Big[(\phi_{\mathrm{m}}S_{\mathrm{ml}}C_{\mathrm{mlw}})^{n+1}-(\phi_{\mathrm{m}}S_{\mathrm{ml}}C_{\mathrm{mlw}})^{n}+\big[(1-\phi_{\mathrm{m}})\rho_{\mathrm{s}}C_{\mathrm{msw}}\big]^{n+1}-\big[(1-\phi_{\mathrm{m}})\rho_{\mathrm{s}}C_{\mathrm{msw}}\big]^{n}\Big]\\
&+\frac{1}{\Delta x_i}\left[\left(-\frac{k_{\mathrm{m}}k_{\mathrm{mrl}}\rho_{\mathrm{l}}}{\mu_{\mathrm{l}}R_{\mathrm{ml}}}\right)_{i+\frac{1}{2}}\frac{p_{\mathrm{mo}(i+1)}^{n+1}-p_{\mathrm{mo}i}^{n+1}}{\Delta x_{i+\frac{1}{2}}}+\left(-\frac{k_{\mathrm{m}}k_{\mathrm{mrl}}\rho_{\mathrm{l}}}{\mu_{\mathrm{l}}R_{\mathrm{ml}}}\right)_{i-\frac{1}{2}}\frac{p_{\mathrm{mo}(i+1)}^{n+1}-p_{\mathrm{mo}i}^{n+1}}{\Delta x_{i-\frac{1}{2}}}\right]\\
&+\frac{1}{\Delta y_i}\left[\left(-\frac{k_{\mathrm{m}}k_{\mathrm{mrl}}\rho_{\mathrm{l}}}{\mu_{\mathrm{l}}R_{\mathrm{ml}}}\right)_{j+\frac{1}{2}}\frac{p_{\mathrm{mo}(j+1)}^{n+1}-p_{\mathrm{mo}j}^{n+1}}{\Delta x_{j+\frac{1}{2}}}+\left(-\frac{k_{\mathrm{m}}k_{\mathrm{mrl}}\rho_{\mathrm{l}}}{\mu_{\mathrm{l}}R_{\mathrm{ml}}}\right)_{j-\frac{1}{2}}\frac{p_{\mathrm{mo}(j+1)}^{n+1}-p_{\mathrm{mo}j}^{n+1}}{\Delta x_{j-\frac{1}{2}}}\right]\\
&-\frac{1}{\Delta x_i}\left[\left(-\frac{k_{\mathrm{m}}k_{\mathrm{mrl}}\rho_{\mathrm{l}}}{\mu_{\mathrm{l}}R_{\mathrm{ml}}}\right)_{i+\frac{1}{2}}\frac{G_{\mathrm{mo}(i+1)}-G_{\mathrm{mo}i}}{\Delta x_{i+\frac{1}{2}}}+\left(-\frac{k_{\mathrm{m}}k_{\mathrm{mrl}}\rho_{\mathrm{l}}}{\mu_{\mathrm{l}}R_{\mathrm{ml}}}\right)_{i-\frac{1}{2}}\frac{G_{\mathrm{mo}(i-1)}-G_{\mathrm{mo}i}}{\Delta x_{i-\frac{1}{2}}}\right]\\
&-\frac{1}{\Delta y_i}\left[\left(-\frac{k_{\mathrm{m}}k_{\mathrm{mrl}}\rho_{\mathrm{l}}}{\mu_{\mathrm{l}}R_{\mathrm{ml}}}\right)_{j+\frac{1}{2}}\frac{G_{\mathrm{mo}(j+1)}-G_{\mathrm{mo}j}}{\Delta x_{j+\frac{1}{2}}}+\left(-\frac{k_{\mathrm{m}}k_{\mathrm{mrl}}\rho_{\mathrm{l}}}{\mu_{\mathrm{l}}R_{\mathrm{ml}}}\right)_{j-\frac{1}{2}}\frac{G_{\mathrm{mo}(j-1)}-G_{\mathrm{mo}j}}{\Delta x_{j-\frac{1}{2}}}\right]\\
&-\frac{1}{\Delta x_i}\left[\left(-\frac{k_{\mathrm{m}}k_{\mathrm{mrl}}\rho_{\mathrm{l}}}{\mu_{\mathrm{l}}R_{\mathrm{ml}}}\right)_{i+\frac{1}{2}}\frac{p_{\mathrm{mc}(i+1)}-p_{\mathrm{mc}i}}{\Delta x_{i+\frac{1}{2}}}+\left(-\frac{k_{\mathrm{m}}k_{\mathrm{mrl}}\rho_{\mathrm{l}}}{\mu_{\mathrm{l}}R_{\mathrm{ml}}}\right)_{i-\frac{1}{2}}\frac{p_{\mathrm{mc}(i-1)}-p_{\mathrm{mc}i}}{\Delta x_{i-\frac{1}{2}}}\right]\\
&-\frac{1}{\Delta y_i}\left[\left(-\frac{k_{\mathrm{m}}k_{\mathrm{mrl}}\rho_{\mathrm{l}}}{\mu_{\mathrm{l}}R_{\mathrm{ml}}}\right)_{j+\frac{1}{2}}\frac{p_{\mathrm{mc}(j+1)}-p_{\mathrm{mc}j}}{\Delta x_{j+\frac{1}{2}}}+\left(-\frac{k_{\mathrm{m}}k_{\mathrm{mrl}}\rho_{\mathrm{l}}}{\mu_{\mathrm{l}}R_{\mathrm{ml}}}\right)_{j-\frac{1}{2}}\frac{p_{\mathrm{mc}(j-1)}-p_{\mathrm{mc}j}}{\Delta x_{j-\frac{1}{2}}}\right]\\
&-\frac{1}{\Delta x_i}\left[(\rho_{\mathrm{l}}\phi_{\mathrm{m}}S_{\mathrm{ml}}D_{\mathrm{p}}^{\mathrm{w}})_{i+\frac{1}{2}}\frac{C_{\mathrm{mw}(i+1)}^{n}-C_{\mathrm{mw}i}^{n}}{\Delta x_{i+\frac{1}{2}}}+(\rho_{\mathrm{l}}\phi_{\mathrm{m}}S_{\mathrm{ml}}D_{\mathrm{p}}^{\mathrm{w}})_{i-\frac{1}{2}}\frac{C_{\mathrm{mw}(i-1)}^{n}-C_{\mathrm{mw}i}^{n}}{\Delta x_{i-\frac{1}{2}}}\right]\\
&-\frac{1}{\Delta y_i}\left[(\rho_{\mathrm{l}}\phi_{\mathrm{m}}S_{\mathrm{ml}}D_{\mathrm{p}}^{\mathrm{w}})_{j+\frac{1}{2}}\frac{C_{\mathrm{mw}(j+1)}^{n}-C_{\mathrm{mw}j}^{n}}{\Delta y_{i+\frac{1}{2}}}+(\rho_{\mathrm{l}}\phi_{\mathrm{m}}S_{\mathrm{ml}}D_{\mathrm{p}}^{\mathrm{w}})_{j-\frac{1}{2}}\frac{C_{\mathrm{mw}(j-1)}^{n}-C_{\mathrm{mw}j}^{n}}{\Delta x_{j-\frac{1}{2}}}\right]\\
&=Q-\alpha_{\mathrm{D}}\frac{\rho_{\mathrm{l}}}{\mu_l}(p_{\mathrm{m}}^{n}-p_{\mathrm{f}}^{n})S_{\mathrm{ml}}C_{\mathrm{mlw}}
\end{aligned}
\tag{5-32}
$$

式中，下角 f、m、r、s、o、w、i 及 j 分别表示裂缝、基质、相对、固相、油相、水相、组分数、相数。

2. $m\mathrm{SiO_2}$-PMBAAm-PAM 纳微米聚合物微球分散体系

$$
\begin{aligned}
&\frac{\rho_l}{\Delta t}\left[(\phi_{\mathrm{m}}S_{\mathrm{ml}}C_{\mathrm{mlp}})^{n+1}-(\phi_{\mathrm{m}}S_{\mathrm{ml}}C_{\mathrm{mlp}})^{n}+\left[(1-\phi_{\mathrm{m}})\rho_{\mathrm{s}}C_{\mathrm{msp}}\right]^{n+1}-\left[(1-\phi_{\mathrm{m}})\rho_{\mathrm{s}}C_{\mathrm{msp}}\right]^{n}\right]\\
&+\frac{1}{\Delta x_i}\left[\left(-\frac{k_{\mathrm{m}}k_{\mathrm{mrl}}\rho_{\mathrm{l}}}{\mu_{\mathrm{l}}R_{\mathrm{ml}}}\right)_{i+\frac{1}{2}}\frac{p_{\mathrm{mo}(i+1)}^{n+1}-p_{\mathrm{mo}i}^{n+1}}{\Delta x_{i+\frac{1}{2}}}+\left(-\frac{k_{\mathrm{m}}k_{\mathrm{mrl}}\rho_{\mathrm{l}}}{\mu_{\mathrm{l}}R_{\mathrm{ml}}}\right)_{i-\frac{1}{2}}\frac{p_{\mathrm{mo}(i-1)}^{n+1}-p_{\mathrm{mo}i}^{n+1}}{\Delta x_{i-\frac{1}{2}}}\right]\\
&+\frac{1}{\Delta y_i}\left[\left(-\frac{k_{\mathrm{m}}k_{\mathrm{mrl}}\rho_{\mathrm{l}}}{\mu_{\mathrm{l}}R_{\mathrm{ml}}}\right)_{j+\frac{1}{2}}\frac{p_{\mathrm{mo}(j+1)}^{n+1}-p_{\mathrm{mo}j}^{n+1}}{\Delta x_{j+\frac{1}{2}}}+\left(-\frac{k_{\mathrm{m}}k_{\mathrm{mrl}}\rho_{\mathrm{l}}}{\mu_{\mathrm{l}}R_{\mathrm{ml}}}\right)_{j-\frac{1}{2}}\frac{p_{\mathrm{mo}(j-1)}^{n+1}-p_{\mathrm{mo}j}^{n+1}}{\Delta x_{j-\frac{1}{2}}}\right]\\
&-\frac{1}{\Delta x_i}\left[\left(-\frac{k_{\mathrm{m}}k_{\mathrm{mrl}}\rho_{\mathrm{l}}}{\mu_{\mathrm{l}}R_{\mathrm{ml}}}\right)_{i+\frac{1}{2}}\frac{G_{\mathrm{mo}(i+1)}-G_{\mathrm{mo}i}}{\Delta x_{i+\frac{1}{2}}}+\left(-\frac{k_{\mathrm{m}}k_{\mathrm{mrl}}\rho_{\mathrm{l}}}{\mu_{\mathrm{l}}R_{\mathrm{ml}}}\right)_{i-\frac{1}{2}}\frac{G_{\mathrm{mo}(i-1)}-G_{\mathrm{mo}i}}{\Delta x_{i-\frac{1}{2}}}\right]\\
&-\frac{1}{\Delta y_i}\left[\left(-\frac{k_{\mathrm{m}}k_{\mathrm{mrl}}\rho_{\mathrm{l}}}{\mu_{\mathrm{l}}R_{\mathrm{ml}}}\right)_{j+\frac{1}{2}}\frac{G_{\mathrm{mo}(j+1)}-G_{\mathrm{mo}j}}{\Delta x_{j+\frac{1}{2}}}+\left(-\frac{k_{\mathrm{m}}k_{\mathrm{mrl}}\rho_{\mathrm{l}}}{\mu_{\mathrm{l}}R_{\mathrm{ml}}}\right)_{j-\frac{1}{2}}\frac{G_{\mathrm{mo}(j-1)}-G_{\mathrm{mo}j}}{\Delta x_{j-\frac{1}{2}}}\right]\\
&-\frac{1}{\Delta x_i}\left[\left(-\frac{k_{\mathrm{m}}k_{\mathrm{mrl}}\rho_{\mathrm{l}}}{\mu_{\mathrm{l}}R_{\mathrm{ml}}}\right)_{i+\frac{1}{2}}\frac{p_{\mathrm{mc}(i+1)}-p_{\mathrm{mc}i}}{\Delta x_{i+\frac{1}{2}}}+\left(-\frac{k_{\mathrm{m}}k_{\mathrm{mrl}}\rho_{\mathrm{l}}}{\mu_{\mathrm{l}}R_{\mathrm{ml}}}\right)_{i-\frac{1}{2}}\frac{p_{\mathrm{mc}(i-1)}-p_{\mathrm{mc}i}}{\Delta x_{i-\frac{1}{2}}}\right]\\
&-\frac{1}{\Delta y_i}\left[\left(-\frac{k_{\mathrm{m}}k_{\mathrm{mrl}}\rho_{\mathrm{l}}}{\mu_{\mathrm{l}}R_{\mathrm{ml}}}\right)_{j+\frac{1}{2}}\frac{p_{\mathrm{mc}(j+1)}-p_{\mathrm{mo}j}}{\Delta x_{j+\frac{1}{2}}}+\left(-\frac{k_{\mathrm{m}}k_{\mathrm{mrl}}\rho_{\mathrm{l}}}{\mu_{\mathrm{l}}R_{\mathrm{ml}}}\right)_{j-\frac{1}{2}}\frac{p_{\mathrm{mc}(j-1)}-p_{\mathrm{mc}j}}{\Delta x_{j-\frac{1}{2}}}\right]\\
&-\frac{1}{\Delta x_i}\left[(\rho_{\mathrm{l}}\phi_{\mathrm{m}}S_{\mathrm{ml}}D_{\mathrm{w}}^{\mathrm{p}})_{i+\frac{1}{2}}\frac{C_{\mathrm{mp}(i+1)}^{n}-C_{\mathrm{mp}i}^{n}}{\Delta x_{i+\frac{1}{2}}}+(\rho_{\mathrm{l}}\phi_{\mathrm{m}}S_{\mathrm{ml}}D_{\mathrm{w}}^{\mathrm{p}})_{i-\frac{1}{2}}\frac{C_{\mathrm{mp}(i-1)}^{n}-C_{\mathrm{mp}i}^{n}}{\Delta x_{i-\frac{1}{2}}}\right]\\
&-\frac{1}{\Delta y_i}\left[(\rho_{\mathrm{l}}\phi_{\mathrm{m}}S_{\mathrm{ml}}D_{\mathrm{w}}^{\mathrm{p}})_{j+\frac{1}{2}}\frac{C_{\mathrm{mp}(j+1)}^{n}-C_{\mathrm{mp}j}^{n}}{\Delta y_{i+\frac{1}{2}}}+(\rho_{\mathrm{l}}\phi_{\mathrm{m}}S_{\mathrm{ml}}D_{\mathrm{w}}^{\mathrm{p}})_{j-\frac{1}{2}}\frac{C_{\mathrm{mp}(j-1)}^{n}-C_{\mathrm{mp}j}^{n}}{\Delta x_{j-\frac{1}{2}}}\right]\\
&=Q-\alpha_{\mathrm{D}}\frac{\rho_{\mathrm{l}}}{\mu_{\mathrm{l}}}(p_{\mathrm{m}}^{n}-p_{\mathrm{f}}^{n})S_{\mathrm{ml}}C_{\mathrm{mlp}}
\end{aligned}\tag{5-33}
$$

3. 油相

$$
\begin{aligned}
&\frac{\rho_{\mathrm{o}}}{\Delta t}\left[(\phi_{\mathrm{m}}S_{\mathrm{mo}})^{n+1}-(\phi_{\mathrm{m}}S_{\mathrm{mo}})^{n}+\left[(1-\phi_{\mathrm{m}})\rho_{\mathrm{s}}C_{\mathrm{mso}}\right]^{n+1}-\left[(1-\phi_{\mathrm{m}})\rho_{\mathrm{s}}C_{\mathrm{mso}}\right]^{n}\right]\\
&+\frac{1}{\Delta x_{i}}\left[\left(-\frac{k_{\mathrm{m}}k_{\mathrm{mro}}\rho_{\mathrm{o}}}{\mu_{\mathrm{o}}R_{\mathrm{mo}}}\right)_{i+\frac{1}{2}}\frac{p_{\mathrm{mo}(i+1)}^{n+1}-p_{\mathrm{mo}i}^{n+1}}{\Delta x_{i+\frac{1}{2}}}+\left(-\frac{k_{\mathrm{m}}k_{\mathrm{mro}}\rho_{\mathrm{o}}}{\mu_{\mathrm{o}}R_{\mathrm{mo}}}\right)_{i-\frac{1}{2}}\frac{p_{\mathrm{mo}(i-1)}^{n+1}-p_{\mathrm{mo}i}^{n+1}}{\Delta x_{i-\frac{1}{2}}}\right]\\
&+\frac{1}{\Delta y_{i}}\left[\left(-\frac{k_{\mathrm{m}}k_{\mathrm{mro}}\rho_{\mathrm{o}}}{\mu_{\mathrm{o}}R_{\mathrm{m}l}}\right)_{j+\frac{1}{2}}\frac{p_{\mathrm{mo}(j+1)}^{n+1}-p_{\mathrm{mo}j}^{n+1}}{\Delta x_{j+\frac{1}{2}}}+\left(-\frac{k_{\mathrm{m}}k_{\mathrm{mro}}\rho_{\mathrm{o}}}{\mu_{\mathrm{o}}R_{\mathrm{mo}}}\right)_{j-\frac{1}{2}}\frac{p_{\mathrm{mo}(j-1)}^{n+1}-p_{\mathrm{mo}j}^{n+1}}{\Delta x_{j-\frac{1}{2}}}\right]\\
&-\frac{1}{\Delta x_{i}}\left[\left(-\frac{k_{\mathrm{m}}k_{\mathrm{mro}}\rho_{\mathrm{o}}}{\mu_{\mathrm{o}}R_{\mathrm{mo}}}\right)_{i+\frac{1}{2}}\frac{G_{\mathrm{mo}(i+1)}-G_{\mathrm{mo}i}}{\Delta x_{i+\frac{1}{2}}}+\left(-\frac{k_{\mathrm{m}}k_{\mathrm{mro}}\rho_{\mathrm{o}}}{\mu_{\mathrm{o}}R_{\mathrm{mo}}}\right)_{i-\frac{1}{2}}\frac{G_{\mathrm{mo}(i-1)}-G_{\mathrm{mo}i}}{\Delta x_{i-\frac{1}{2}}}\right]\\
&-\frac{1}{\Delta y_{i}}\left[\left(-\frac{k_{\mathrm{m}}k_{\mathrm{mro}}\rho_{\mathrm{o}}}{\mu_{\mathrm{o}}R_{\mathrm{mo}}}\right)_{j+\frac{1}{2}}\frac{G_{\mathrm{mo}(j+1)}-G_{\mathrm{mo}j}}{\Delta x_{j+\frac{1}{2}}}+\left(-\frac{k_{\mathrm{m}}k_{\mathrm{mro}}\rho_{\mathrm{o}}}{\mu_{\mathrm{o}}R_{\mathrm{mo}}}\right)_{j-\frac{1}{2}}\frac{G_{\mathrm{mo}(j-1)}-G_{\mathrm{mo}j}}{\Delta x_{j-\frac{1}{2}}}\right]\\
&=Q-\alpha_{\mathrm{D}}\frac{\rho_{1}}{\mu_{1}}(p_{\mathrm{m}}^{n}-p_{\mathrm{f}}^{n})S_{\mathrm{mo}}
\end{aligned}
\tag{5-34}
$$

5.4.2 裂缝中流动方程的差分格式

1. 水相

$$
\begin{aligned}
&\frac{\rho_{l}}{\Delta t}\left[(\phi_{\mathrm{f}}S_{\mathrm{f}1}\rho_{\mathrm{f}1\mathrm{w}})^{n+1}-(\phi_{\mathrm{f}}S_{\mathrm{f}1}\rho_{\mathrm{f}1\mathrm{w}})^{n}\right]\\
&+\frac{1}{\Delta x_{i}}\left[\left(-\frac{k_{\mathrm{f}}k_{\mathrm{fr}1}\rho_{1}}{\mu_{1}}\right)_{i+\frac{1}{2}}\frac{p_{\mathrm{fo}(i+1)}^{n+1}-p_{\mathrm{fo}i}^{n+1}}{\Delta x_{i+\frac{1}{2}}}+\left(-\frac{k_{\mathrm{f}}k_{\mathrm{fr}1}\rho_{1}}{\mu_{1}}\right)_{i-\frac{1}{2}}\frac{p_{\mathrm{fo}(i-1)}^{n+1}-p_{\mathrm{fo}i}^{n+1}}{\Delta x_{i-\frac{1}{2}}}\right]\\
&+\frac{1}{\Delta y_{i}}\left[\left(-\frac{k_{\mathrm{f}}k_{\mathrm{fr}1}\rho_{1}}{\mu_{1}}\right)_{j+\frac{1}{2}}\frac{p_{\mathrm{fo}(j+1)}^{n+1}-p_{\mathrm{fo}j}^{n+1}}{\Delta x_{j+\frac{1}{2}}}+\left(-\frac{k_{\mathrm{f}}k_{\mathrm{fr}1}\rho_{1}}{\mu_{1}}\right)_{j-\frac{1}{2}}\frac{p_{\mathrm{fo}(j-1)}^{n+1}-p_{\mathrm{fo}j}^{n+1}}{\Delta x_{j-\frac{1}{2}}}\right]
\end{aligned}
$$

$$
\begin{aligned}
&-\frac{1}{\Delta x_i}\left[\left(-\frac{k_{\mathrm{f}}k_{\mathrm{frl}}\rho_{\mathrm{l}}}{\mu_{\mathrm{l}}}\right)_{i+\frac{1}{2}}\frac{p_{\mathrm{fc}(i+1)}-p_{\mathrm{fc}i}}{\Delta x_{i+\frac{1}{2}}}+\left(-\frac{k_{\mathrm{f}}k_{\mathrm{frl}}\rho_{\mathrm{l}}}{\mu_{\mathrm{l}}R_{\mathrm{fl}}}\right)_{i-\frac{1}{2}}\frac{p_{\mathrm{fc}(i-1)}-p_{\mathrm{fc}i}}{\Delta x_{i-\frac{1}{2}}}\right]\\
&-\frac{1}{\Delta y_i}\left[\left(-\frac{k_{\mathrm{f}}k_{\mathrm{frl}}\rho_{\mathrm{l}}}{\mu_{\mathrm{l}}R_{\mathrm{fl}}}\right)_{j+\frac{1}{2}}\frac{p_{\mathrm{fc}(j+1)}-p_{\mathrm{fc}j}}{\Delta x_{j+\frac{1}{2}}}+\left(-\frac{k_{\mathrm{f}}k_{\mathrm{frl}}\rho_{\mathrm{l}}}{\mu_{\mathrm{l}}R_{\mathrm{fl}}}\right)_{j-\frac{1}{2}}\frac{p_{\mathrm{fc}(j-1)}-p_{\mathrm{fc}j}}{\Delta x_{j-\frac{1}{2}}}\right]\\
&-\frac{1}{\Delta x_i}\left[(\rho_{\mathrm{l}}\phi_{\mathrm{f}}S_{\mathrm{fl}}D_{\mathrm{p}}^{\mathrm{w}})_{i+\frac{1}{2}}\frac{C_{\mathrm{fw}(i+1)}^n-C_{\mathrm{fw}i}^n}{\Delta x_{i+\frac{1}{2}}}+(\rho_{\mathrm{l}}\phi_{\mathrm{f}}S_{\mathrm{fl}}D_{\mathrm{p}}^{\mathrm{w}})_{i-\frac{1}{2}}\frac{C_{\mathrm{fw}(i-1)}^n-C_{\mathrm{fw}i}^n}{\Delta x_{i-\frac{1}{2}}}\right]\\
&-\frac{1}{\Delta y_i}\left[(\rho_{\mathrm{l}}\phi_{\mathrm{f}}S_{\mathrm{fl}}D_{\mathrm{p}}^{\mathrm{w}})_{j+\frac{1}{2}}\frac{C_{\mathrm{fw}(j+1)}^n-C_{\mathrm{fw}j}^n}{\Delta x_{j+\frac{1}{2}}}+(\rho_{\mathrm{l}}\phi_{\mathrm{f}}S_{\mathrm{fl}}D_{\mathrm{p}}^{\mathrm{w}})_{j-\frac{1}{2}}\frac{C_{\mathrm{fw}(j-1)}^n-C_{\mathrm{fw}j}^n}{\Delta x_{j-\frac{1}{2}}}\right]\\
&=Q-\alpha_{\mathrm{D}}\frac{\rho_{\mathrm{l}}}{\mu_{\mathrm{l}}}(p_{\mathrm{m}}^n-p_{\mathrm{f}}^n)S_{\mathrm{fl}}C_{\mathrm{fw}}
\end{aligned}
\tag{5-35}
$$

2. mSiO$_2$-PMBAAm-PAM 纳微米聚合物微球分散体系

$$
\begin{aligned}
&\frac{\rho_l}{\Delta t}\left[(\phi_{\mathrm{f}}S_{\mathrm{fl}}\rho_{\mathrm{flp}})^{n+1}-(\phi_{\mathrm{f}}S_{\mathrm{fl}}\rho_{\mathrm{flp}})^{n}\right]\\
&+\frac{1}{\Delta x_i}\left[\left(-\frac{k_{\mathrm{f}}k_{\mathrm{frl}}\rho_{\mathrm{l}}}{\mu_{\mathrm{l}}}\right)_{i+\frac{1}{2}}\frac{p_{\mathrm{fo}(i+1)}^{n+1}-p_{\mathrm{fo}i}^{n+1}}{\Delta x_{i+\frac{1}{2}}}+\left(-\frac{k_{\mathrm{f}}k_{\mathrm{frl}}\rho_{\mathrm{l}}}{\mu_{\mathrm{l}}}\right)_{i-\frac{1}{2}}\frac{p_{\mathrm{fo}(i-1)}^{n+1}-p_{\mathrm{fo}i}^{n+1}}{\Delta x_{i-\frac{1}{2}}}\right]\\
&+\frac{1}{\Delta y_i}\left[\left(-\frac{k_{\mathrm{f}}k_{\mathrm{frl}}\rho_{\mathrm{l}}}{\mu_{\mathrm{l}}}\right)_{j+\frac{1}{2}}\frac{p_{\mathrm{fo}(j+1)}^{n+1}-p_{\mathrm{fo}j}^{n+1}}{\Delta x_{j+\frac{1}{2}}}+\left(-\frac{k_{\mathrm{f}}k_{\mathrm{frl}}\rho_{\mathrm{l}}}{\mu_{\mathrm{l}}}\right)_{j-\frac{1}{2}}\frac{p_{\mathrm{fo}(j-1)}^{n+1}-p_{\mathrm{fo}j}^{n+1}}{\Delta x_{j-\frac{1}{2}}}\right]\\
&-\frac{1}{\Delta x_i}\left[\left(-\frac{k_{\mathrm{f}}k_{\mathrm{frl}}\rho_{\mathrm{l}}}{\mu_{\mathrm{l}}}\right)_{i+\frac{1}{2}}\frac{p_{\mathrm{fc}(i+1)}-p_{\mathrm{fc}i}}{\Delta x_{i+\frac{1}{2}}}+\left(-\frac{k_{\mathrm{f}}k_{\mathrm{frl}}\rho_{\mathrm{l}}}{\mu_{\mathrm{l}}R_{\mathrm{fl}}}\right)_{i-\frac{1}{2}}\frac{p_{\mathrm{fc}(i-1)}-p_{\mathrm{fc}i}}{\Delta x_{i-\frac{1}{2}}}\right]
\end{aligned}
$$

$$-\frac{1}{\Delta y_i}\left[\left(-\frac{k_f k_{fr1}\rho_1}{\mu_1}\right)_{j+\frac{1}{2}}\frac{p_{fc(j+1)}-p_{foj}}{\Delta x_{j+\frac{1}{2}}}+\left(-\frac{k_f k_{fr1}\rho_1}{\mu_1 R_{f1}}\right)_{j-\frac{1}{2}}\frac{p_{fc(j-1)}-p_{fcj}}{\Delta x_{j-\frac{1}{2}}}\right]$$
$$-\frac{1}{\Delta x_i}\left[(\rho_1\phi_f S_{f1}D_w^p)_{i+\frac{1}{2}}\frac{C_{fp(i+1)}^n-C_{fpi}^n}{\Delta x_{i+\frac{1}{2}}}+(\rho_1\phi_f S_{f1}D_w^p)_{i-\frac{1}{2}}\frac{C_{fp(i-1)}^n-C_{fpi}^n}{\Delta x_{i-\frac{1}{2}}}\right]$$
$$-\frac{1}{\Delta y_i}\left[(\rho_1\phi_f S_{f1}D_w^p)_{j+\frac{1}{2}}\frac{C_{fp(j+1)}^n-C_{fpj}^n}{\Delta x_{i+\frac{1}{2}}}+(\rho_1\phi_f S_{f1}D_w^p)_{j-\frac{1}{2}}\frac{C_{fp(j-1)}^n-C_{fpj}^n}{\Delta x_{j-\frac{1}{2}}}\right]$$
$$=Q-\alpha_D\frac{\rho_1}{\mu_1}(p_m^n-p_f^n)S_{f1}C_{f1p} \tag{5-36}$$

3. 油相

$$\frac{\rho_o}{\Delta t}\left[(\phi_f S_{fo})^{n+1}-(\phi_f S_{fo})^n\right]$$
$$+\frac{1}{\Delta x_i}\left[\left(-\frac{k_f k_{fro}\rho_o}{\mu_o}\right)_{i+\frac{1}{2}}\frac{p_{fo(i+1)}^{n+1}-p_{foi}^{n+1}}{\Delta x_{i+\frac{1}{2}}}+\left(-\frac{k_f k_{fro}\rho_o}{\mu_o}\right)_{i-\frac{1}{2}}\frac{p_{fo(i-1)}^{n+1}-p_{foi}^{n+1}}{\Delta x_{i-\frac{1}{2}}}\right]$$
$$+\frac{1}{\Delta y_i}\left[\left(-\frac{k_f k_{fro}\rho_o}{\mu_o}\right)_{j+\frac{1}{2}}\frac{p_{fo(j+1)}^{n+1}-p_{foj}^{n+1}}{\Delta x_{j+\frac{1}{2}}}+\left(-\frac{k_f k_{fro}\rho_o}{\mu_o}\right)_{j-\frac{1}{2}}\frac{p_{fo(j-1)}^{n+1}-p_{foj}^{n+1}}{\Delta x_{j-\frac{1}{2}}}\right]$$
$$=Q-\alpha_D\frac{\rho_1}{\mu_1}(p_m^n-p_f^n)S_{fo} \tag{5-37}$$

5.4.3 数值算例及模拟结果

在上述有限差分求解的基础上，以 Y 区实际区块为目标，模拟了反九点井网条件下纳微米聚合物微球分散体系对基质-裂缝双重介质储层的作用效果。模型大体呈正韵律模型，与实际地层相符，即高渗透层在下面，低渗层在上面，含水饱和度为 0.35，孔隙度为 0.18，采用的网络为 8×17×35，网格步长为 25m，井间距为 200m，具体参数如表 5-1 所示。

表 5-1　纳微米聚合物微球分散体系调驱参数

参数	取值	参数	取值
纳微米聚合物微球初始半径/μm	5	纳微米聚合物微球浓度/(g/L)	5
纳微米聚合物微球黏度/(mPa·s)	2	水化尺寸/μm	8.0
裂缝渗透率/10^{-3}μm^2	200	基质渗透率/10^{-3}μm^2	0.5
油藏埋深/m	1850	孔隙度	0.18
井距/m	200	油藏压力/MPa	13.2
段塞时间/d	60	初始含水饱和度	0.35

模拟开采时间从 2017 年开始，2019 年开始注入纳微米聚合物微球分散体系调驱，2022 年转为后续水驱，模拟至 2040 年。得出累计产油量和含水率随生产时间的变化曲线如图 5-1 和图 5-2 所示。

从图 5-2 可以看出，当水驱开发 730d 后，含水率达到了 50%，进行纳微米聚合物微球分散体系改善水驱，纳微米聚合物微球分散体系有效地封堵了微裂缝，抑制了注入水的突进，控制了含水率增长幅度并延长了生产井的稳产周期。模拟至 2040 年(20 年)，纳微米聚合物微球分散体系驱替比水驱多产 30000m^3 油。

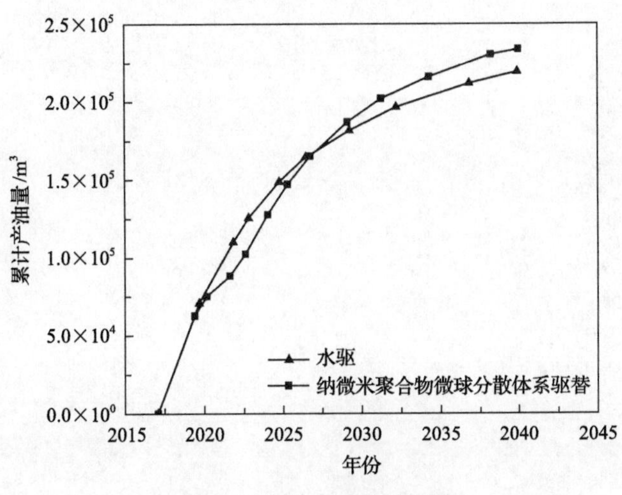

图 5-1　累计产油量对比图

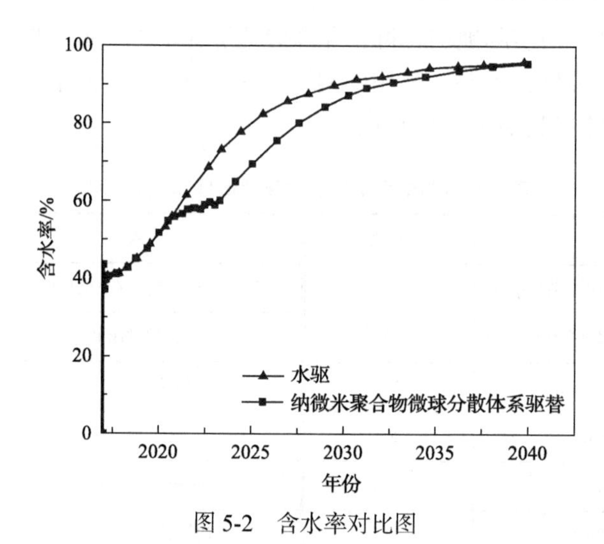
100
80
60
40
20
0
含水率/%
水驱
纳微米聚合物微球分散体系驱替
2020
2025
2030
2035
2040
年份

图 5-2　含水率对比图

第 6 章　有效驱替单元的渗流理论

6.1　储层构型形状函数的表征方法

现有的流动单元划分均是在地质静态参数的基础上进行的，并没有考虑油田开发过程中开采方式对流动的影响，因此无法反映油水分布的规律，所以对有效驱动单元的研究需要从三个方面展开。首先，要明确研究的对象，有效驱动单元的研究对象是水驱波及范围内且对产量做出主要贡献的渗流区域；其次，要建立有效驱动单元的研究方法，以水动力学理论与流函数为基础，将渗流区域划分为高速流动无效驱（Ⅰ类）、高速流动有效驱（Ⅱ类）、低速流动有效驱（Ⅲ类）、低速流动无效驱（Ⅳ类）四类有效驱动单元[33-36]。最后，将有效驱动单元的划分方法应用到非均质油藏中。

6.1.1　三维流函数模型的建立

本研究利用流函数方法，研究考虑在重力的三维条件下厚油层在不同井网类型条件流体流动的特征。基于流函数为不可压缩流体是在二维平面条件下定义的，单个流函数无法描述三维流动问题。由于三维非均质储层的非均质边界形状多样，所以在直角坐标系中很难对其进行表征和计算，因此为解决非均质储层的三维流动问题。本研究利用正交曲线坐标系表征非均质性储层分布特征，通过曲线坐标系中两个曲面相交得出空间流线来表征三维流线[37-40]，正交曲线坐标系如图 6-1 所示，并对模型进行基本假设。

(1) 流体不可压缩。

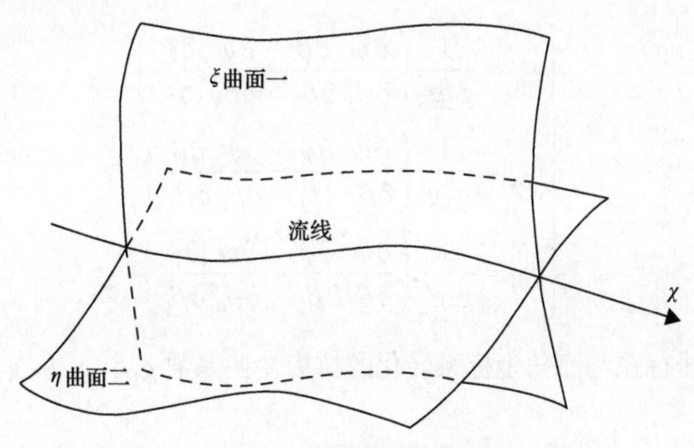

图 6-1　三维曲线的坐标系表征流线示意图

(2) 不考虑储层形变。

(3) 流体组分为油水两相。

(4) 油水两相互不相溶。

(5) 考虑重力的影响。

对于体积不可压缩的变形，速度场内的散度为 0，流场内部是一个无源场，则某一点速度矢量为

$$\vec{v} = \operatorname{grad}\varpi = \frac{\partial\phi}{\partial x}\vec{i} + \frac{\partial\phi}{\partial y}\vec{j} + \frac{\partial\phi}{\partial z}\vec{k} = v_x\vec{i} + v_y\vec{j} + v_z\vec{k} \tag{6-1}$$

式中，$\varpi = \varpi(x, y, z)$ 为速度势函数；v_x、v_y、v_z 分别为速度在三维空间三个方向上的分量。

按照流线与等势面正交的原则，流线走向与势梯度方向一致，该原则在所有坐标系中都适用。所以，对于曲线坐标系的三维流动，速度矢量 $\vec{v}$ 可采用两个流函数 ψ 和 Ψ 表示，则速度矢量为

$$\begin{aligned}\vec{v} = \nabla\psi(\beta_1,\beta_2,\beta_3)\times\nabla\Psi(\beta_1,\beta_2,\beta_3) &= \begin{vmatrix} \vec{i} & \vec{j} & \vec{k} \\ \dfrac{1}{g_1}\dfrac{\partial\psi}{\partial\beta_1} & \dfrac{1}{g_2}\dfrac{\partial\psi}{\partial\beta_2} & \dfrac{1}{g_3}\dfrac{\partial\psi}{\partial\beta_3} \\ \dfrac{1}{g_1}\dfrac{\partial\Psi}{\partial\beta_1} & \dfrac{1}{g_2}\dfrac{\partial\Psi}{\partial\beta_2} & \dfrac{1}{g_3}\dfrac{\partial\Psi}{\partial\beta_3} \end{vmatrix} \\ &= v_{\beta_1}\vec{i} + v_{\beta_2}\vec{j} + v_{\beta_3}\vec{k}\end{aligned} \tag{6-2}$$

式中，β_1、β_2、β_3 分别为曲线坐标系的三个坐标轴；g_1、g_2、g_3 分别为坐标变换的拉梅变换系数。

正交曲线坐标系的速度场为

$$\begin{cases} v_{\beta_1} = \dfrac{1}{g_2 g_3}\left(\dfrac{\partial\psi}{\partial\beta_2}\dfrac{\partial\phi}{\partial\beta_3} - \dfrac{\partial\psi}{\partial\beta_3}\dfrac{\partial\phi}{\partial\beta_2}\right) \\ v_{\beta_2} = \dfrac{1}{g_3 g_1}\left(\dfrac{\partial\psi}{\partial\beta_3}\dfrac{\partial\phi}{\partial\beta_1} - \dfrac{\partial\psi}{\partial\beta_1}\dfrac{\partial\phi}{\partial\beta_3}\right) \\ v_{\beta_3} = \dfrac{1}{g_1 g_2}\left(\dfrac{\partial\psi}{\partial\beta_1}\dfrac{\partial\phi}{\partial\beta_2} - \dfrac{\partial\psi}{\partial\beta_2}\dfrac{\partial\phi}{\partial\beta_1}\right) \end{cases} \tag{6-3}$$

正交曲线坐标系与直角坐标系转化的拉梅变换系数 g_1、g_2、g_3 满足式(6-4)，即

$$g_i = \sqrt{\left(\frac{\partial x}{\partial \beta_i}\right)^2 + \left(\frac{\partial y}{\partial \beta_i}\right)^2 + \left(\frac{\partial z}{\partial \beta_i}\right)^2} \tag{6-4}$$

因此，对于直角坐标系，速度可表示为

$$\begin{cases} v_x = -\dfrac{\partial \psi}{\partial z}\dfrac{\partial \phi}{\partial y} \\ v_y = \dfrac{\partial \psi}{\partial z}\dfrac{\partial \phi}{\partial x} \\ v_z = \dfrac{\partial \psi}{\partial x}\dfrac{\partial \phi}{\partial y} \end{cases} \tag{6-5}$$

极坐标条件下，速度可表示为

$$\begin{cases} v_r = v_x \cos\theta + v_y \sin\theta \\ v_\theta = -v_x \sin\theta + v_y \cos\theta \\ v_z = v_z \end{cases} \tag{6-6}$$

6.1.2　形状函数的确定

为了能够正确表征不同流面的通量和储层的流线分布，得出流量分配及储层剩余油饱和度的变换规律，定义两个形状函数来表征储层的非均质条件。

定义两个相交面的形状函数 $S(x)$ 、$T(x)$ ，满足

$$\frac{\partial \psi}{\partial z} = \frac{q_{\mathrm{t}}}{S(x)}, \qquad \frac{\partial \Psi}{\partial y} = -\frac{1}{T(x)} \tag{6-7}$$

式中，q_{t} 表示总流体通量，$\mathrm{m^2/s}$。

积分可得用两个形状函数表示的两个势函数，即

$$\psi(x,z) = \frac{q_{\mathrm{t}} z}{S(x)}, \quad \Psi(x,y) = \frac{-y}{T(x)} \tag{6-8}$$

速度函数满足

$$\begin{cases} v_x(x,y) = -\dfrac{\partial \psi}{\partial z}\dfrac{\partial \phi}{\partial y} = \dfrac{q_{\mathrm{t}}}{S(x)T(x)} = -\dfrac{k_x}{\mu}\dfrac{\partial p}{\partial x} \\ v_y(x,y) = \dfrac{\partial \psi}{\partial z}\dfrac{\partial \phi}{\partial x} = -y q_{\mathrm{t}} \dfrac{1}{S(x)} \dfrac{\partial \left[\dfrac{1}{T(x)}\right]}{\partial x} = -\dfrac{k_y}{\mu}\dfrac{\partial p}{\partial y} \\ v_z(x,z) = \dfrac{\partial \psi}{\partial x}\dfrac{\partial \phi}{\partial y} = -z\lambda q_{\mathrm{t}} \dfrac{\partial \left[\dfrac{1}{S(x)}\right]}{\partial x} \dfrac{1}{T(x)} = -\dfrac{k_z}{\mu}\left(\dfrac{\partial p}{\partial z} \pm \rho g\right) \end{cases} \tag{6-9}$$

流动本构方程可表示为式(6-10)和式(6-11)。

(1)油相流动方程：

$$\frac{\partial}{\partial x}\left[\frac{q_{\mathrm{t}}}{S(x)T(x)}\right]+q_{\mathrm{t}}\frac{1}{S(x)}\frac{\partial\left[\frac{1}{T(x)}\right]}{\partial x}+\lambda q_{\mathrm{t}}\frac{\partial\left[\frac{1}{S(x)}\right]}{\partial x}\frac{1}{T(x)}+\frac{q_{\mathrm{o}}}{\rho_{\mathrm{o}}}=\frac{\partial(\phi S_{\mathrm{o}})}{\partial t} \tag{6-10}$$

(2)水相流动方程：

$$\frac{\partial}{\partial x}\left[\frac{q_{\mathrm{t}}}{S(x)T(x)}\right]+q_{\mathrm{t}}\frac{1}{S(x)}\frac{\partial\left[\frac{1}{T(x)}\right]}{\partial x}+\lambda q_{\mathrm{t}}\frac{\partial\left[\frac{1}{S(x)}\right]}{\partial x}\frac{1}{T(x)}+\frac{q_{\mathrm{w}}}{\rho_{\mathrm{w}}}=\frac{\partial(\phi S_{\mathrm{w}})}{\partial t} \tag{6-11}$$

进而可以把复杂的三维流动问题简化成仅考虑流面形状函数的沿 x 方向的一维问题，用流函数表征油水两相流动的本构方程可表示为式(6-12)和式(6-13)。

(1)油相流动方程：

$$2q_{\mathrm{t}}\frac{1}{S(x)}\frac{\partial\left[\frac{1}{T(x)}\right]}{\partial x}+(\lambda+1)q_{\mathrm{t}}\frac{\partial\left[\frac{1}{S(x)}\right]}{\partial x}\frac{1}{T(x)}+\frac{q_{\mathrm{o}}}{\rho_{\mathrm{o}}}=\frac{\partial(\phi S_{\mathrm{o}})}{\partial t} \tag{6-12}$$

(2)水相流动方程：

$$2q_{t}\frac{1}{S(x)}\frac{\partial\left(\frac{1}{T(x)}\right)}{\partial x}+(\lambda+1)q_{t}\frac{\partial\left(\frac{1}{S(x)}\right)}{\partial x}\frac{1}{T(x)}+\frac{q_{\mathrm{w}}}{\rho_{\mathrm{w}}}=\frac{\partial(\phi S_{\mathrm{w}})}{\partial t} \tag{6-13}$$

为了进一步明确水驱过程中流体在流场中的流动状态，可通过流线在流场中的分布特征来直观地了解流速、饱和度等参数的动态变化特征。在直角坐标系中，对于三维空间流动，流线的微分方程可表示为

$$\frac{\mathrm{d}x}{u}=\frac{\mathrm{d}y}{v}=\frac{\mathrm{d}z}{w} \tag{6-14}$$

即

$$-v\mathrm{d}x+u\mathrm{d}y=-w\mathrm{d}x+u\mathrm{d}z=0 \tag{6-15}$$

或

$$(w-v)\mathrm{d}x+u\mathrm{d}y-u\mathrm{d}z=0 \tag{6-16}$$

在流线方程的基础上，为了表征流线上每一点的速度，判定流体流动属于高速还是低速，本书基于复变函数理论在解决力学问题中的优势，以及在渗流问题中的广泛应用，通过复变函数的方法，对流线形成的两个相交面分别进行计算，然后通过矢量和的形式计算出速度大小。对于 xy 面，假设两个流函数 $\varPsi(x,y)$ 和 $\varPhi(x,y)$，两者满足柯西-黎曼条件和拉普拉斯方程，因此由数学理论可知其为调和函数(且为共轭调和函数)。由复变函数理论可知，$\varPsi(x,y)$ 和 $\varPhi(x,y)$ 满足以下关系：

$$F(\xi_1)=\varPhi(x,y)+\mathrm{i}\,\varPsi(x,y) \tag{6-17}$$

式中，$F(\xi_1)$ 称为复势。

对于 xy 面，复势函数可表示为

$$\begin{aligned}\mathrm{d}F&=\mathrm{d}\varPhi+\mathrm{i}\,\mathrm{d}\varPsi=\frac{\partial\varPhi}{\partial x}\mathrm{d}x+\frac{\partial\varPhi}{\partial y}\mathrm{d}y+\mathrm{i}\left(\frac{\partial\varPsi}{\partial x}\mathrm{d}x+\frac{\partial\varPsi}{\partial y}\mathrm{d}y\right)\\&=\left(\frac{\partial\varPhi}{\partial x}+\mathrm{i}\frac{\partial\varPsi}{\partial x}\right)\mathrm{d}x+\left(\frac{\partial\varPhi}{\partial y}+\mathrm{i}\frac{\partial\varPsi}{\partial y}\right)\mathrm{d}y\end{aligned} \tag{6-18}$$

$$\begin{aligned}\mathrm{d}F&=\left(\frac{\partial\varPhi}{\partial x}-\mathrm{i}\frac{\partial\varPhi}{\partial y}\right)\mathrm{d}x+i\left(\frac{\partial\varPhi}{\partial x}-\mathrm{i}\frac{\partial\varPhi}{\partial y}\right)\mathrm{d}y=\left(\frac{\partial\varPhi}{\partial x}-\mathrm{i}\frac{\partial\varPhi}{\partial y}\right)(\mathrm{d}x+\mathrm{i}\,\mathrm{d}y)\\&=(-v_x+\mathrm{i}v_y)\,\mathrm{d}\xi\end{aligned} \tag{6-19}$$

$$\frac{\mathrm{d}F}{\mathrm{d}\xi_1}=-v_x+\mathrm{i}v_y \tag{6-20}$$

复势的模即为流速大小，因此 xy 面内任一点的速度大小为

$$\left|\frac{\mathrm{d}F}{\mathrm{d}\xi_1}\right|=\left|-v_x+\mathrm{i}v_y\right|=\sqrt{v_x^2+v_y^2}=\left|v_{xy}\right| \tag{6-21}$$

同理，xz 面内任一点的速度大小为

$$\left|\frac{\mathrm{d}F}{\mathrm{d}\xi_2}\right|=\left|-v_x+\mathrm{i}v_z\right|=\sqrt{v_x^2+v_z^2}=\left|v_{xz}\right| \tag{6-22}$$

空间中任一点的速度大小为

$$v_{xyz} = \sqrt{\left|\frac{\mathrm{d}F}{\mathrm{d}\xi_1}\right|^2 + \left|\frac{\mathrm{d}F}{\mathrm{d}\xi_2}\right|^2} = \sqrt{\left|v_{xy}\right|^2 + \left|v_{xz}\right|^2} \tag{6-23}$$

对于不同的非均质条件，可通过边界条件的设定来控制三维流动特征，从而实现三维空间的流线表征。

6.1.3　有效驱动单元三维流函数法的饱和度模型

厚油层的开发以水驱开发为主，因此研究厚油层的开发过程以研究两相流动为主。随着水驱开发的推进，储层的含水饱和度也发生改变，注水前缘在不同的非均质条件下的推进速度不同，并且不同地质层系中的水量分配也会随着非均质性而发生改变。另外，不同的开发条件也会导致储层含水饱和度产生较大的变化[41-45]。本书在三维有效驱动单元渗流数学模型的基础上，研究了水驱两相条件下由不同开发方法得到的储层含水饱和度的变化规律，建立了三维有效驱动单元饱和度模型，为后期研究不同非均质条件储层剩余油形成机理奠定了理论基础。

对于两相流动，储层中流体的饱和度分布不仅影响了两相的相对渗透率，还直接关系到储层水驱的驱替效率和最终采收率。本书在三维流函数模型的基础上，基于储层流线分布，通过两相非稳态流动理论求得流线上不同时刻饱和度的变化情况，进而求得整个流动单元的整体含水率，饱和度如式(6-24)所示。

$$\overline{S}_{\mathrm{w}} = S_{\mathrm{wc}} + \int_v \frac{q_t kt\left[\dfrac{k_{\mathrm{rw}}(S_{\mathrm{wf}})}{\mu_{\mathrm{w}}} + \dfrac{k_{\mathrm{ro}}(S_{\mathrm{wf}})}{\mu_{\mathrm{o}}}\right]}{kh\left\{\dfrac{k_{\mathrm{rw}}\left[\overline{S}_{\mathrm{wq}}(t)\right]}{\mu_{\mathrm{w}}} + \dfrac{k_{\mathrm{ro}}\left[\overline{S}_{\mathrm{wq}}(t)\right]}{\mu_{\mathrm{o}}}\right\}}\left\{S_{\mathrm{wf}} + \frac{x_{\mathrm{swf}}}{\phi}\left[1 - f_{\mathrm{w}}(S_{\mathrm{wf}})\right] - S_{\mathrm{wc}}\right\} \tag{6-24}$$

式中，x_{swf} 为驱替前缘位置；k 为渗透率；h 为地层厚度；t 为时间；f_{w} 为含水率；S_{wc} 为束缚水饱和度；f' 是含水率的导数；$q_{\mathrm{t}} = \dfrac{2\Delta p\alpha h}{-(x)^2 J(S_{\mathrm{wc}}) + \dfrac{1}{\lambda R}\ln\left(\dfrac{r_{\mathrm{e}}}{x}\right)}$，其中 $J(S_{\mathrm{wc}}) = \displaystyle\int_{S_{\mathrm{wc}}}^{S_{\mathrm{wt}}} \frac{f''(\sigma)\mathrm{d}\sigma}{\left[f'(S_{\mathrm{wc}}) + (x)^2 f'(\sigma)\right]\lambda(\sigma)}$。

为了能够更真实地表征实际储层中两相流动的特征，本书采用由实验得到的实际储层的相对渗透率曲线来计算实际水驱过程中油水两相的相对渗透率，相对渗透率曲线如图 6-2 所示。

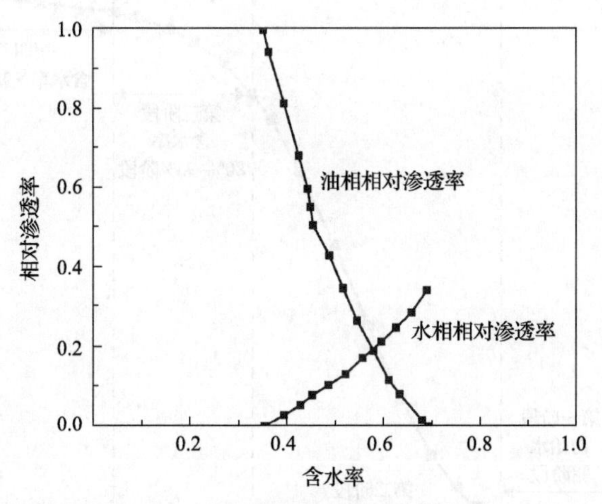

图 6-2　实际储层的相对渗透率曲线

目前，大多数厚油层的开发已进入超高含水期，大量的剩余油无法动用，储层驱替单元内主要以高速流动无效驱和低速流动无效驱为主。本书为了研究不同非均质条件下厚油层剩余油产生的机理及储层含水率和饱和度的变化规律，结合有效驱动单元在注采单元间的分布变化特征，按照储层含水率把整个开发过程分为四个阶段，如图 6-3 所示。

第一阶段——初始水驱阶段：该阶段是油田开发效率最高的阶段，水驱前缘还没有到达油井，该阶段的储层含水率较低，一般在 10%以下，此时Ⅰ类有效驱动单元占主导地位，Ⅱ类有效驱动单元在小范围扩展。

第二阶段——含水率快速上升阶段：该阶段的水驱前缘被突破，油井开始大面积含水，该阶段的驱替效率开始下降，含水率快速上升，含水率＜80%。此时，Ⅰ类有效驱动单元的范围逐渐缩小，Ⅲ类有效驱动单元开始形成并逐渐扩大，Ⅱ类有效驱动单元的范围持续扩展。

第三阶段——含水率缓慢上升阶段：该阶段含水率为 80%～95%，该阶段的驱油效率较差，储层开始出现高含水情况，含水率上升的幅度减小，此时Ⅰ类有效驱动单元逐渐消失，Ⅲ类有效驱动单元占主导地位，优势渗流通道形成，Ⅱ类有效驱动单元的范围随着Ⅲ类有效驱动单元的扩展而逐渐缩小，但成为储层的主要产油层，同时Ⅳ类有效驱动单元已在小范围形成。

第四阶段——高含水阶段：该阶段含水率＞95%，储层的大部分被水淹没，驱油效率＜5%，储层剩余油饱和度基本不变，此时Ⅰ类有效驱动单元已经完全消失，Ⅱ类、Ⅲ类和Ⅳ类有效驱动单元的范围趋于稳定，其中Ⅱ类有效驱动单元中的未动用部分成为剩余油的主要富集区。

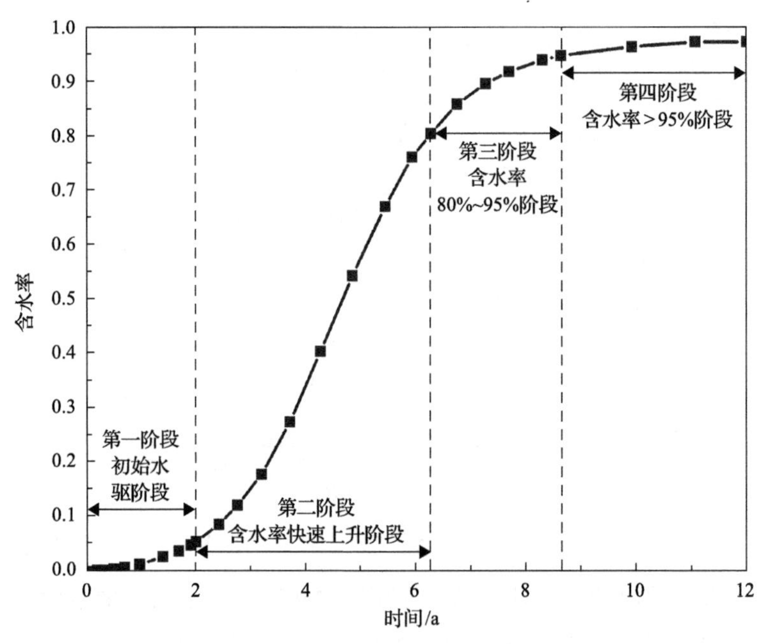

图 6-3 储层含水率变化及开发阶段分类

6.2 井控驱替单元的划分方法和分类标准

从本质上讲，流动单元是具有相似渗流特征的储集单元，不同的单元具有不同的渗流特征，单元间的界面为储集体内分割若干连通体的渗流屏障界面及连通体内部的渗流差异“界面”。流动单元在本质上主要阐述了两方面的内容，一是定义，二是划分。本章在以往流动单元研究的基础上提出有效驱动单元的基本理论及划分方法。

现有的流动单元划分主要是在地质静态参数的基础上进行的，其渗流差异“界面”无法反映出流体流动的快慢，更无法预测无效驱动的形成与发展并揭示油水分布的规律，因而需要提出有效驱动单元的基本理论及划分方法，研究主要从三个方面展开。首先，明确研究的对象，有效驱动单元的研究对象是水驱波及范围内，对产量做出主要贡献的渗流区域；其次，建立有效驱动单元的基本理论及划分方法，分析流动的快慢，确定产量的主要贡献区域；再次，以饱和度分布模型为基础，通过引入经济学中“基尼系数”和“洛伦兹曲线”的概念，利用“流量贡献率、流量非均匀分布曲线、流量强度差异系数与极限含水率”等方法，确定有效驱与无效驱间的差异“界面”，分析油田开发矛盾的根源，将渗流区域划分为Ⅰ类(高速流动无效驱)、Ⅱ类(高速流动有效驱)、Ⅲ类(低速流动有效驱)、Ⅳ类(低速流动无效驱)四类“驱动单元”。其中，Ⅱ类、Ⅳ类“驱动单元”作为“有效驱动单元”是挖潜的重点。最后，将有效驱动单元的划分方法应用到实际非均质油藏中[46,47]。

总之，本章主要明确了“流动单元”“驱动单元”“有效驱动单元”的概念与其内在联系，利用两相渗流理论及流线簇方程建立了水驱、聚合物驱油饱和度分布模型，通过极限含水率，水淹级别等经济技术指标确定有效驱动单元的划分准则，将高速流动区与低速流动区中的无效驱动划分出来，建立起有效驱动单元的基本理论及划分方法，为揭示油水分布规律及剩余油成因奠定基础。

6.2.1　有效驱动单元的定义

1. 流动单元、驱动单元、有效驱动单元的定义及分类

流动单元：“流动单元”是“在储层中水驱波及范围内，具有相似的流动规律及储层特征的渗流区域”。

流动单元分类：以水动力学理论为基础，通过“流量非均匀分布曲线”将“流动单元”划分为“高速流动区”与“低速流动区”。

驱动单元：由长期注水开发导致“流动单元”中形成以无效驱动为特点的低效、无效注水循环，在高速流动区与低速流动区中会形成有效或无效驱动，将流动单元划分为Ⅰ类(高速流动无效驱)、Ⅱ类(高速流动有效驱)、Ⅲ类(低速流动无效驱)、Ⅳ类(低速流动有效驱)[48]四类“驱动单元”(表 6-1)。

表 6-1　驱动单元的分类

驱动单元	无效驱	有效驱
高速区	Ⅰ类	Ⅱ类
低速区	Ⅲ类	Ⅳ类

有效驱动单元是指在储层中水驱波及范围内，对产油量做出贡献的，并具有相似的流动规律及储层特征的渗流区域，即驱动单元中的Ⅱ类、Ⅳ类。

2. 有效驱动单元划分方法的相关概念

流量贡献率(CRF)：与主流线呈 x 角度的流线扫过的区域流量(图 6-4)占注采单元间总流量的百分比为流动单元的流量贡献率，用希腊字符 θ 表示(图 6-5)。

流量非均匀分布曲线：在一个流动单元内，以任意流线与分流线间(阴影区域)的驱替面积百分数所对应的流量贡献率组成的曲线，即一个流动单元内，不同驱替面积百分数对应的流量百分数，如图 6-6 所示。

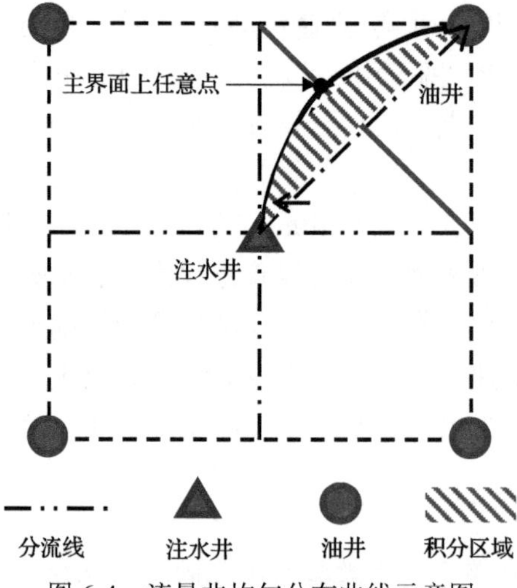

图 6-4　流量非均匀分布曲线示意图

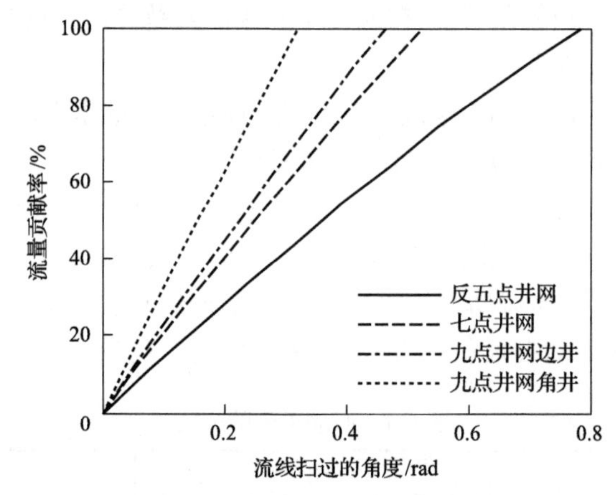

图 6-5　不同井网的流量贡献率曲线

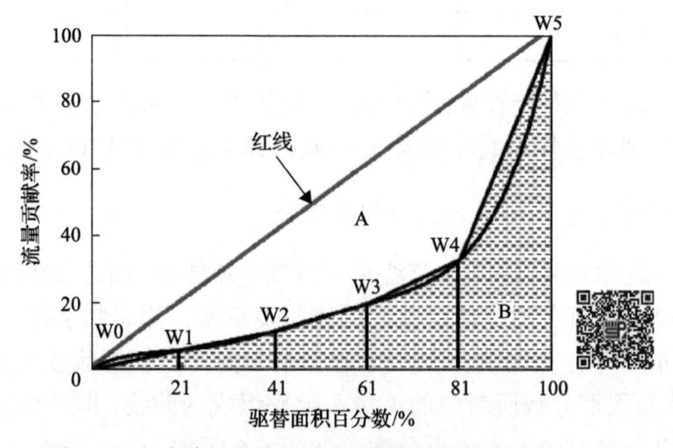

图 6-6　流动单元非均匀分布曲线(扫码见彩图)

流量强度差异系数：流量强度差异系数 $G=A/(A+B)$，即流量非均匀分布曲线与流量绝对均匀分布曲线(图 6-6 红线)围成的面积百分数，G 越大表示流量分布得越不均匀，反之，越小则表示越均匀。

极限含水率：油井或油田在经济上失去开采价值时的含水率。

无效驱动：目前油田一般常采用极限含水率为 98%。它是油井或油田报废的重要指标，极限含水率是指油井或油田在经济上失去开采价值时的含水率。通过建立饱和度分布模型，找出产水率超过 98%的区域，将其定义为无效循环区，以此划分“流动单元”中的有效驱动与无效驱动。除此之外，油田也可根据自身情况确定经济技术极限作为有效驱动与无效驱动的划分准则。

6.2.2　高速、低速流动区的划分方法及准则

流量贡献率曲线与流量非均匀分布曲线可用以描述渗流区域对流量的贡献，流量强度差异系数是评价流量非均匀分布程度的指标，用以分析和比较一个“流动单元”内流量分布不均匀的程度。流量非均匀分布曲线作为一个研究流量在地层中分布的便捷图形方法，可以直观地定量分析一个流动单元内流量分布的不均匀程度，为油田开发调整提供参考和依据。

基于水的动力学原理，本节建立了流量贡献率渗流的数学模型，并绘制了流量非均匀分布曲线划分图版，将“流动单元”划分为高速流动区和低速流动区，为建立有效驱动单元的划分方法奠定基础[49]。

1. 流量贡献率渗流的数学模型

根据势的叠加原则，无限大地层中存在等产量的一源(B)一汇(A)，如图 6-7 所示。任意一点 M 的渗流速度可由源汇项叠加求得，地层内任意一点的渗流速度为

$$|v| = \frac{qd}{\pi h}\frac{1}{r_1 r_2} \tag{6-25}$$

式中，d 为源汇井间距的 1/2。

主截面 y 轴上的任意一点 M(图 6-7)有，$r_1 = r_2 = r = \dfrac{d}{\cos x}$，$x_1 = x_2 = x$，其速度为

$$|v| = \frac{q}{\pi hd}\cdot\frac{1+\cos 2\phi}{2} \tag{6-26}$$

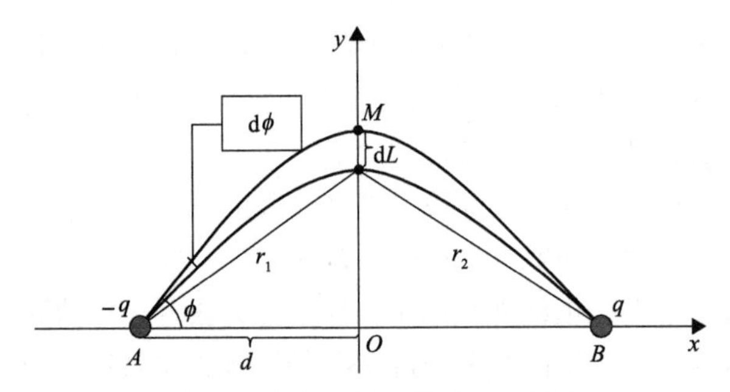

图 6-7 主截面的流量微元示意图

流过主截面 y 轴上的任意一个微元 dL 的流量为

$$\mathrm{d}Q=|v|\mathrm{d}L=\frac{|v|d}{\cos\phi}\mathrm{d}\phi=\frac{(1+\cos 2\phi)d}{2\cos\phi}\mathrm{d}\phi \tag{6-27}$$

纵观井网，可以取出具有代表性的油水系统单元，均质地层中主流线两侧的流线呈对称分布，流动单元由两个有相同流动规律及储层特征的纺锤形渗流区域组成，因此所研究的流动单元可以由如图 6-7 所示的一个分流线 AMB 与主流线 AB 所围成的纺锤形区域来代表。根据流线分布，研究流动单元的水动力学状况，对于反五点井网、反七点井网、反九点井网边井、角井，分流线(最外侧流线)与主流线所呈角度为 $\phi_{\max}$、反五点井网为 $\frac{\pi}{4}$、反七点井网为 $\frac{\pi}{6}$、反九点井网边井为 $\arctan\frac{1}{2}$、角井为 $\frac{\pi}{4}-\arctan\frac{1}{2}$。

定义与主流线呈 ϕ 角度的流线扫过的区域流量占注采单元间总流量的百分比为“流动单元”的流量贡献率，用希腊字符 θ 表示：

$$\theta=\frac{\int_0^{\phi}\mathrm{d}Q}{\int_0^{\phi_{\max}}\mathrm{d}Q}=\frac{\int_0^{\phi}\frac{(1+\cos 2\phi)d}{2\cos\phi}\mathrm{d}\phi}{\int_0^{\phi_{\max}}\frac{(1+\cos 2\phi)d}{2\cos\phi}\mathrm{d}\phi}=\frac{\sin\phi}{\sin\phi_{\max}} \tag{6-28}$$

反五点井网的流量贡献率曲线为 $\theta=\sqrt{2}\sin\phi$ (图 6-8)。

同理，通过计算不同井网模式下的流量贡献率，可得到不同井网模式下的流量贡献率曲线(图 6-8)。

$$\theta_7=\frac{\int_0^{\phi}\mathrm{d}Q}{\int_0^{\frac{\pi}{6}}\mathrm{d}Q}=2\sin\phi_7 \tag{6-29}$$

$$\theta_{9b} = \frac{\int_0^{\phi} dQ}{\int_0^{\arctan(1/2)} dQ} = \sqrt{5}\sin\phi_{9b} \tag{6-30}$$

$$\theta_{9j} = \frac{\int_0^{\phi} dQ}{\int_0^{\frac{\pi}{4}-\arctan(1/2)} dQ} = 3.1623\sin\phi_{9j} \tag{6-31}$$

式(6-30)和式(6-31)中，下标 9b 为反九点法边井；下标 9j 为反九点法角井。

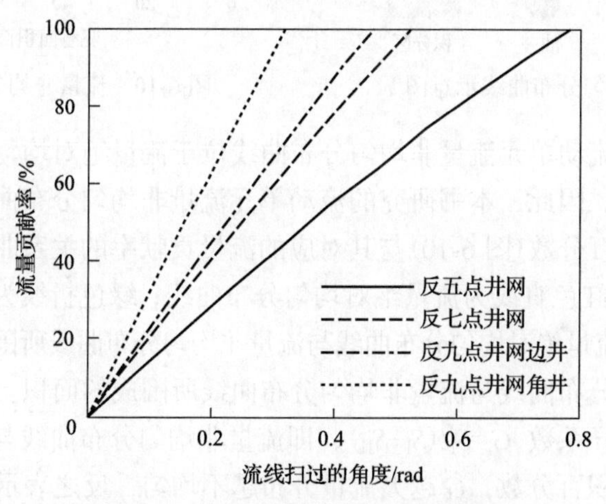

图 6-8　不同井网的流量贡献率曲线

2. 流量非均匀分布曲线(NDCFU)与流量强度差异系数(DCFI)

“流动单元”的流量贡献率曲线是一条单调递增曲线，数学上并没有明确的“拐点”来描述差异“界面”，更无法得到具有明确物理意义的划分“流动单元”的差异“界面”以反映流体在储层中的流动特点，为了合理划分“流动单元”，引入“流量非均匀分布曲线”与“流量强度差异系数”。

流量非均匀分布曲线：以各流线与分流线间(图 6-9 的积分区)的驱替面积百分数为横坐标，以对应的流量贡献率为纵坐标，从分流线计起一直到主流线，定义这些点所组成的曲线为流量非均匀分布曲线(图 6-10 的曲线)。

流量绝对均匀分布曲线(图 6-10 红色直线)：“流动单元”内相同驱替面积对产量的贡献相同。

流量绝对不均匀分布曲线(图 6-10 绿色折线)：“流动单元”内所有流量全部由主流线所提供。

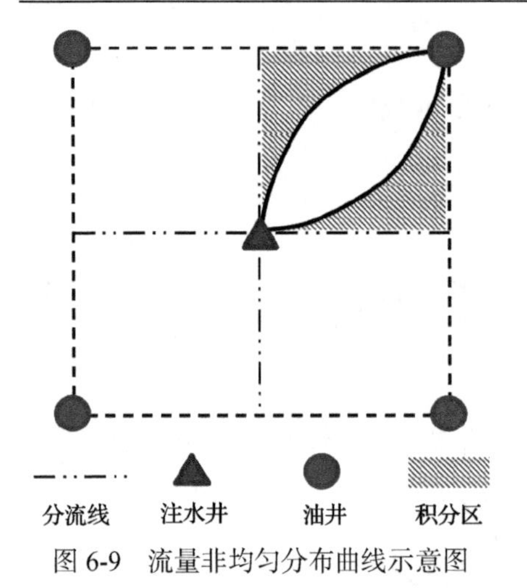

图 6-9　流量非均匀分布曲线示意图

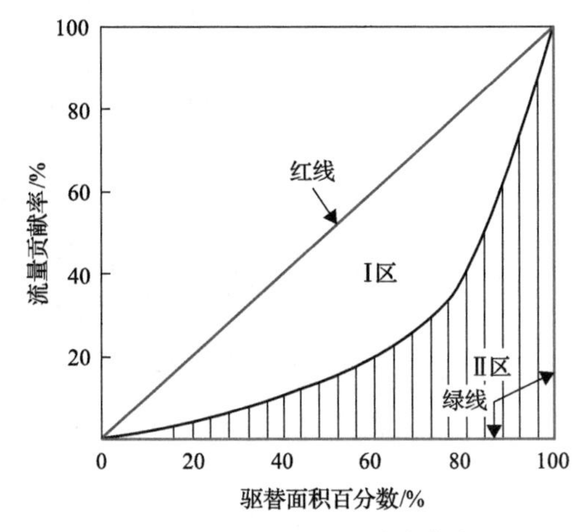

图 6-10　流量非均匀分布曲线

实际井网的流动单元流量非均匀分布曲线位于流量绝对均匀分布线与绝对不均匀分布线之间。因此，本书研究的流动单元流量非均匀分布曲线就是流线与分流线围成的面积百分数(图 6-10)与其对应的流量贡献率的关系曲线。

图 6-10 中，红色直线为流量绝对均匀分布曲线；绿色折线为流量绝对不均匀分布曲线；S_{I} 为流量绝对均匀分布曲线与流量非均匀分布曲线所围成的面积；S_{II} 为流量绝对不均匀分布曲线与流量非均匀分布曲线所围成的面积。

流量强度差异系数 $G=S_{\mathrm{I}}/(S_{\mathrm{I}}+S_{\mathrm{II}})$，即流量非均匀分布曲线与流量绝对均匀分布曲线围成的面积百分数，G 越大流量分布越不均匀，反之表示越均匀。

在不考虑井间干扰和面积波及系数的情况下，以反五点井网为例，将流量贡献率曲线的横坐标转换为驱替面积百分数，得到了流量非均匀分布曲线。为了使计算更加简便，将流线包裹范围内的纺锤形区域近似为菱形区域，得到反五点井网流量非均匀分布曲线的解析公式[式(6-32)]，并绘制出流动单元流量非均匀分布曲线(图 6-11)。

$$\theta_5=1-\frac{\sqrt{2}(1-S)}{\sqrt{1+(1-S)^2}} \tag{6-32}$$

利用流线簇方程，将流量贡献率曲线转换成为流量非均匀分布曲线。按照流线与等势线正交的原则，可得到流线簇也是一组圆，并且圆心都在 y 轴上，其中 x 轴也是一条流线。流线方程为

$$\frac{2dy}{x^2+y^2-d^2}=\text{常数} \tag{6-33}$$

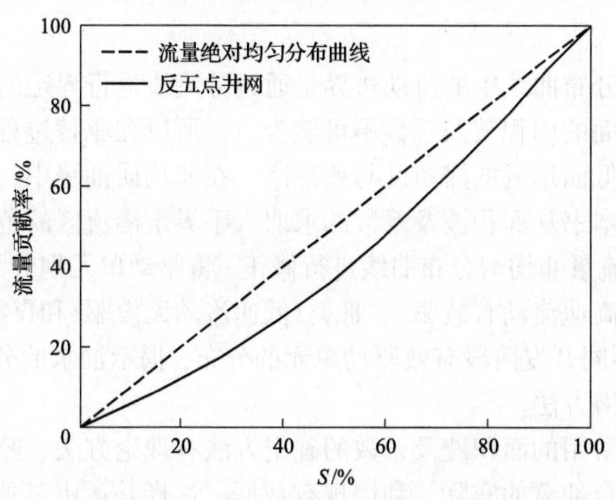

图6-11　反五点井网流量非均匀分布曲线

以直角坐标表示的流线簇方程为

$$x^2+\left(y-\frac{d}{C_1}\right)^2=\frac{d^2(1+C_1^2)}{C_1^2} \tag{6-34}$$

可见，流线是圆心在$(0,d/C_1)$、半径为$d\sqrt{1+1/C_1^2}$的圆簇。当稳定流动时，液体质点的运动轨迹线与流线是一致的。

$$C_1=\frac{2\tan\phi}{\tan^2\phi-1} \tag{6-35}$$

式中，ϕ为平面上的流线与主流线所成的角度。

将流量贡献率曲线中的横坐标“流线扫过的角度”转换为“驱替面积百分数”，可得到不同井网模式下的流量非均匀分布曲线解析公式如下：

$$\theta_7=1-\frac{2(1-S)}{\sqrt{3+(1-S)^2}} \tag{6-36}$$

$$\theta_{9\mathrm{b}}=1-\frac{\sqrt{5}(1-S)}{\sqrt{4+(1-S)^2}} \tag{6-37}$$

$$\theta_{9\mathrm{j}}=1-\frac{\sqrt{10}(1-S)}{\sqrt{9+(1-S)^2}} \tag{6-38}$$

式中，θ_7、$\theta_{9\mathrm{b}}$、$\theta_{9\mathrm{j}}$分别为反七点井网、反九点井网的边井和角井流动单元的流量贡献率。

流量非均匀分布曲线中的流动边界是通过分流线进行界定的。实际油藏中，多重因素导致平面的面积波及系数不可能为 1，所以在驱替过程中一定会有因压力平衡或渗透率低而形成的滞留区与死油区。在非均质油藏中，这部分剩余油不可忽略。因此，本书从面积波及系数的求取入手界定渗流区的范围，即确定流动单元的边界，对流量非均匀分布曲线进行修正，将驱动单元划分为Ⅰ类(高速流动无效驱)、Ⅱ类(高速流动有效驱)、Ⅲ类(低速流动无效驱)和Ⅳ类(低速流动有效驱)，通过研究不同开发阶段有效驱动单元的分布，揭示油水的分布规律，从而提出切实有效的挖潜方法。

目前，比较常用的面积波及系数的确定方法有理论方法、经验公式法、数值模拟反演法。结合油藏的实际，利用现有数据，选择并运用三种方法来确定渗流区域。

1)理论方法

对于低渗透油藏，其最显著的特点就是渗流不符合达西定律，存在启动压力梯度，低渗透油藏的渗流规律偏离了达西定律，因此经典的达西线性渗流理论不再适用，低渗透储层中的流体流动是非线性渗流中的一种，称为非线性渗流。其特征曲线可以分为两部分，在低压力梯度范围内的渗流量与压力梯度呈非线性关系，在高压力梯度范围内呈拟线性关系。拟线性段的反向延长线不通过坐标原点，其与压力梯度轴的交点称为拟启动压力梯度，非线性到拟线性的过渡点称为临界点。现有三种方法来描述渗流速度与压力梯度。

第一种是用带启动压力梯度的线性定律来描述，数学方程为

$$v=\begin{cases}0, & \nabla p<G\\ \dfrac{k}{\mu}(\nabla p-G), & \nabla p\geqslant G\end{cases} \tag{6-39}$$

第二种是在非线性段和拟线性段分别采用不同的斜率组合来描述渗流过程，数学方程为

$$v=\begin{cases}\left(\dfrac{k}{u}\right)_1\dfrac{\Delta p}{l}, & \dfrac{\Delta p}{l}\leqslant G_{\mathrm{b}}\\ \left(\dfrac{k}{u}\right)_2\dfrac{\Delta p}{l}, & \dfrac{\Delta p}{l}>G_{\mathrm{b}}\end{cases} \tag{6-40}$$

式中，下标 1 表示非线性段；下标 2 表示拟线性段；下标 b 表示交点。

第三种是将非线性段用幂律关系来描述，拟线性段用直线来描述，数学方程为

$$v=\begin{cases}0, & \nabla p \leqslant G \\ \dfrac{k}{u}(\nabla p-G)^n, & G<\nabla p \leqslant G_{\mathrm{b}} \\ \dfrac{k}{u}(\nabla p-G_{\mathrm{b}})=\dfrac{k}{u}\nabla p, & \nabla p>G_{\mathrm{b}}\end{cases} \tag{6-41}$$

这三种方法以第一种方法在理论研究和工程计算中的应用最为普遍，第三种方法描述得最精确，但数学处理很困难。第二种方法没有描述出启动压力梯度的存在，且计算出的经济指标偏高。因此，对于低渗透储层，本书采用第一种方法，即用带启动压力梯度的线性定律来描述，当压力梯度小于启动压力梯度的流线时，流体不流动，由此界定面积波及系数。

2) 经验公式法

在中高渗的储层中，不存在启动压力梯度，因此不能采用上述方法确定面积波及系数。目前对均匀井网的面积波及系数的研究多数是根据各种简化模型，用理论方法特别是实验方法获得研究结果。根据 B.丹尼洛夫和 P.M.卡茨的研究结果可以得到面积注水系统流体运动前缘微分方程的解，从而确定见水时的面积波及系数。

(1) 见水时的面积波及系数计算公式：

$$E_{\mathrm{A}}=\frac{\dfrac{2\pi d}{a}-4\exp\left(-\dfrac{2\pi d}{a}\right)-2.776}{\dfrac{2\pi d}{a}\left[1+8\exp\left(-\dfrac{2\pi d}{a}\right)\right]}\sqrt{\frac{1+M}{2M}} \tag{6-42}$$

式中，E_{A} 为注入剂的面积波及系数；d 为井排间的距离，m；a 为井排上的井间距离，m；M 为水(驱替剂)与油的流度比，可由下式确定。

$$M=\frac{\mu_{\mathrm{o}}}{\mu_{\mathrm{w}}k_{\mathrm{ro}}(S_{\mathrm{wc}})}\left[k_{\mathrm{ro}}(S_{\mathrm{wf}})+k_{\mathrm{rw}}(S_{\mathrm{wf}})\right] \tag{6-43}$$

式中，μ_{o} 为油的黏度，mPa·s；μ_{w} 为水的黏度，mPa·s；$k_{\mathrm{rw}}(\bar{S})$ 为水的相对渗透率；$k_{\mathrm{ro}}(S_{\mathrm{wf}})$ 为油的相对渗透率；S_{wf} 为驱替前缘的含水饱和度；S_{wc} 为束缚水的饱和度。

当 $M \geqslant 1$ 时，在 $d/a \geqslant 1$ 的情况下，可由下式确定：

$$E_{\mathrm{A}}=\left(1-0.4413\frac{a}{d}\right)\sqrt{\frac{1+M}{2M}} \tag{6-44}$$

对于反五点井网、反九点井网和七点井网面积注水系统而言，见水时的面积波及系数可分别确定为

$$E_{A5} = 0.718\sqrt{\frac{1+M}{2M}} \tag{6-45}$$

$$E_{A9} = 0.525\sqrt{\frac{1+M}{2M}} \tag{6-46}$$

$$E_{A7} = 0.743\sqrt[3]{\frac{1+M}{2M}} \tag{6-47}$$

(2)见水后面积波及系数的计算公式。

在水驱油非活塞式的条件下，当油井见水后，认为从注水井井底到生产坑道为两相渗流区，而从生产坑道到生产井井底可分为两部分，一部分是水波及的部分，为两相渗流区；另一部分是水未波及的部分，为油单相渗流区。水波及部分的确定与水淹角有关，它随开发时间的增加而增大。

从注水井井底到生产坑道两相渗流区的阻力为

$$\Omega = \frac{\mu_o}{2\pi hk}\int_{S_{wm}}^{S_{we}} \frac{f'(S_w)\mathrm{d}S_w}{2(k_{ro}+\mu_{ow}k_{rw})\left\{ f(S_{we}) \middle/ \left[\left(\frac{d}{r_w}\right)^2 - 1\right] + f(S_w)\right\}} \tag{6-48}$$

式中，S_{we}为生产坑道含水饱和度。

均质单元油井见水后的水淹角如图 6-12 所示。

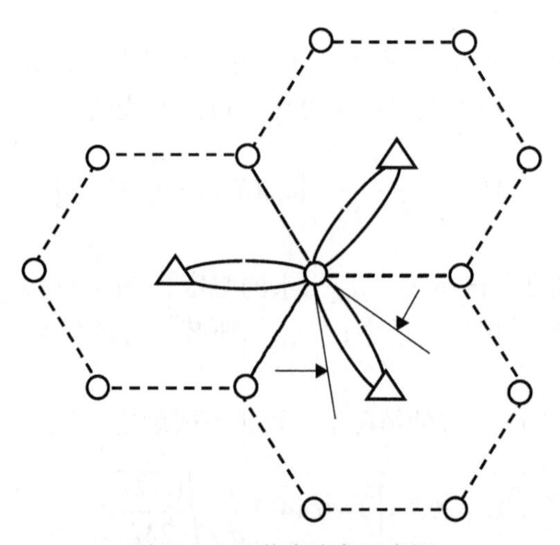

图 6-12　油井水淹角示意图

因为

$$M = \frac{\mu_w k_{ro}(S_{wc})}{\mu_o k_{rw}(S_{wm})} \tag{6-49}$$

式中，S_{wm} 为注水井井底含水饱和度

所以

$$\alpha = \frac{j\theta}{2\pi} = \frac{f_w}{f_w + \frac{1}{M}f_o} = \frac{f_w}{f_w + \frac{1}{M}(1-f_w)} = \frac{1}{1+\frac{1}{M}\frac{1-f_w}{f_w}} \tag{6-50}$$

式中，f_w 为含水率；f_o 为含油率；θ 为水淹角；j 为一口注水井与周围生产井的井数比(表 6-2)。

表 6-2 面积井网的 j 数值表

注水系统	反四点法	反五点法	反七点法	反九点法
j	3	4	6	8

(3)流线法确定渗流边界。

根据单向流等的饱和度平面移动方程可确定前缘含水饱和度和平均含水饱和度,式(6-51)是一个含有 S_{wf} 的隐函数,通常情况下很难直接对前缘含水饱和度 S_{wf} 进行求解,但可以通过作图法进行求解。方法是在 f_w-S_w 图上(图 6-13),从 S_{wr} 作 f_w 的切线交于 A 点，从 A 点作横轴的垂线交横轴于一点，该点的饱和度值即为前缘含水饱和度 S_{wf}，延长通过 A 点的切线与 $f_w=1$ 的横线交于 B 点，B 点所对应的饱和度值即为 $\overline{S}_w$，见式(6-52)。

$$f'_w(S_{wf}) = \frac{f_w(S_{wf})}{S_{wr} - S_{wf}} \tag{6-51}$$

$$\overline{S}_w - S_{wr} = \frac{1}{f'_w(S_{wf})} \tag{6-52}$$

式中，S_{wr} 为束缚水的饱和度，%；f'_w 为含水率的导数。

根据单向流等的饱和度平面移动方程确定主流线前缘速度 $v_{S_{wf}}$，根据式(6-26)单相流阶段平面上不同流线的速度分布，可以求解不同时刻、不同位置的流线前缘是否突破，当平面饱和度达到 $\overline{S}_w$ 时，水驱波及范围内均为两相流，此时最外侧流线前缘刚好突破，此流线即要求解的流动单元渗流边界，渗流边界流线包含范围内为两相流，渗流边界外由于未形成连续流线，形成滞留区，据此可以求解面积波及系数。

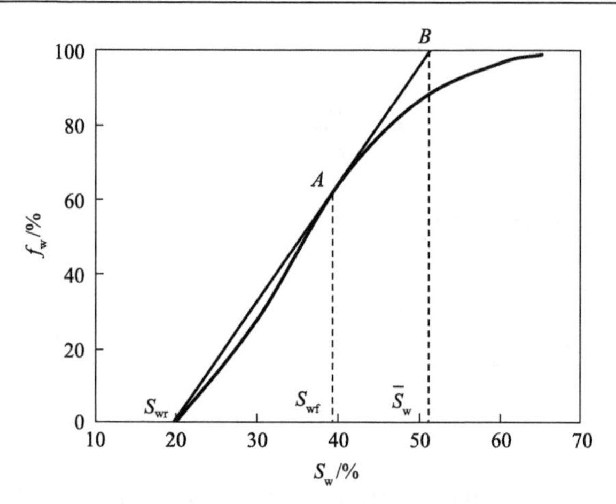

图 6-13　确定 S_{wf} 和 $\overline{S}_w$ 的示意图

反五点井网的面积波及系数为

$$E_A = \tan\left(\arccos\sqrt{\frac{t_{S_{wf}}}{t_{\overline{S}_w}}}\right) \tag{6-53}$$

式中，E_A 为面积波及系数，%；$t_{S_{wf}}$ 为主流线前缘突破时间，d；$t_{\overline{S}_w}$ 为平面饱和度达到 $\overline{S}_w$ 的时刻，d。

以北三西 S212 小层典型井组为例，$t_{S_{wf}}$=690d 、$t_{\overline{S}_w}$=1233d，此时面积波及系数为 $E_A = 88.71\%$。

3) 数值模拟反演法

在同时考虑波及程度及洗油效率两个因素时，原油采收率 η 可表示为

$$\eta = \frac{V_{采出}}{V_{原始}} = \frac{A_s h_s \phi S_{oi} - A_s h_s \phi S_{or}}{A h \phi S_{oi}} = E_A E_D \tag{6-54}$$

式中，S_{or} 为剩余油饱和度；S_{oi} 为初始含油饱和度；A_s 为波及面积；h_s 为波及厚度；ϕ 为孔隙度；驱油效率 $E_D = \dfrac{S_{oi} - S_{or}}{S_{oi}}$。

油藏的数值模拟结果中，通过不同时刻平均剩余油饱和度 S_{or} 可以计算出驱油效率 E_D，再结合采收率 η，即可反算波及程度 E_A。

面积波及系数确定后，流量非均匀分布曲线会产生形态上的变化，特征曲线也会发生相应的变化，其解析公式可由分段函数表示：

$$a = 1 - E_A \tag{6-55}$$

当面积百分数 $S < a$ 时，非均匀分布曲线的解析式为

$$\theta = 0 \tag{6-56}$$

当 $S > a$ 时，修正后的流量非均匀分布曲线通式为

$$\theta = 1 - \frac{b(1-S')}{\sqrt{1+\left[c(1-S')\right]^2}} \tag{6-57}$$

式中，b、c 为相关系数，可由角度和面积共同决定；S' 为修正后的面积百分数。

当 $M = 1$ 时，根据式(6-42)可求得不同井网条件下的面积波及系数，修正后的流动单元流量非均匀分布曲线如图 6-14 所示，起点位置相当于未波及区占比。模拟时，采用的反五点井网、反七点井网、反九点井网的死油区面积百分数分别为 0.282、0.257、0.475。

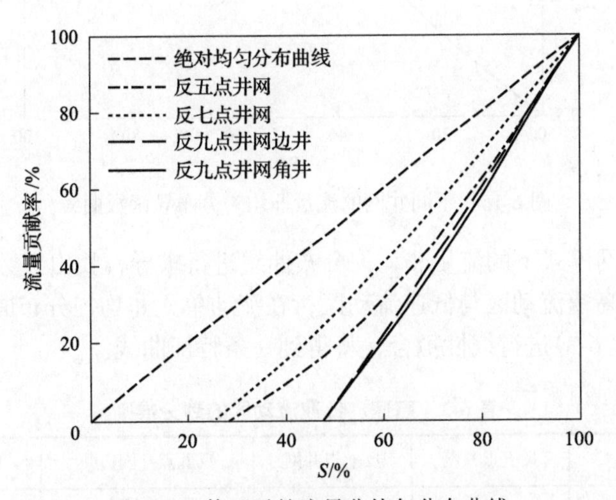

图 6-14　修正后的流量非均匀分布曲线

3. 高速、低速流动区的划分准则

实际油藏的流量非均匀分布曲线相当于将流量与驱替面积进行归一化处理，流量绝对均匀分布曲线上每 1 单位面积都贡献了 1 单位流量，流速也无快慢之分。数学上，流量非均匀分布曲线的导数为 1，表明 1 单位面积贡献 1 单位流量；导数大于 1，表明这个油井的产量主要由此渗流区提供，流体流速快，反之流速慢。由于这个点既是一种数学手段又具有明确的物理含义，所以以此作为划分流动单元高速流动区与低速流动区的划分准则。

对流量非均匀分布曲线求导可得到流量非均匀分布的导函数曲线(图 6-15)，据

此可求解单位面积增量的流量贡献率增量。流量非均匀分布曲线的导数值为 1 是流量绝对均匀分布曲线的特点，大于 1 则表示单位驱替面积的贡献大，反之贡献小。因此，大于 1 的渗流区域为高速流动区、小于 1 则为低速流动区。

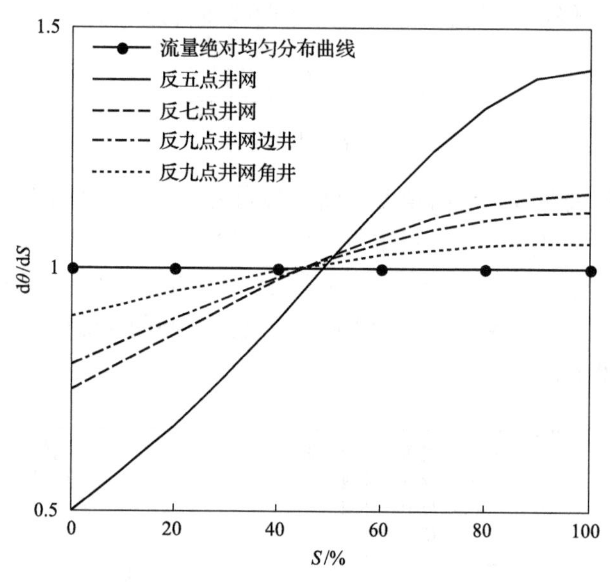

图 6-15　不同井网的流量非均匀分布导函数曲线

对不同井网模式下的流量非均匀分布曲线进行求导，找出导数为 1 的点，划分流动单元的高速流动区与低速流动区；在流动单元非均匀分布曲线图版上将导数为 1 的点(表 6-3)进行线性拟合，将得到一条特征曲线。

表 6-3　高速、低速流动区的划分准则

井网模式	反五点井网	反七点井网	反九点井网边井	反九点井网角井
S(面积百分数)	0.463	0.439	0.429	0.426
θ (流量贡献率)	0.383	0.407	0.416	0.42

其最小二乘拟合公式为 $\theta=-0.9879S+0.8404$ ，$\theta+0.9879S>0.8404$ 为高速流动区域；$\theta+0.9879S<0.8404$ 为低速流动区域。这条线从理论上解决了高速流动区和低速流动区的划分(图 6-16)。

实际油藏的面积波及系数不为 1，流量非均匀分布曲线的形态变化(图 6-16)使划分高速流动区与低速流动区的特征曲线发生改变。通过最小二乘拟合，得到的特征曲线方程为

$$\theta=10.033S^2-12.773S+4.4436 \tag{6-58}$$

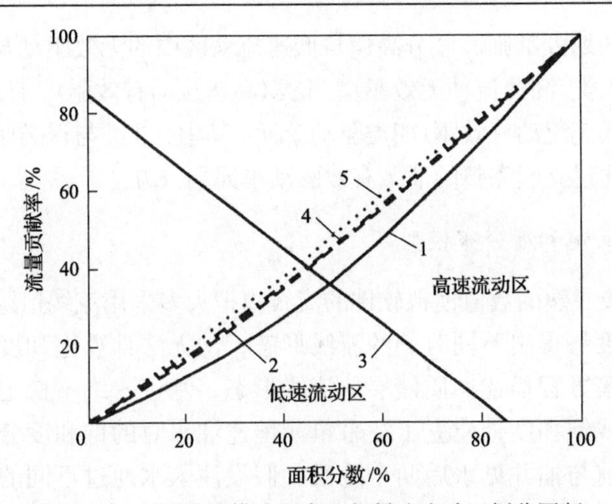

图6-16　不同井网模式下高速与低速流动区划分图版

1. 反五点井网；2. 反七点井网；3. 特征曲线；4. 反九点井网边井；5. 反九点井网角井

流量强度差异系数反映了流量分布的不均匀程度，流量强度差异系数越大表示流量分布越不均匀，反之则表示越均匀。根据流量非均匀分布曲线，通过积分求取不同井网模式下的流量强度差异系数(表6-4)。据此研究不同井网模式下的油水分布规律。

表6-4　不同井网模式下的流量强度差异系数

井网模式	反五点井网	三角形反七点井网	反九点井网边井	反九点井网角井
流量强度差异系数 G	0.17	0.072	0.056	0.026

计算均质储层流量强度差异系数(表6-4)，可知反五点井网的流量分布最不均匀，反七点井网次之，反九点井网流量分布较为均匀。三种井网模式的注采井数比分别为1∶1、1∶2、1∶3。同样的注入量，反九点井网流量更均匀，适宜在开发初期采用，并且其注采井数比小，便于后期调整。

6.2.3　有效与无效驱动的划分方法及准则

为了确定无效驱动与有效驱动，必须计算饱和度分布。然后，再通过有效与无效驱动的划分准则，将“流动单元”的高速流动区与低速流动区中的有效驱动与无效驱动划分出来，建立起一套有效驱动单元的划分方法，为揭示油水分布规律奠定基础。

本节通过建立注采单元恒速注水时的饱和度分布模型，计算出以流线为基本单元的平面饱和度分布，通过极限含水率及水淹级别等经济技术极限，可确定有效与无效驱动的划分准则。区分高速与低速流动区中的无效驱动与有效驱动，可将油藏划分为Ⅰ类(高速流动无效驱)、Ⅱ类(高速流动有效驱)、Ⅲ类(低速流动无效驱)和Ⅳ类(低速流动有效驱)四类驱动单元。其中，Ⅱ类与Ⅳ类驱动单元为有效驱动单元，以此建立起完整的油藏有效驱动单元划分方法。

1. 水驱平面饱和度分布模型

目前，比较成熟的数值模拟软件的流线模拟大多采用流线追踪的方法，该方法可以通过速度势得出不同时刻的流线形态，却无法计算饱和度分布。因此，本节通过流线簇方程描述均质储层的流线形态，基于一维不稳定驱替理论及达西定律计算流线饱和度，建立了注采单元恒速注水时的饱和度分布模型。模型分为油井见水前与油井见水后两个阶段。假设注入水通过不同的流管将油驱替出来，流管与流管间没有物质交换，并且单根流管中流体的流动符合一维不稳定驱替理论与油水两相渗流理论。前缘突破前，单根流线的饱和度通过一维不稳定驱替理论计算；前缘突破后，单根流线的饱和度通过达西定律计算，通过平面积分计算出平面饱和度分布。然后，结合极限含水率和水淹级别等油田经济技术极限作为有效驱动单元的划分准则，并以此建立有效驱动单元的划分方法。

通过数模软件 Eclipse 的流线模拟模块 FrontSim 对实际油藏进行模拟，发现对于反五点井网理想模型，流线必定垂直穿过主截面(图 6-17 虚线)，在非均质地

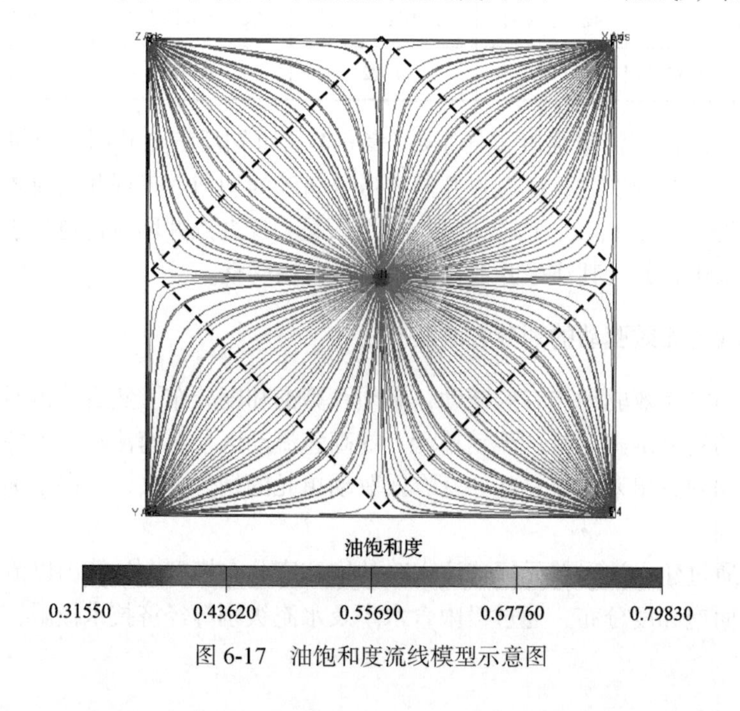

图 6-17　油饱和度流线模型示意图

层中同样也存在一个流线垂直穿过的截面。基于渗流力学多井干扰理论，在稳定流动时，液体质点运动的轨迹线与流线是一致的。以主流线为 x 轴建立坐标系(图 6-18)，流线簇中的流线作为液体质点运动的路径，基于此假设求解平面饱和度分布。

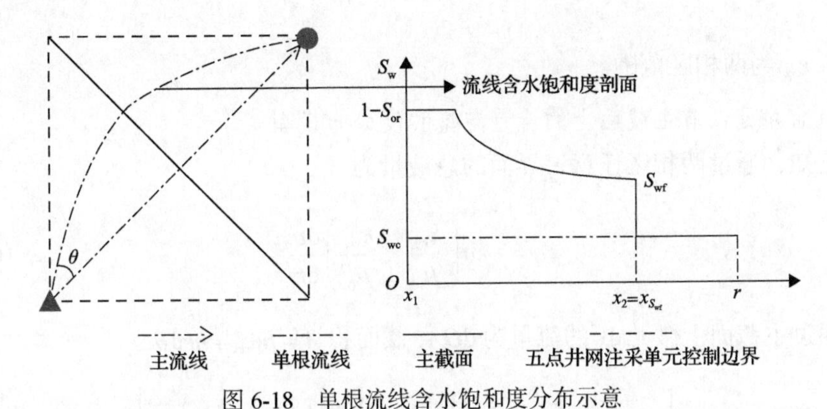

图 6-18　单根流线含水饱和度分布示意

流线上任意两点 x_1 与 x_2 之间平均含水饱和度的求取(图 6-18)：

$$\overline{S_w}=\frac{\int_{x_1}^{x_2}S_w A\phi \mathrm{d}x}{\int_{x_1}^{x_2}A\phi \mathrm{d}x}=\frac{\int_{x_1}^{x_2}S_w \mathrm{d}x}{x_2-x_1}=\frac{x_2S_{w2}-x_1S_{w1}}{x_2-x_1}-\frac{1}{x_2-x_1}\int_{S_{w1}}^{S_{w2}}x\mathrm{d}S_w \tag{6-59}$$

式中，$\overline{S_w}$ 为流线上任意两点 x_1 与 x_2 之间的平均含水饱和度。

根据前缘推进方程：

$$\int_{S_{w1}}^{S_{w2}}x\mathrm{d}S_w=\frac{q_t t}{A\phi}\int_{S_{w1}}^{S_{w2}}\left(\frac{\partial f_w}{\partial S_w}\right)_{S_w}\mathrm{d}S_w=\frac{q_t t}{A\phi}\int_{S_{w1}}^{S_{w2}}\mathrm{d}f_w=\frac{q_t t}{A\phi}\left[f(S_{w2})-f(S_{w1})\right] \tag{6-60}$$

当 $x_1\leqslant x\leqslant x_2$ 时，将公式(6-60)代入公式(6-59)得

$$\overline{S_w}=\frac{x_2S_{w2}-x_1S_{w1}}{x_2-x_1}-\frac{q_t t}{A\phi}\frac{\left[f_w(S_{w2})-f_w(S_{w1})\right]}{x_2-x_1} \tag{6-61}$$

对于两相区，当 $x_1=0$ 时，$f_w(S_{w1})=1$，注水前缘 $x_2=x_{S_{wf}}$，一根流线的平均含水饱和度：

$$\overline{S_w}=S_{wf}+\frac{q_t t}{A\phi L}\left[1-f_w(S_{wf})\right]=S_{wf}+\frac{r(S_{wf})}{2d}\left[1-f_w(S_{wf})\right] \tag{6-62}$$

见水前t时刻与主流线呈θ角的流线平均饱和度为$\overline{S'_{\mathrm{w}}}$：

$$\overline{S'_{\mathrm{w}}}=\frac{r_{\mathrm{sw}}\overline{S_{\mathrm{w}}}+S_{\mathrm{wc}}(r-r_{\mathrm{sw}})}{r}=S_{\mathrm{wc}}+\frac{r_{\mathrm{sw}}}{r}(\overline{S_{\mathrm{w}}}-S_{\mathrm{wc}})=S_{\mathrm{wc}}+\frac{|v|_{S_{\mathrm{wf}}}t\cos\theta}{2d}(\overline{S_{\mathrm{w}}}-S_{\mathrm{wc}})\tag{6-63}$$

式中，r_{sw}为两相区范围。

1) 油井见水前主截面上的流量与饱和度分布模型

已知，通过两相区任意一界面的总液量为

$$q=-ka\left(\frac{k_{\mathrm{rw}}}{\mu_{\mathrm{w}}}+\frac{k_{\mathrm{ro}}}{\mu_{\mathrm{o}}}\right)\frac{\mathrm{d}p}{\mathrm{d}r}\tag{6-64}$$

通过主截面上微元dx的流量为dQ，截面积$A=h\mathrm{d}x=hr\mathrm{d}\theta$。

$$\mathrm{d}Q=\left|-khr\mathrm{d}\theta\left(\frac{k_{\mathrm{rw}}}{\mu_{\mathrm{w}}}+\frac{k_{\mathrm{ro}}}{\mu_{\mathrm{o}}}\right)\right|\frac{\mathrm{d}p}{\mathrm{d}r}=\int\left[\frac{k}{2}h\left(\frac{k_{\mathrm{rw}}}{\mu_{\mathrm{w}}}+\frac{k_{\mathrm{ro}}}{\mu_{\mathrm{o}}}\right)\mathrm{d}p\right]\mathrm{d}\theta\tag{6-65}$$

式中，dQ为主截面上的流量微元；dx为主截面上的面积微元；θ为流线扫过的角度；h为地层厚度，m。

对于反五点井网，$\theta\in\left[0,\frac{\pi}{4}\right]$。主截面上的总流量：

$$q_{\mathrm{h}}=\int_0^{\frac{\pi}{4}}kA\left(\frac{k_{\mathrm{rw}}}{\mu_{\mathrm{w}}}+\frac{k_{\mathrm{ro}}}{\mu_{\mathrm{o}}}\right)\frac{\mathrm{d}p}{\mathrm{d}r}=\int_0^{\frac{\pi}{4}}\left[\frac{k}{2}\left(\frac{k_{\mathrm{rw}}}{\mu_{\mathrm{w}}}+\frac{k_{\mathrm{ro}}}{\mu_{\mathrm{o}}}\right)\mathrm{d}p\right]\mathrm{d}\theta=\frac{\pi k}{8}\left(\frac{k_{\mathrm{rw}}}{\mu_{\mathrm{w}}}+\frac{k_{\mathrm{ro}}}{\mu_{\mathrm{o}}}\right)\mathrm{d}p\tag{6-66}$$

均质地层中任意一点的渗流速度为

$$|v|=\frac{q_{\mathrm{h}}d}{\pi}\frac{1}{r_1r_2}=\frac{kd}{8r_1r_2}\left(\frac{k_{\mathrm{rw}}}{\mu_{\mathrm{w}}}+\frac{k_{\mathrm{ro}}}{\mu_{\mathrm{o}}}\right)\mathrm{d}p\tag{6-67}$$

式中，v为渗流速度，m/d；r_1为地层中任意一点距水井的距离，m；r_2为地层中任意一点距油井的距离，m。

对于主截面上的任意一点(图 6-19)，$r_1=r_2=\frac{d}{\cos\theta}$。

$$|v|=\frac{k}{8d}\left(\frac{k_{\mathrm{rw}}}{\mu_{\mathrm{w}}}+\frac{k_{\mathrm{ro}}}{\mu_{\mathrm{o}}}\right)\cos^2\theta\mathrm{d}p\tag{6-68}$$

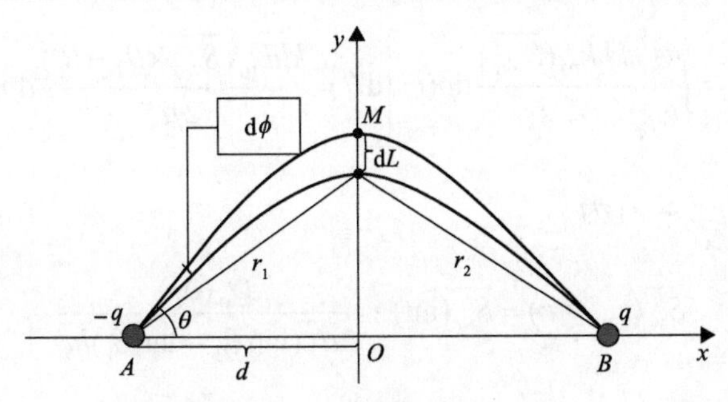

图 6-19　主截面流量微元示意图

不同角度下注水前缘的流速：

$$\left|v_{S_{\mathrm{wf}}}\right| = \frac{k}{8d}\left[\frac{k_{\mathrm{rw}}(S_{\mathrm{wf}})}{\mu_{\mathrm{w}}} + \frac{k_{\mathrm{ro}}(S_{\mathrm{wf}})}{\mu_{\mathrm{o}}}\right]\cos^2\theta \mathrm{d}p \tag{6-69}$$

不同角度下的流线平均流速：

$$\left|v_{\overline{S'_{\mathrm{w}}}}\right| = \frac{k}{8d}\left[\frac{k_{\mathrm{rw}}(\overline{S'_{\mathrm{w}}})}{\mu_{\mathrm{w}}} + \frac{k_{\mathrm{ro}}(\overline{S'_{\mathrm{w}}})}{\mu_{\mathrm{o}}}\right]\cos^2\theta \mathrm{d}p \tag{6-70}$$

式中，$v_{S_{\mathrm{wf}}}$ 为不同角度下注水前缘的流速；$v_{\overline{S'_{\mathrm{w}}}}$ 为不同角度下流线的平均流速。

油井未见水时刻的地层平均含水饱和度为 $\overline{S_{\mathrm{wq}}}(t)=S_{\mathrm{wc}}+\dfrac{qt}{2d^2h\phi}$，表示 t 时刻注采单元波及范围内的平均含水饱和度。

任意时刻的压差：

$$\mathrm{d}p = \frac{8Q}{\pi kh}\left\{\frac{k_{\mathrm{rw}}\left[\overline{S_{\mathrm{wq}}}(t)\right]}{\mu_{\mathrm{w}}} + \frac{k_{\mathrm{ro}}\left[\overline{S_{\mathrm{wq}}}(t)\right]}{\mu_{\mathrm{o}}}\right\} \tag{6-71}$$

见水前 t 时刻与主流线呈 θ 角的流线平均饱和度为

$$\overline{S'_{\mathrm{w}}} = S_{\mathrm{wc}} + \frac{Qt\left[\dfrac{k_{\mathrm{rw}}(S_{\mathrm{wf}})}{\mu_{\mathrm{w}}} + \dfrac{k_{\mathrm{ro}}(S_{\mathrm{wf}})}{\mu_{\mathrm{o}}}\right](\overline{S_{\mathrm{w}}} - S_{\mathrm{wc}})\cos^3\theta}{2\pi hd^2\left\{\dfrac{k_{\mathrm{rw}}\left[\overline{S_{\mathrm{wq}}}(t)\right]}{\mu_{\mathrm{w}}} + \dfrac{k_{\mathrm{ro}}\left[\overline{S_{\mathrm{wq}}}(t)\right]}{\mu_{\mathrm{o}}}\right\}} \tag{6-72}$$

2）油井见水后主截面上的流量与饱和度分布模型

当区域 $\theta\in[\theta_1,\theta_2]$ 内的流线 $r_{\mathrm{sw}} \geqslant r$ 时，流线包裹范围内的水驱前缘已到达油井，区域产油量 Q_{o} 为

$$Q_{\mathrm{o}} = \int_{\theta_1}^{\theta_2} \left[\frac{khk_{\mathrm{ro}}(\overline{S_{\mathrm{wq}}})}{2\mu_{\mathrm{o}}} \mathrm{d}p(t) \right] \mathrm{d}\theta = \frac{khk_{\mathrm{ro}}(\overline{S_{\mathrm{wq}}})(\theta_2 - \theta_1)}{2\mu_{\mathrm{o}}} \mathrm{d}p(t) \tag{6-73}$$

Δt 时刻后的 $\overline{S'_{\mathrm{w}}}(r_{\mathrm{sw}} \geqslant r)$ 为

$$\overline{S'_{\mathrm{w}}}(r_{\mathrm{sw}} \geqslant r) = \overline{S'_{\mathrm{w}}}(\mathrm{int}) + \frac{Q_{\mathrm{o}}(\Delta t)}{2d^2(\tan\theta_2 - \tan\theta_1)h\phi} \tag{6-74}$$

式中，$\overline{S'_{\mathrm{w}}}(\mathrm{int})$ 为某一时刻区域的含水饱和度。

当区域 $\theta \in [\theta_1, \theta_2]$ 内的流线 $r_{\mathrm{sw}} < r$ 时，水驱前缘未到达油井，饱和度的计算方法与式(6-72)相同。通过积分中值定理可求解水驱前缘未到达油井区域的平均含水饱和度，即

$$\overline{S'_{\mathrm{w}}}(r_{\mathrm{sw}} < r) = \frac{\int_{\theta_1}^{\theta_2} \overline{S'_{\mathrm{w}}} \mathrm{d}\theta}{\theta_2 - \theta_1} \tag{6-75}$$

当 $\theta \leqslant \theta_{\mathrm{c}}$ 区域内的流线进入两相流动区，而 $\theta > \theta_{\mathrm{c}}$ 区域的流线前缘尚未到达油井时，全区平均含水饱和度为

$$\overline{S_{\mathrm{wq}}}(t) = \frac{4}{\pi} \left[\theta_{\mathrm{c}} \overline{S'_{\mathrm{w}}}(r_{\mathrm{sw}} \geqslant r) + \overline{S'_{\mathrm{w}}}(r_{\mathrm{sw}} < r) \left(\frac{\pi}{4} - \theta_{\mathrm{c}} \right) \right] \tag{6-76}$$

通过公式(6-71)可以得到任意时刻的压差。

2. 聚合物驱油平面饱和度分布模型

聚合物驱油是一种重要的三采方法，已在大庆油田广泛应用并取得了很好的效果。然而，聚合物与油藏的配伍性直接影响了聚合物驱油的效果。为了研究聚合物驱油过程中油水的分布规律，揭示剩余油的形成原因，必须将有效驱动单元的基本理论及方法推广到聚合物驱油中，建立聚合物驱油有效驱动单元的划分方法的关键就是基于聚合物流变模型建立聚合物驱油饱和度分布模型，计算注入聚合物后的饱和度分布，利用有效驱动单元划分准则，分析聚合物驱油后驱动单元及有效驱动单元的分布。

1) 聚合物驱油饱和度分布模型的基本假设

一个油田的采收率等于驱油效率和波及系数两者的乘积。注水开发的油田，驱油效率(油田开发结束时由水淹油层部位中采出原油的数量占该部位中原始原油储量的百分数)和波及系数(水淹油层体积占油层总体积的百分数)都不高，因此最终的采收率通常只有 30%～45%。

水驱后油藏的驱油效率无法达到极限驱油效率，波及系数不能达至100%，其主要原因均为注入水的黏度远低于原油的黏度，这是采用聚合物提高油田采收率的理论基础。聚合物注入油层后，将产生两个重要作用：其一，增加水相的黏度，其二，因聚合物的滞留引起油层渗透率的下降。两项作用的共同结果是引起聚合物水溶液在油层中流度的明显降低。因此，当聚合物注入油层后，将产生两项基本作用机理：一是控制水淹层段中水相的流度，改善水油流度比，提高水淹层段的实际驱油效率；二是降低高渗透率水淹层段中流体的总流度，缩小高、低渗透率层段间前缘推进的速度差，调整吸水剖面，提高实际的波及系数。此外，在聚合物注入的过程中，会伴随发生聚合物的分散、吸附、机械捕集、剪切降黏、机械降解及岩石中出现聚合物不可及孔隙体积等各种物化现象。这些只可能对聚合物驱油动态过程产生影响，而不会对聚合物驱油效果产生重大影响。因此，为了尽量减少计算，在建立数学模型的过程中，仅考虑剪切降黏，其他物化现象不予考虑。

考虑到工程实际的需要，对问题做必要的简化[50]，提出如下假设条件。

(1)忽略气相的存在，流体为油、水两相，聚合物仅溶于水中。

(2)考虑三种组分，即水、油、聚合物，各组分间不发生化学反应，相平衡瞬间建立。

(3)流体和岩石均不可压缩，流体的流动符合达西定律。

(4)模型忽略重力、毛细管力的影响。

(5)单个流线中的两相流符合一维不稳定驱替理论与达西定律。

2)模型的数学表达式

考虑聚合物驱油的过程，聚合物驱油模型分为前期水驱、聚合物驱油、后期水驱三个阶段。前期水驱与后期水驱阶段的数学模型与水驱平面的饱和度分布模型一致。聚合物驱油过程主要考虑聚合物浓度、剪切变形速率对聚合物溶液黏度的影响，相对渗透率采用根据测得的聚合物驱油相对渗透率曲线，建立聚合物驱油饱和度分布模型。

(1)聚合物体系流变模型。

由于聚合物溶液的流变特性，故其体系为稳态流动，即流体的流动不随时间t而改变：

$$\mu_a = \mu_\infty + \frac{\mu_0 - \mu_\infty}{1 + \alpha\gamma^{2/3}} \tag{6-77}$$

式中，μ_0可表示为

$$\mu_0 = \mu_\mathrm{w} + a_{01}C_\mathrm{p}[\eta] + a_{02}(C_\mathrm{p}[\eta])^2 + a_{03}(C_\mathrm{p}[\eta])^3 \tag{6-78}$$

式(6-77)和式(6-78)中，μ_∞为溶剂黏度，Pa·s；α为常数；μ_0为零剪切黏度，Pa·s；μ_w为水相的黏度，Pa·s；γ为剪切变形速率，s^{-1}；C_p为聚合物溶液的浓度，mg/L；$[\eta]$为聚合物溶液的特性黏度，mg/L；a_{01}、a_{02}、a_{03}为实验常数。

(2)各相的相对渗透率。

聚合物体系驱油的相对渗透率产生不均匀的减少，聚合物体系水溶液的相对渗透率比水相的相对渗透率相比有大幅度降低，而对油相的相对渗透率的相对影响幅度小。

$$k_{rp}=k_{rw}^0/(1+a_{p1}C_p+a_{p2}C_p^2)\left(\frac{S_w-S_{wr}}{1-S_{wr}-S_{or}}\right)^{ep} \tag{6-79}$$

$$k_{ro}=k_{ro}^0/(1+a_{p1}C_p)\left(1-\frac{S_w-S_{wr}}{1-S_{wr}-S_{or}}\right)^{eo} \tag{6-80}$$

(3)剪切变形速率与渗流速度的关系。

在水相黏度的表达式中用到了剪切变形速率，而数值模拟中得到的则是渗流速度，所以需要建立两者间转换的关系式。文献中报道了很多两者间的关系式，有些是基于牛顿流体导出的，但并没有考虑聚合物溶液的非牛顿特性，所以用于聚合物驱油中并不合适，有些公式虽然考虑了非牛顿特性，但对有些现象难以解释。

塞文斯(Savins)用多孔介质的渗透率和孔隙度推导出的剪切变形速率如下：

$$\gamma=\frac{10^4 v}{\sqrt{8C'k\phi}} \tag{6-81}$$

Savins在计算剪切变形速率与渗流速度的关系时，其最主要的问题在与毛细管迂曲度有关的系数C'的确定上[51]。

Gogarty把平均剪切变形速率与前缘速度v_f关联起来得到了下面的关系式[52]：

$$\gamma=\left(\frac{Bv_f}{f(k)\sqrt{k\phi}}\right)^{\lambda} \tag{6-82}$$

Gogarty研究了平均剪切变形速率与前缘速度的关系，由于根据一维不稳定驱替理论所计算的不同流线的水驱前缘速度相同，所以此方法不能反映不同流线剪切变稀的影响，也无法计算油井见水后剪切变形速率与渗流速度的关系，因此不引入聚合物驱油有效驱动单元划分方法。

Jennings等用下式计算剪切变形速率[53]：

$$\gamma = \frac{10^4 v_{\mathrm{f}}}{\sqrt{0.5k/\phi}} \tag{6-83}$$

Jennings 等计算了剪切变形速率与渗流速度的关系的方法与 Gogarty 的计算方法存在相似的问题，也不予引用。

Hirasaki 等用下式计算剪切变形速率[54]：

$$\gamma = \left(\frac{3n+1}{4n}\right)^{n/n-1}\left(\frac{4v}{\gamma_{\mathrm{eq}}}\right) \tag{6-84}$$

式中，$v = \dfrac{q}{A\phi}$，$\gamma_{\mathrm{eq}} = \sqrt{8k/\phi}$，此公式考虑了非牛顿特性。

当聚合物浓度趋于零(对应于 n 趋于 1)时，非牛顿流体应趋于牛顿流体，公式应该退化为牛顿流体的线性公式，但 $\lim\limits_{n\to 1}\left(\dfrac{3n+1}{4n}\right)^{\frac{n}{n-1}} = \mathrm{e}^{-\frac{1}{4}}$，这与实际不符，所以不利用此式建立剪切变形速率与渗流速度的关系。

综上，在计算剪切变形速率与渗流速度关系的方法中，Savins 的方法更符合聚合物剪切变稀对有效驱动单元影响这个研究目的，因此将式(6-81)代入公式(6-77)，建立反应聚合物浓度及剪切影响的聚合物驱油平面饱和度分布模型。

3. 三维模型流量劈分方法

前两节建立了水驱油、聚合物驱油平面饱和度分布模型。然而，实际储层一般都是多层问题，层间非均质的存在会严重影响开发效果。因此，为了研究多层问题，必须建立三维饱和度分布模型(图 6-20)，而三维模型流量劈分方法就成了问题的关键。

图 6-20　三维模型示意图

计算历史上各日期注采井间在每一层的注水量是研究多层问题的重要课题，

但由于油水井分层的资料少，过去一般只是简单地采用各小层的产能系数劈分油水井的分层注水量，其缺点是没有把油水井作为统一整体进行考虑。

三维模型流量劈分方法是在应用分层注采连通关系自动识别技术的基础上，以渗流力学理论和油藏工程为基础，采用达西公式和水电相似原理，充分考虑井网的分布特征、储层的静态物性、补孔改层措施、压裂措施、注采动态、吸水剖面、水淹层测井、压力恢复降落、注采反映、压力分布等多种因素，计算出历史上注水井每天在每层注入到受效采油井的瞬时注水量、累计注水量等数据。根据现场提供资料的完整程度，主要可分为有吸水剖面和无吸水剖面两种方法[55]。

1)有吸水剖面

根据资料的完整程度，对于有吸水剖面资料的注水井，利用吸水剖面资料计算出各小层的注水量，计算方法如下：

$$W_1 = \text{吸水剖面资料中的系数} \times Q_{\text{w}} \tag{6-85}$$

2)无吸水剖面

对于没有吸水剖面资料的注水井，根据现场提供的资料，在综合考虑油水井间各小层的油层厚度、渗透率、原油黏度等油藏条件和注采井距、生产压差、改造措施等开发条件的基础上，将注水井的井口注水量劈分到各小层，从而得到注水井的分层注水量。

(1)流动系数法。

针对两相渗流的情况，假设 m 个小层的第 i 个小层的产量劈分与相对渗透率关系的公式如下：

$$Q_i = \sum_{t=1}^{m} \frac{(k_{\text{ro}}(S_{\text{w}i})\phi_{\text{o}i} + k_{\text{rw}}(S_{\text{w}i})\phi_{\text{w}i})h_i}{\sum_{t=1}^{n}(k_{\text{ro}}(S_{\text{w}i})\phi_{\text{o}i} + k_{\text{rw}}(S_{\text{w}i})\phi_{\text{w}i})h_i} \cdot Q \tag{6-86}$$

$$\phi_{\text{o}i} = \frac{\overline{k_i} p_i}{\mu_{\text{o}i}} \tag{6-87}$$

$$\phi_{\text{w}i} = \frac{\overline{k_i} p_i}{\mu_{\text{w}i}} \tag{6-88}$$

通过公式(6-86)即可计算各小层的产液量。

(2)渗流阻力系数的计算。

在求解渗流问题时，水流与电流具有相似的物理性质，井组总产量与压力的关系类似于电路中电流与电压的关系。因此，当井组同时工作时，可以将渗流过程用一组合分支电路图来表示，然后应用克希霍夫定律进行求解，得到井的产量，这就是水电相似原理。

利用水电相似原理，假设注水井射开 n 个小层，以注水井为中心周围有 m 口油井，计算注水井各小层周围油井方向的渗流阻力系数：

$$R_{ij} = \mu_{o} \frac{l_{ij}}{M_{ij} \overline{h_{ij}} \overline{k_{ij}}} \tag{6-89}$$

注水井第 i 个小层第 j 口油井的分配水量为

$$Q_{ij} = \frac{p_i - p_{ij}}{R_{ij}} \tag{6-90}$$

第 i 个小层的总水量为

$$Q_{mi} = \sum_{j=1}^{m} \frac{p - p_j}{R_{ij}} \tag{6-91}$$

注水井第 i 个小层第 j 口油井的平面分配系数：

$$\xi_{ij} = \frac{p - p_j}{R_{ij} \sum_{j=1}^{m} \frac{p - p_j}{R_{ij}}} \tag{6-92}$$

注水井第 i 层垂向劈分系数计算式为

$$\varsigma_i = \frac{M_i \overline{h_i} \overline{k_i} \Big/ \sum_{j=1}^{m} R_{ij}}{\sum_{j=1}^{n} \left(M_i \overline{h_i} \overline{k_i} \Big/ \sum_{j=1}^{m} R_{ij} \right)} \tag{6-93}$$

再根据注水井井口的注水量，计算分层注水量：

$$Q_{wi} = Q_{w} \varsigma_i \tag{6-94}$$

设油井第 i 小层周围有 w 口水井，则油井第 i 小层的分层产液量为

$$Q_{oi} = \sum_{k=1}^{w} Q_k \tag{6-95}$$

根据油井井口的实际产液量 Q_o，假设油井射开 s 个小层，则第 i 小层的校正系数为

$$\zeta_i = \frac{Q_{oi}}{\sum_{k=1}^{s} Q_{oi}} \tag{6-96}$$

校正后的分层产液量为

$$Q_{oi} = Q_o \zeta_i \tag{6-97}$$

4. 有效与无效驱的划分准则

长期注水开发易形成油水优势通道，从而导致无效注水循环，降低水驱波及系数，影响油田的最终采收率。我国东部油田目前都已进入高含水期开采阶段，无效注水循环已成为油田开发后期的首要矛盾。然而，由于无效循环问题最近几年才产生。因此，并没有引起国内外的广泛重视。大庆油田的检查井岩芯分析、室内物理模拟实验和现场动态监测资料均表明，以厚油层为主的非均质多油层砂岩油田的综合含水率上升到 90%以后，将存在严重的无效和低效循环问题，大量地注入水沿油水优势通道进行无效或低效循环。无效循环的存在使油田采收率低、生产成本上升，开发效益下降。现有的流动单元研究方法不能解决油藏无效循环的问题，本书通过流量非均匀分布曲线来划分流动单元快慢的基础上，结合极限含水率及水淹级别等经济技术极限，明确了有效驱动与无效驱动的划分准则。

从采油经济效果的角度出发，实际油田只能在一定含水率阶段就停止开采，一般水驱后油田的采收率通常只有 30%～45%。油田上将油井或油田在经济上失去开采价值时的含水率称为极限含水率，极限含水率是油井或油田报废的重要指标，目前一般油田常采用的极限含水率为 98%。此时，采出 $1m^3$ 原油至少需要注入 $50m^3$ 水。因此，定义产水率超过 98%的渗流区域为驱动单元中的无效驱动[49]。除此之外，油田也可根据自身需要，通过合理的经济技术评价，建立有效驱动单元的划分准则，划分有效、无效驱动[49]。

如果单纯从产水率出发，那么注水井近井地带为强水洗区域，其也可视为无效驱动。通过式(6-98)可以计算见水时刻这部分无效驱动半径的大小。其中当 $x_1 = 0$ 时，$f_w(S_{w1}) = 1$，注水井无效驱动半径 $x_2 = L$，$f_w(S_L) = 0.98$ 流线的平均含水饱和度：

$$\overline{S_w} = S_L - 2d\frac{[f_w(S_L) - f_w(S_{w1})]}{L} \tag{6-98}$$

无效驱半径为

$$L = 2d\frac{\left[f_w(S_L) - f_w(S_{w1})\right]}{(S_L - \overline{S_w})} \tag{6-99}$$

通过极限含水率与近井地带强水洗区的概念，建立了有效与无效驱动的划分准则，界定了高速、低速流动区中的有效、无效驱动。

通过流量非均匀分布曲线的导函数划分了不同井网模式下的高速、低速流动区。通过前三节建立的三维饱和度分布模型，利用有效与无效驱动的划分准则，将驱动单元中的Ⅰ类驱动单元(高速流动无效驱)、Ⅲ类驱动单元(低速流动无效驱)判别出来，解决了目前对无效注水循环的认识仍停留在定性描述上而无法确定无效注水循环的位置与范围的问题。同时，建立起了完整的有效驱动单元的基本理论及划分方法(表 6-5)。为解决油田开发后期严重的低效、无效注入水循环，揭示剩余油形成机理，提出合理的挖潜对策及新的方法和手段。

表 6-5　有效与无效驱的划分准则

驱动单元	划分准则	物理背景
Ⅰ类(高速流动无效驱)	$\theta' > 1$，$f_w \geqslant 98\%$	驱动能量充足，注入水主要通过此区域进入油井
Ⅱ类(高速流动有效驱)	$\theta' > 1$，$f_w \leqslant 98\%$	驱动能量充足，长期水驱易形成无效注水循环区
Ⅲ类(低速流动无效驱)	$\theta' < 1$，$f_w \geqslant 98\%$	长期注水形成水流优势通道，导致无效注水循环，由于驱动能量不足，对产水率的影响较小
Ⅳ类(低速流动有效驱)	$\theta' < 1$，$f_w \leqslant 98\%$	驱动能量不足，剩余油的主要富集区
死油区	$\theta > \theta_{max}$	流线不连续，压力未控制区域

利用有效驱动单元划分准则，建立有效驱动单元的划分方法，识别无效驱动的位置及变化，另外利用《水淹层测井资料处理与解释规范》(SY/T 6178—2017)，建立了一套确定开发过程中不同水淹级别的识别方法。动态识别、追踪井间不同水淹级别的位置及变化，结合流线簇方程，对水淹区域进行定量表征。通过对反五点井网注采单元间恒速注水算例的模拟，追踪油田进入高含水期不同水淹级别的变化及位置，为描述平面水淹级别提供了一种新的方法，以期为进入高含水期的油田二次开发调整方案提供依据。

根据油水两相共渗系统各相流体的流量得到产层的产水率 F_w 为

$$F_w = \frac{Q_w}{Q_o + Q_w} \tag{6-100}$$

式中，Q_w、Q_o 分别为产层水、油两相的产量。

按 SY/T 6178—2017 标准规定，F_w 可将水淹级别划分为六级：油层(F_w <

10%)、弱水淹层(10% ≤ F_w ≤ 40%)、中水淹层(40% < F_w ≤ 60%)、较强水淹层(60% < F_w ≤ 80%)、强水淹层(80% < F_w ≤ 90%)和特强水淹层(F_w > 90%)。

含水率高于90%的特强水淹区域是油水优势通道，此区域是进入高含水期后油井液量的主要供给区域，该区域具有强水洗的特点，注入水大部分沿这个强水洗区域突进至油井。

5. 有效驱动单元的表征

本节引入流线模型，对有效驱动单元进行平面表征，以直观反映四类驱动单元的变化过程。

1)均质各向同性油层流场平面的表征

根据势叠加原理，注采单元间地层内任意一点 M 的势为

$$\phi_M = \frac{q_h}{2\pi}\ln r_1 - \frac{q_h}{2\pi}\ln r_2 + C \tag{6-101}$$

式中，r_1 和 r_2 分别为 M 点到源和汇的距离。

整理得

$$\phi_M = \frac{q_h}{2\pi}\ln\frac{r_1}{r_2} + C \tag{6-102}$$

由式(6-102)可求得地层内任意一点的势值。r_1/r_2 比值相同的点，其势值也相同。本节研究的主截面比值为 1，是一条等势线，不同的比值代表不同的等势线，因此可以给出一个等势线簇。根据极坐标与直角坐标的关系：

$$\begin{aligned} r_1^2 &= (d-x)^2 + y^2 \\ r_2^2 &= (d+x)^2 + y^2 \end{aligned} \tag{6-103}$$

令 $\frac{r_1}{r_2} = C_0$，将上述两式代入可得直角坐标系的等势线方程，即

$$\left(x - \frac{1+C_0^2}{1-C_0^2}d\right)^2 + y^2 = \frac{4C_0^2 d^2}{(1-C_0^2)^2} \tag{6-104}$$

这是一簇圆心在 $\left(\frac{1+{C_0}^2}{1-{C_0}^2}d, 0\right)$、半径为 $\frac{2dC_0}{1-{C_0}^2}$ 的一簇偏心圆(C_0 为任意常数)，即 x 轴上的共轴圆簇。

按照流线与等势线正交的原则，可知流线簇也是一组圆，并且圆心都在 y 轴上，其中 x 轴也是一条流线。流线方程即 $\psi=$ 常数，即

$$\frac{2dy}{x^2+y^2-d^2}=\text{常数}$$

以直角坐标表示的流线簇的方程为

$$x^2+\left(y-\frac{d}{C_1}\right)^2=\frac{d^2(1+C_1^2)}{C_1^2}$$

可见，流线是圆心在 $\left(0,\dfrac{d}{C_1}\right)$、半径为 $d\sqrt{1+1/C_1^2}$ 的圆簇。在稳定流动时，液体质点的运动轨迹线与流线是一致的。式中，$C_1=\dfrac{2\tan(\theta)}{\tan^2(\theta)-1}$；$\theta$ 为流动单元边界。

2) 均质各向异性油层流场平面的表征

在注水开发油田中若保持注采平衡条件下生产，可将地下流体的流动看作稳定渗流。若地层是水平的，垂向上没有流体流动，则在此条件的基本微分方程为

$$k_x\frac{\partial^2 p}{\partial x^2}+k_y\frac{\partial^2 p}{\partial y^2}=0 \tag{6-105}$$

经坐标变化后可得极坐标下的基本微分方程为

$$\frac{\partial^2 p}{\partial \overline{r}^2}+\frac{1}{\overline{r}}\frac{\partial p}{\partial \overline{r}}=0 \tag{6-106}$$

在此坐标轴上，圆形供给边界油藏、中心一口井的条件下，方程的解为

$$p=p_{\rm e}-\frac{p_{\rm e}-p_{\rm wf}}{\ln\dfrac{\overline{r}_{\rm e}}{r_{\rm w}}}\ln\frac{\overline{r}_{\rm e}}{\overline{r}} \tag{6-107}$$

式中，$p_{\rm e}$ 为边界压力；$p_{\rm wf}$ 为井底压力；$\overline{r}_{\rm e}$ 为油藏外边界；$r_{\rm w}$ 为油藏内边界。

由式(6-107)可以看出，实际油藏供给边界为一椭圆，根据椭圆性质可得

$$r_{\rm e}^2=\frac{k_{\rm e}}{k_x}x_{\rm e}^2+\frac{k_{\rm e}}{k_y}y_{\rm e}^2=C_0 \tag{6-108}$$

由式(6-108)还可以看出，等压线方程为

$$\frac{k_{\mathrm{e}}}{k_x}x^2+\frac{k_{\mathrm{e}}}{k_y}y^2=C \tag{6-109}$$

式(6-108)和式(6-109)中，$r^2=\frac{k_{\mathrm{e}}}{k_x}x^2+\frac{k_{\mathrm{e}}}{k_y}y^2$，$x$、$y$ 为求压力点坐标，x_{e}、y_{e} 为供给边界处坐标值。

若无限大地层中存在两口产量相同的井，一口井为生产井，一口井为注水井，两井相距为 $2d$。根据势叠加原理，注采单元间地层内任意一点的势为

$$\phi_{\mathrm{M}}=\phi_{\mathrm{e}}-\frac{q_{\mathrm{h}}}{2\pi}\ln\left(\frac{\overline{r_1}}{\overline{r_2}}\right) \tag{6-110}$$

由式(6-112)可以看出，等产量一源一汇的等势线方程为

$$\frac{\overline{r_1}}{\overline{r_2}}=C_0 \tag{6-111}$$

根据极坐标与直角坐标的关系可以得出直角坐标系下的等势线方程为

$$\left(\overline{x}-\frac{1+C_0^2}{1-C_0^2}d\right)^2+\overline{y}^2=\frac{4C_0^2d^2}{(1-C_0^2)^2} \tag{6-112}$$

式中，$\overline{x}=x\sqrt{\frac{k_{\mathrm{e}}}{k_x}}$，$\overline{y}=y\sqrt{\frac{k_{\mathrm{e}}}{k_y}}$，$k_{\mathrm{e}}=\sqrt{k_xk_y}$。

代入式(6-112)，可得实际地层中的等势线方程为

$$\left(x\sqrt{\frac{k_{\mathrm{e}}}{k_x}}-\frac{1+C_0^2}{1-C_0^2}d\right)^2+\frac{k_{\mathrm{e}}}{k_y}y^2=\frac{4C_0^2d^2}{(1-C_0^2)^2} \tag{6-113}$$

整理得

$$\frac{k_{\mathrm{e}}}{k_x}\left(x-\sqrt{\frac{k_x}{k_{\mathrm{e}}}}\frac{1+C_0^2}{1-C_0^2}d\right)^2+\frac{k_{\mathrm{e}}}{k_y}y^2=\frac{4C_0^2d^2}{(1-C_0^2)^2} \tag{6-114}$$

式(6-115)为椭圆方程，这说明在均值各向异性地层中在等产量一源一汇条件下的等势线是一组椭圆，椭圆半径及离心率、中心点随 C_0 而变化。其流线方

程为

$$x^2 \frac{k_e}{k_x}+\left(y\sqrt{\frac{k_e}{k_y}}-\frac{d}{C_1}\right)^2=\frac{d^2(1-C_1^2)}{C_1^2} \tag{6-115}$$

3) 反五点井网流场平面的表征

对于均质储层理想模型，要从描述注采单元间有效驱动单元的动态变化上升到描述井网模式下有效驱动单元的动态变化，所以需要运用数学方法将一种坐标系的坐标变换为另一种坐标系的坐标，即坐标变换的过程。

根据“二维坐标系间的坐标变换”进行平面转换，以反五点井网为例，每个井网由四个注采单元组成，因此需求解 4 个转换参数，通过式(6-116)即可求出 4 个转换参数，分别为平移参数 x_0、平移参数 y_0、旋转角度 t、尺度比 k。如果已知点数超过 2 个点，可应用最小二乘法原理求转换参数。式中，x、y 为旧坐标系中的坐标，x_T、y_T 为所求新坐标系的坐标(表 6-6)。

$$\begin{cases}x_T=x_0+kx\cos t-ky\sin t\\ y_T=y_0+kx\sin t+ky\cos t\end{cases} \tag{6-116}$$

表 6-6　参数选取表

注采单元	平移参数 x_0	平移参数 y_0	旋转角度 t	尺度比 k
1	100	0	0	1
2	0	100	90	1
3	0	–100	180	1
4	–100	0	270	1

通过坐标变换可以得到反五点井网流线模型平面的表征方法。同样，其他井网模式以注采单元为主体，通过坐标变换可得到不同井网下的表征方法。

6.3　基于流线方法的驱替单元渗流理论

流体在储层中的流动受平面渗透率非均质性、韵律、夹层、注采不完善等多种非均质性因素的影响，流线会随着压力势的改变而发生改变，显示出非均质条件下流体流动的真实轨迹，进而确定非均质厚油层剩余油的分布状态。本章针对不同非均质条件分析了储层的流线和饱和度的分布和变化规律，通过解析流线中流体的输运特征进一步研究非均质条件对储层中流体流动的影响，进而明确了各种构型模式下剩余油形成的根本原因，同时利用数值模拟的方法，模拟了不同非均质模式下厚油层剩余油的分布特征，从而为后续的挖潜提供指导。

6.3.1　韵律条件下储层流线及剩余油饱和度的分布

油气储层的宏观非均质性是储层岩石经过漫长的沉积、成岩及地质运动等综合影响下形成的。对于厚油层，由于储层沉积经历了不同的时期，储层内部砂体的物性差别较大，进而在纵向上表现出典型的非均质性，我们称这种非均质性为韵律性。目前开发过程中常见的韵律性有正韵律、反韵律和复合韵律，储层在开发过程中，尤其是注水开发阶段，韵律性会严重影响注水开发效果，促进单层优势通道的形成，形成注水开发的无效循环，从而降低储层的采收率。

为了进一步明确韵律性对厚油层开发效果的影响及量化韵律性对高含水储层饱和度的影响程度，为储层进一步地挖潜提供指导，本节基于建立的三维有效驱动单元理论模型，并结合韵律性储层的特点，建立了针对韵律性储层流函数模型，计算并分析了不同流动单元内流体流动的规律，阐明了韵律性储层剩余油形成的机理。

1. 单韵律储层的流线及饱和度分布

在纵向上，当储层表现出韵律性时，根据渗透率的分布特征对主渗透率方向进行修正，表征出韵律条件下储层的流线分布，然后通过水驱饱和度模型计算储层含水率及采收率的变化特征。

对于注采完善的韵律储层，通过主渗透率变换，利用三维驱动单元理论，建立韵律条件下注采完善源汇单元的流函数模型，进而计算该条件下储层的流线及饱和度分布。根据势把流量势进行拆分，对于韵律性储层，在小层边界处假设有一个源汇项重合的点，然后通过势叠加原理，进行空间势的重构。

平面上：

$$\sum_{N}\frac{q_{\mathrm{A}}}{\pi R^{2}}\ln\frac{\sqrt{\left[x-x(k_{mn})_{(N-i+1)}\right]^{2}+\left[y-y(k_{mn})_{(N-i+1)}\right]^{2}}}{\sqrt{\left[x-x(k_{mn})_{(N-i+2)}\right]^{2}+\left[y-y(k_{mn})_{(N-i+2)}\right]^{2}}} \tag{6-117}$$

纵向上：

$$\sum_{\mathrm{N}}\frac{k}{\mu}\rho g\ln\frac{\sqrt{\left[x-x(k_{mn})_{(N-i+1)}\right]^{2}+\left[z-z_{(N-i+1)}\right]^{2}}}{\sqrt{\left[x-x(k_{mn})_{(N-i+2)}\right]^{2}+\left[z-z_{(N-i+2)}\right]^{2}}} \tag{6-118}$$

对于空间上，韵律储层的三维势函数如下：

$$\sum_N \left(\frac{q_{\mathrm{A}}}{\pi R^2} \pm \frac{k}{\mu}\rho g \right) \ln \frac{\sqrt{\left[x - x(k_{mn})_{(N-i+1)}\right]^2 + \left[y - y(k_{mn})_{(N-i+1)}\right]^2 + \left[z - z_{(N-i+1)}\right]^2}}{\sqrt{\left[x - x(k_{mn})_{(N-i+2)}\right]^2 + \left[y - y(k_{mn})_{(N-i+2)}\right]^2 + \left[z - z_{(N-i+2)}\right]^2}} \tag{6-119}$$

速度函数为

$$\begin{cases} v_x = -\dfrac{\partial \psi}{\partial z}\dfrac{\partial \phi}{\partial y} = \dfrac{q_t}{S(x)T(x)} = -\dfrac{k_x}{\mu}\dfrac{\partial p}{\partial x} \\ v_y(x,y) = \dfrac{\partial \psi}{\partial z}\dfrac{\partial \phi}{\partial x} = -yq_t \dfrac{1}{S(x)} \cdot \dfrac{\partial \left[\dfrac{1}{T(x)}\right]}{\partial x} = -\dfrac{k_y}{\mu}\dfrac{\partial p}{\partial y} \\ v_z(x,z) = \dfrac{\partial \psi}{\partial x}\dfrac{\partial \phi}{\partial y} = -z\lambda q_t \dfrac{\partial \left[\dfrac{1}{S(x)}\right]}{\partial x} \dfrac{1}{T(x)} = -\dfrac{k_z}{\mu}\left(\dfrac{\partial p}{\partial z} \pm \rho g\right) \end{cases} \tag{6-120}$$

对于韵律储层，一个注采单元的形状函数由两个形状函数 $S(x)$ 、$T(x)$ 决定，形状函数可依据储层平面和纵向流动的界面特征加以确定。

平面流动中，流线经过的是一个长方形截面，如图 6-21 所示。

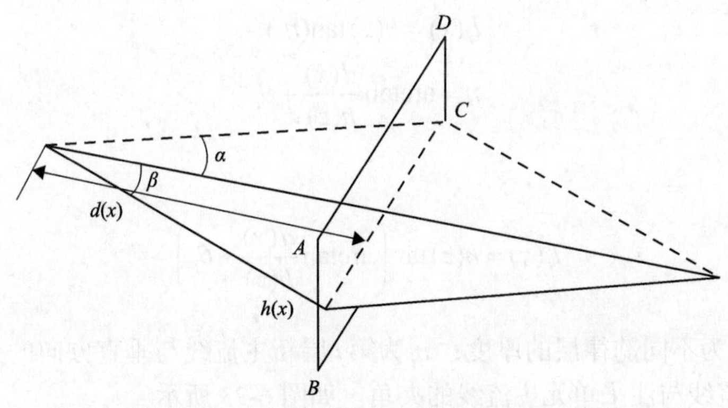

图 6-21　韵律储层平面流动形状函数示意图

$$S_{\square ABCD} = AB \times BC = h(x)\left[d(x)(\tan\alpha + \tan\beta)\right] \tag{6-121}$$

式中，$h(x)$ 为不同 x 时的储层厚度；$d(x)$ 为不同注入点到 x 所在面的距离；α 、β 分别为注采单元边界与主流线的夹角。

因此，平面形状函数可表示为

$$S(x) = h(x)\left[d(x)(\tan\alpha + \tan\beta)\right] \tag{6-122}$$

纵向流动中，相对于均质储层，韵律性储层层间存在渗透率的过渡，每一层的流线分布特征随着渗透率的改变而改变，本研究依据主渗透率方向的变化来表征韵律性对储层中流体流动的影响，如图 6-22 所示。对于一个注采单元，只需要计算出 ΔABC 的面积(图 6-22)，即可知纵向上流动的截面。

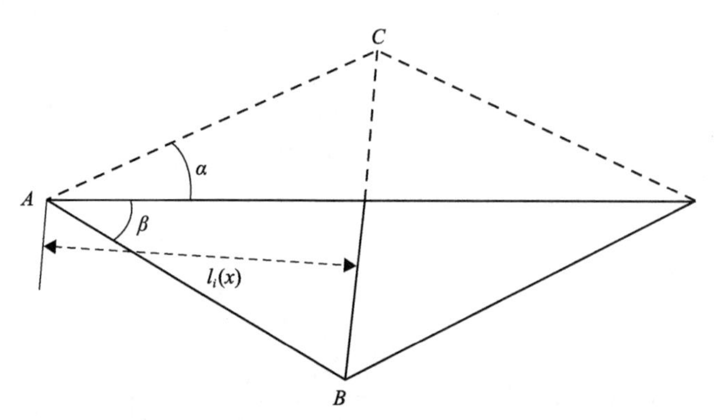

图 6-22　韵律性储层纵向上的流动截面示意图

ΔABC 的面积 $S_{\Delta ABC}=\frac{1}{2}\left[l_i(x)(l_i(x)\tan\alpha+l_i(x)\tan\beta)\right]$，其中 $l_i(x)$ 为某一层主渗透率方向的水平距离，如图 6-23 所示。

$$\begin{aligned} &l_i(x)=h(z)\tan(\eta_i) \\ &\eta=\arctan\frac{d(x)}{h(z)}+\theta_i \end{aligned} \tag{6-123}$$

因此，

$$l_i(x)=h(z)\tan\left(\arctan\frac{d(x)}{h(z)}+\theta_i\right)$$

式中，$h(z)$ 为不同韵律层的厚度；η_i 为第 i 层新主流线与垂直方向的夹角；θ_i 为第 i 层新主流线与注采单元主流线的夹角。如图 6-23 所示。

对于均质储层，主渗透率方向沿红色虚线方向；而对于韵律储层，则要根据每一层的渗透率来重新定义主渗透率方向，蓝色的实线为每一层主渗透率方向的重新分布，其中 θ 为每一层渗透率与均质储层分布主渗透率方向(即注采连线方向)的夹角。

最终可得纵向上的形状函数 $T(x)$，即

$$T(x,z)=\frac{f(z)}{2}\left[l_i^2(x)(\tan\alpha+\tan\beta)\right] \tag{6-124}$$

式中，$f(z)$ 为纵向上每一位置的渗透率相关系数，用来约束夹角 θ_i。

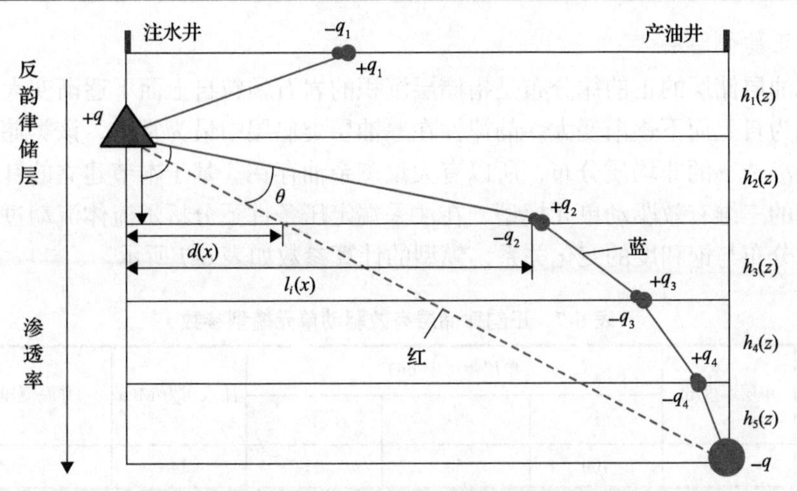

图 6-23　注采完善型韵律性储层注采单元主渗透率转换示意图

其中，$f(z)=\dfrac{k_{\text{above}}}{k_{\text{below}}}$，如果 $f(z)\neq 1$，那么该位置即为韵律层发生改变的位置，是两层的边界。

$$\begin{cases} l_i(x)=\tan\left[\arctan\dfrac{d(x)}{h(z)}+\theta_i\right]h(z) \\ \theta_i=\arctan\left(\dfrac{k_i-\dfrac{\sum_i^N k_i}{N}}{\dfrac{\sum_i^N k_i}{N}}\right) \end{cases} \tag{6-125}$$

式中，k_i 为不同层的渗透率；N 为层数。

由此，可得储层的三维压力分布，即

$$\begin{cases} \dfrac{\partial p}{\partial x}=-\dfrac{2\mu q_t}{k_x h(x)d(x)(\tan\alpha+\tan\beta)^2 f(z)\left[l_i^2(x)\right]} \\ \dfrac{\partial p}{\partial y}=-\dfrac{4\mu l_i'(x)yq_t}{k_y h(x)\left[d(x)(\tan\alpha+\tan\beta)^2\right]f(z)\left[l_i^3(x)\right]} \\ \dfrac{\partial p}{\partial z}=-\dfrac{2z\mu\lambda q_t\left[h'(x)d(x)+h(x)d'(x)\right]}{h^2(x)\left[d^2(x)(\tan\alpha+\tan\beta)\right]k_z f(z)\left[l_i^2(x)\right]}\pm\rho g \end{cases} \tag{6-126}$$

1) 正韵律储层

厚油层储层的正韵律分布是指储层沉积的岩石颗粒自上而下逐渐变大，渗透率表现为自上而下逐渐变大。韵律性在厚油层类储层中最为常见，该类储层由于纵向上渗透率的非均质分布，所以有大量剩余油存在。基于本节建立的针对韵律性储层的三维有效驱动单元模型，在注采端定压条件下分析了流体流动过程中流线密度分布与饱和度的变化关系，模型的计算参数如表 6-7 所示。

表 6-7　正韵律储层有效驱动单元模型参数

层数	单层厚度/m	单层渗透率/mD			注入压力/MPa	井底流压/MPa
		上	中	下		
3	5	100	50	25	14	5

孔隙度	井距/m	束缚水饱和度	残余油饱和度	地层压力/MPa
0.22	200	0.34	0.21	11.4

由图 6-24 可知，正韵律储层的流线密度呈现自上而下逐渐变大的趋势，流线越密表明流场的压力势越大，同时流线上的流体速度越大，因此正韵律储层的主渗流通道在储层下部流线最密集的位置。随着水驱过程的推进，Ⅰ类有效驱动单

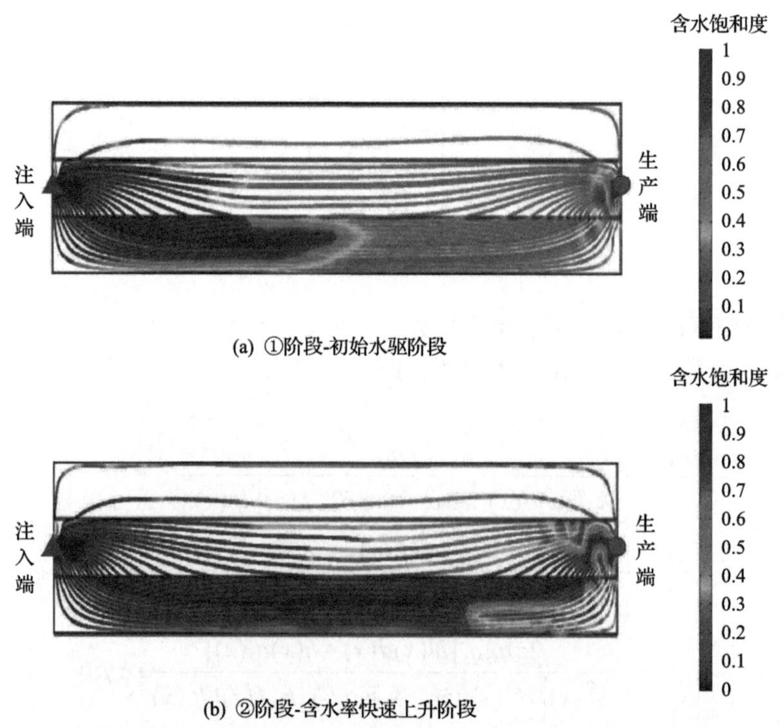

(a) ①阶段-初始水驱阶段

(b) ②阶段-含水率快速上升阶段

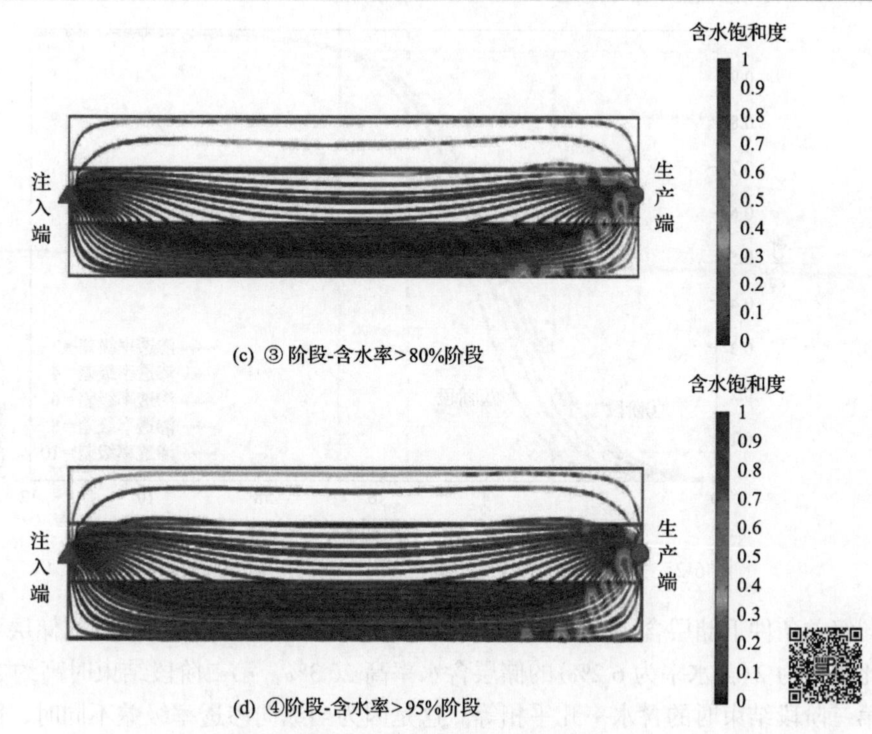

(c) ③阶段-含水率>80%阶段

(d) ④阶段-含水率>95%阶段

图 6-24　正韵律储层流线及饱和度分布(扫码见彩图)

元首先在流线较密的储层下部形成，油井未见水前该区域的能流密度最大，贡献了储层大部分的采收率。Ⅱ类有效驱动单元在储层上部流线较为稀疏的位置形成，并且两者存在较为明显的分界线。随着油井开始大面积见水，Ⅲ类有效驱动单元生成，并且范围逐渐扩大，覆盖了Ⅰ类有效驱动单元的范围，形成了无效水循环。由于单相水的流动阻力更小，流动速度更快，此时储层下部的流线密度进一步增加，储层含水率进入快速上升的阶段，在靠近井筒和储层中间位置的压力平衡区内会有小片状的剩余油产生。随着Ⅲ类有效驱动单元的进一步形成，原有Ⅱ类有效驱动单元所在范围的流速降低，流线变得稀疏，储层整体的能流密度进一步降低，储层将经历一个长期的产量递减、含水率上升的阶段。随着进一步的注水开发，上部储层油井见水，Ⅱ类有效驱动单元范围开始逐渐减小，Ⅳ类有效驱动单元开始形成，此时储层进入了一个含水率缓慢增加的高含水阶段。当含水率达到 95%时，储层上部流线未波及区域和流线稀疏区域会形成连片状的大块剩余油。

为了研究渗透率级差对厚油层水驱开发的影响，在表 6-7 参数的基础上，分析渗透率级差分别为 2.0、4.0、6.0、8.0、10.0 时储层流线及饱和度的分布情况。计算不同级差条件下储层含水率和采收率随时间的变化规律。如图 6-25 所示为不

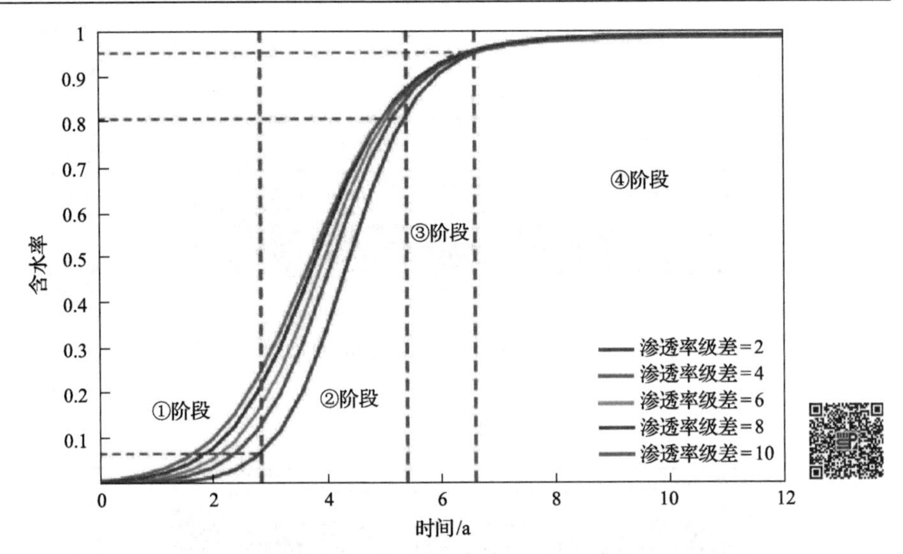

图 6-25　不同渗透率级差正韵律储层含水率分布图(扫码见彩图)

同级差条件下储层含水率的 4 个阶段，第一阶段结束时，级差为 10 的储层含水率比级差为 2(含水率为 6.2%)的储层含水率高 20.3%，第二阶段结束时高约 5.4%，第三阶段结束时的含水率几乎相等。这是因为当纵向渗透率级差不同时，随着渗透率级差的增加，储层下部的流线密度更大，储层整体的能流密度集中在下部，所以下部储层的流体流速较快，因此Ⅰ类有效驱动单元和Ⅲ类有效驱动单元之间的转换更快，所以储层下部形成优势渗流通道更快，整体含水率的上升速度更快，但优势通道一旦形成，储层将快速达到高含水阶段。

图 6-26 表示正韵律储层在不同级差条件下采收率的对比情况，结合储层含水率的四个阶段可知，第二阶段结束后，储层整体的采出程度占整个开发期的 77%～86%，其中第一阶段占比 58%左右。当渗透率级差为 2 时的最终采收率比渗透率级差为 10 时高 0.078 左右，提升比例达到 28.57%。

2) 反韵律储层

相比于正韵律储层，反韵律储层的沉积岩石颗粒自上而下逐渐变小，渗透率也表现为自上而下逐渐变小。通过有效驱动单元理论计算储层流线及饱和度的分布情况。图 6-27 为储层渗透率级差为 4 时注采单元间流线及饱和度的分布情况，模型计算的基础参数如表 6-8 所示。

如图 6-27 所示，对于反韵律储层，流线密度呈现自上而下逐渐变小的特征，但和正韵律储层相比，由于重力在反韵律储层中的正效应，储层整体的能流密度分布相对均匀，Ⅰ类有效驱动单元在储层上部的分布范围更广，Ⅲ类有效驱动单元形成后Ⅱ类有效驱动单元分布范围内流线密度降低得比较缓慢，储层有效驱替的时间和范围相比正韵律储层都大，在储层未达到高含水阶段之前，反韵律储层的整体含水率上升得较慢(图 6-28)。当含水率均达到 95%时储层整体的采收率比正韵律储层多 0.054(图 6-29)，储层下部有小片状剩余油产生，上部靠近井筒区域内的压力平衡区有零星状剩余油产生。

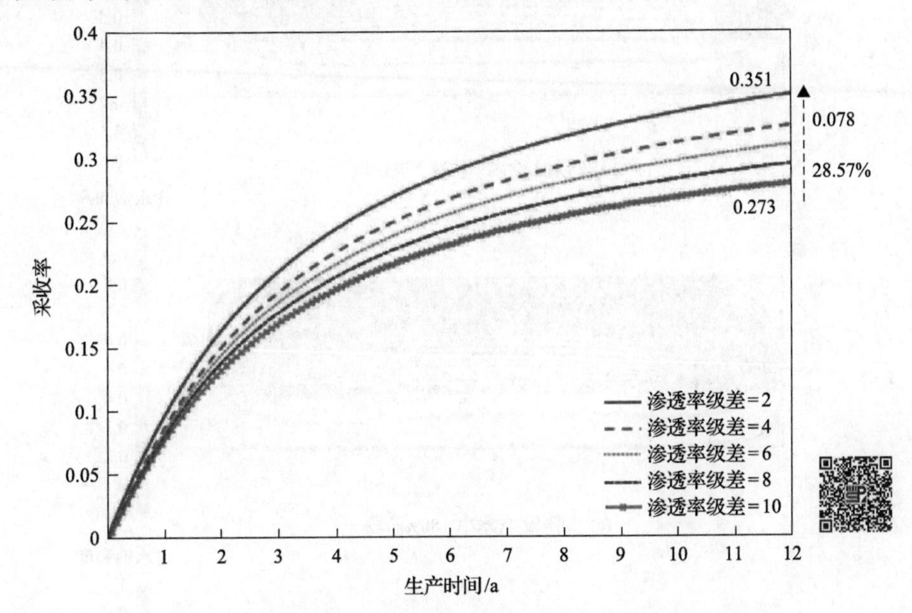

图 6-26　不同渗透率级差正韵律储层采收率分布图(扫码见彩图)

表 6-8　反韵律储层有效驱动单元模型参数

层数	单层厚度/m	单层渗透率/mD			注入压力/MPa	井底流压/MPa
		上	中	下		
3	5	25	50	100	14	5

孔隙度	井距/m	束缚水饱和度	残余油饱和度	地层压力/MPa
0.22	200	0.34	0.21	11.4

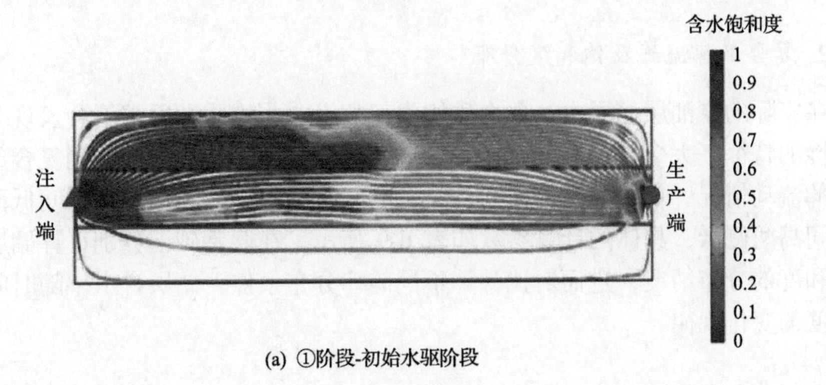

(a) ①阶段-初始水驱阶段

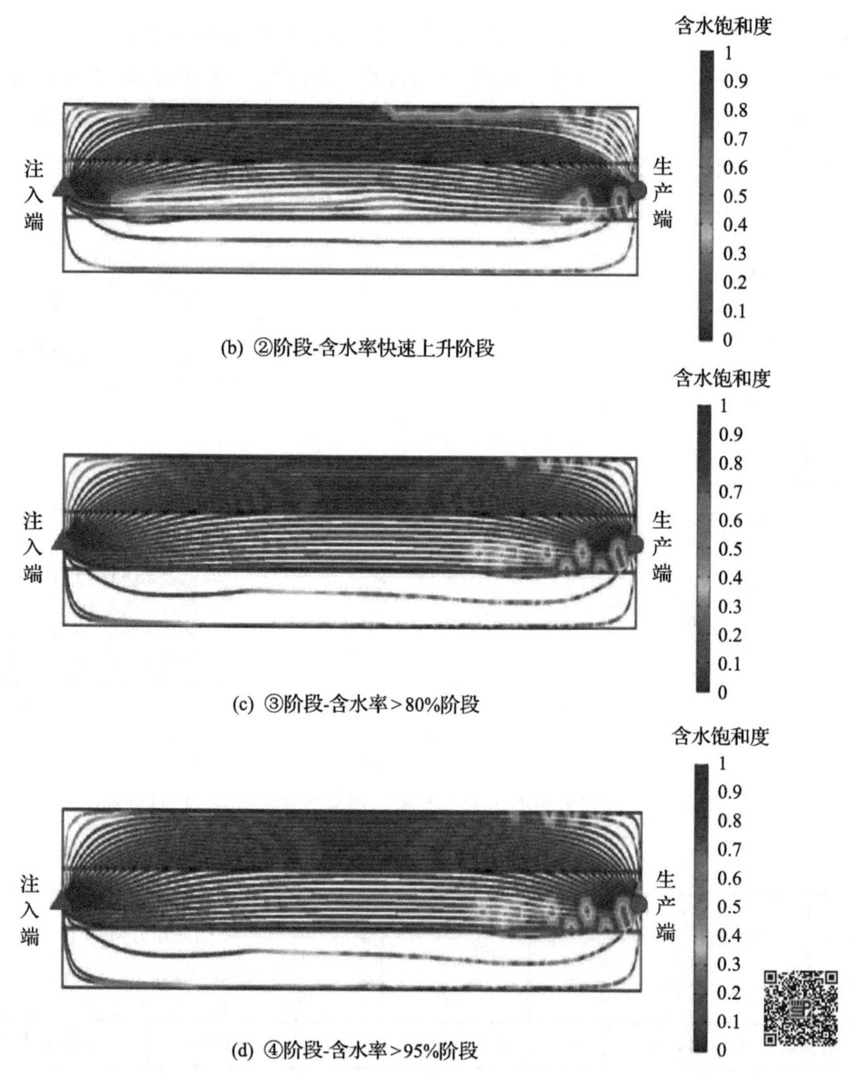

(b) ②阶段-含水率快速上升阶段

(c) ③阶段-含水率 > 80%阶段

(d) ④阶段-含水率 > 95%阶段

图 6-27　反韵律储层流线及饱和度分布(渗透率级差=4)(扫码见彩图)

2. 复合韵律流线及饱和度分布

在实际的厚油层储层中，单个砂体内部的纵向非均质性通常不会表现为单个韵律性的特征，大多数均以复合交叉的形式存在，为了能够表征不同复合韵律条件下的流动情况，本书研究简化了两类储层复合韵律的分布情况：中间低两侧高和中间高两侧低，具体的计算参数如表 6-9 所示。在此基础上分别计算储层流线及饱和度的分布情况，进而对比计算不同韵律分布条件下储层含水率随时间和采出程度的变化规律。

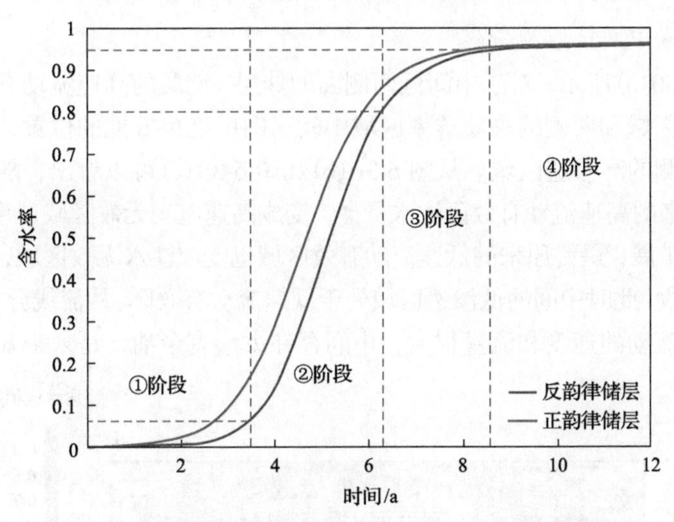

图 6-28　正韵律和反韵律储层含水率对比(渗透率级差=4)

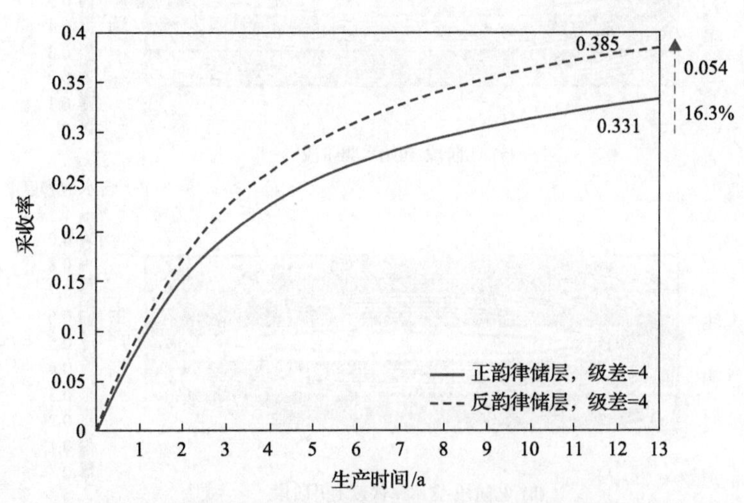

图 6-29　正韵律和反韵律储层采收率对比(渗透率级差=4)

表 6-9　复合韵律储层有效驱动单元的模型参数

储层类型	层数	单层厚度/m	孔隙度	井距/m	注入压力/MPa	井底流压/MPa
中间高两侧低	5	5	0.23	200	14	5
中间低两侧高	5	5	0.23	200	14	5

储层类型	单层渗透率/mD					束缚水饱和度	残余油饱和度	地层压力/MPa
	1	2	3	4	5			
中间高两侧低	25	0.34	100	50	25	0.34	0.21	11.4
中间低两侧高	100	0.34	25	50	100	0.34	0.21	11.4

1)渗透率中间低两侧高

如图 6-30(a)所示，对于中间低两侧高的储层，储层的高速流动有效区域在中间的低渗透区域和两侧的高渗透率区域中间，图中红色方框的位置，低速流动有效区域在两侧的高渗透区域。从图 6-30(b)和图 6-30(c)可以看出，随着注水的不断推进，原来的高速流动有效区注水贯穿，变成高速流动无效区域，并且区域面积逐渐向外侧扩展，最终原来的低速流动有效区域也变成注水无效区域，此时储层达到高含水阶段，此时中间的低渗透区域处于低速流动有效区。从流线分布可以看出，该区域流体流动的速度和流量很少，中间存在大量剩余油，是未来开发的重点。

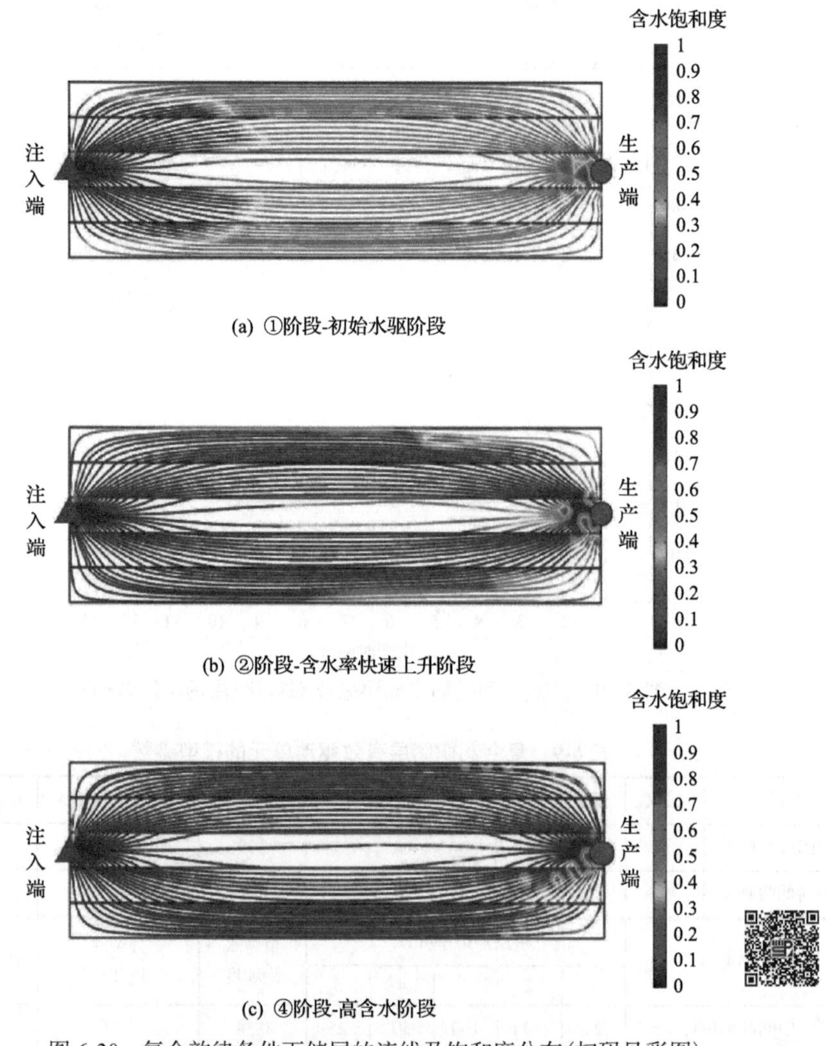

(a) ①阶段-初始水驱阶段

(b) ②阶段-含水率快速上升阶段

(c) ④阶段-高含水阶段

图 6-30　复合韵律条件下储层的流线及饱和度分布(扫码见彩图)

2)渗透率中间高两侧低

对于中间高两侧低的复合韵律储层，如图 6-31(a)所示，储层的高速流动有效区域在储层中间的高渗透区域，并且恰好位于注采连线上，如图中红色方框的位置，低速流动有效区域在中间的高渗透区和两侧的低渗透区域之间，如图中黑色框中所示。从图 6-31(b)和图 6-31(c)可以看出，随着注水的不断推进，高速流动有效区快速见水，形成优势通道，变成高速流动无效区，该区域不断向两侧扩展，最终形成中间部分的无效循环。相对于中间低两侧高的复合韵律储层，该类储层的低渗透区域更难进行有效驱替，储层的整体采收率会大幅下降。

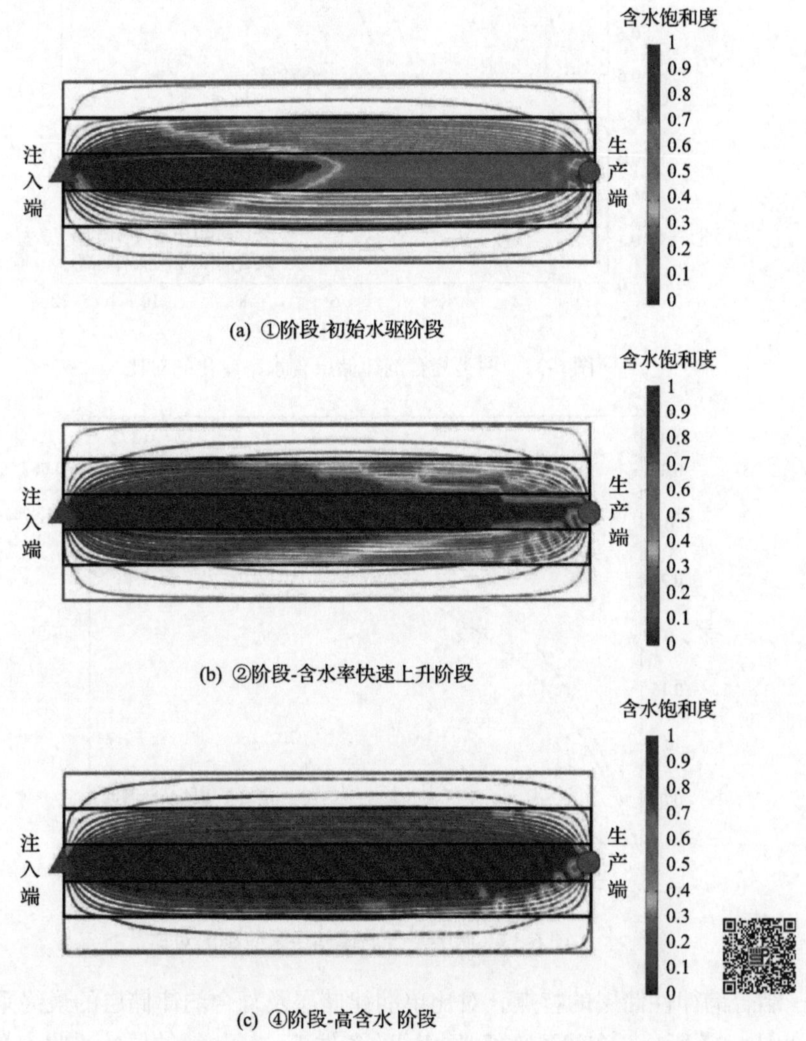

(a) ①阶段-初始水驱阶段

(b) ②阶段-含水率快速上升阶段

(c) ④阶段-高含水 阶段

图 6-31　复合韵律条件下储层的流线及饱和度分布(扫码见彩图)

通过复合韵律储层流线和饱和度的分布可知，复合韵律储层由渗透率分布的多重不均匀性将导致流线密度分布和流线速度分布表现出不均匀分布的特征，所以韵律特性转换区域会形成成片的剩余油。由图 6-32 和图 6-33 的储层含水率和采收率对比可知，渗透率中间高两侧低的储层含水率上升得更快，采收率比渗透率中间低两侧高的储层低 0.067 左右。

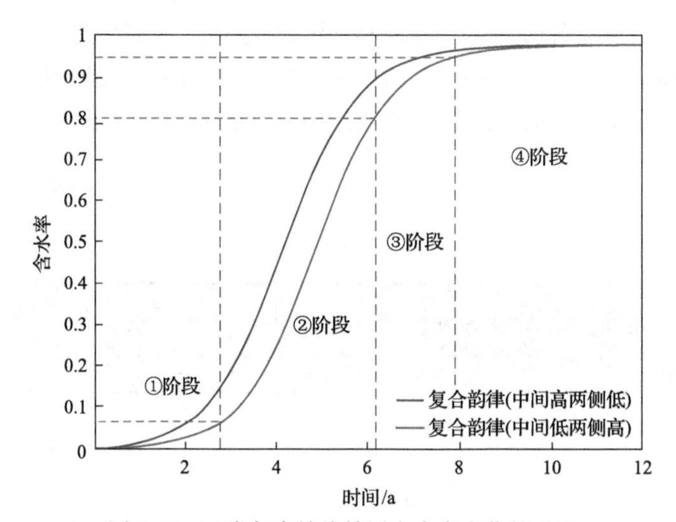

图 6-32　两类复合韵律储层含水率变化的对比

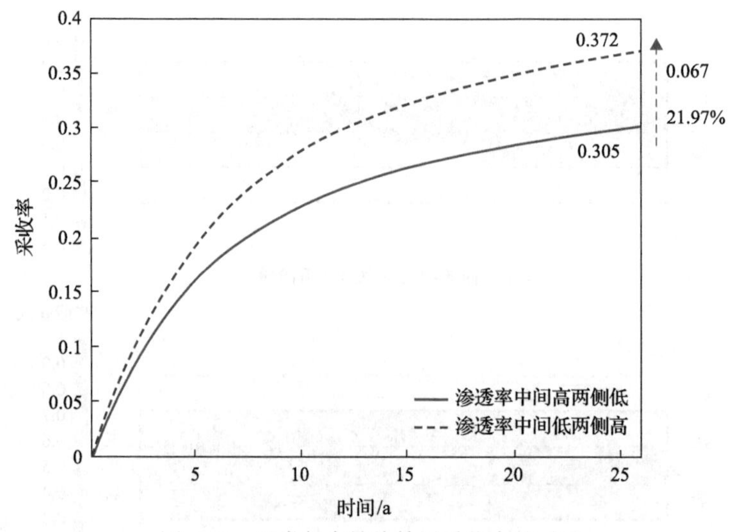

图 6-33　两类复合韵律储层采收率的对比

结合韵律性储层的特点，对比单韵律储层及复合韵律储层的最终采收率，结果如图 6-34 所示。在渗透率级差相同的条件下，反韵律储层的采收率最高，表明反韵律储层内部驱替单元的有效性最高，同时重力作用在反韵律储层的水驱过程中也起到正效应。对于复合韵律储层，沉积特征更加复杂，在只形成单一优势通道的情况下，储层整体的水驱效果最差。

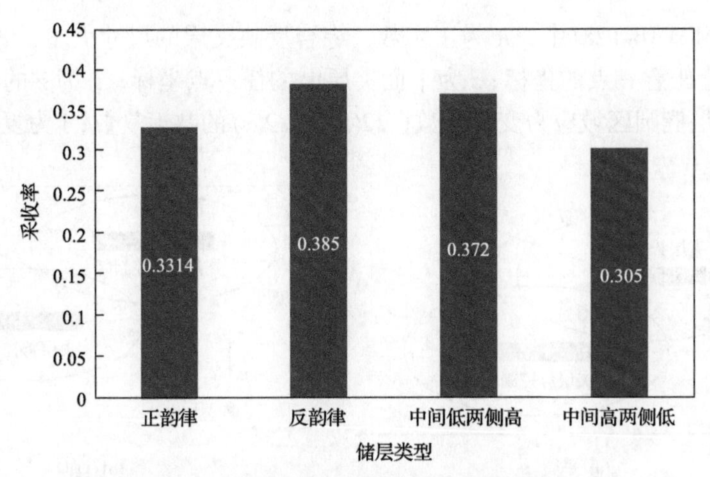

图 6-34　韵律性储层采收率的对比(渗透率级差=4)

6.3.2　夹层条件下储层流线及剩余油饱和度的分布

1. 夹层存在条件下储层有效驱动单元理论模型

夹层的生成受多重地质沉积因素的影响，在厚油层中夹层是比较常见的沉积类型，夹层的存在将在一定程度上阻隔储层的连通程度，使储层的主渗透率方向发生改变，流程中的流线密度和方向也随之改变。结合夹层的特征，表征针对含夹层储层的模型，再依据每条流线上流体的流速和饱和度计算储层的含水率和采收率。为了表征存在夹层条件下的流线分布，结合势叠加原理，本节对夹层控制区域的势函数进行重新表征，然后通过保角变换以形状函数来表征流线分布，夹层控制区域示意图如图 6-35 所示。

1) 夹层控制区的保角变换

在解决弹性力学问题时，对于中心区存在特定形状的非弹性区，可采用复变函数的方法来表征非弹性区周围的应力和应变分布，因此对于致密的无流体流动的夹层，本书研究通过复变函数法表征夹层区控制的势分布，进而通过势叠加原理得到存在夹层条件流动单元的势分布。

定义夹层椭圆区域的映射函数为

$$\omega(\xi) = R\left(\xi + 0.3\xi^3\right)$$

$$\phi(z) = \frac{1}{2\pi \mathrm{i}}\int_{-a}^{a} \frac{\Omega(x)}{x-z}\,\mathrm{d}x + O(1) \tag{6-127}$$

$$\overline{z}\phi'(z)+\psi(z)=-\frac{1}{2\pi \mathrm{i}}\int_{-a}^{a}\frac{\overline{\Omega(x)}}{x-z}\mathrm{d}x-\frac{1}{2\pi \mathrm{i}}\int_{-a}^{a}\frac{\Omega(x)}{x-z}\mathrm{d}x+O(1) \tag{6-128}$$

式(6-127)和式(6-128)中，R 为正实数，综合反映夹层的尺寸大小；ξ 为复平面映射边界上任意一点的坐标；z 为平面夹层上的任一点坐标；$\overline{z}$ 为 z 的共轭复数；$\Omega(x)$ 为夹层椭圆区域应力变换函数；$\overline{\Omega(x)}$ 为 $\Omega(x)$ 的共轭复数；i 为复数的虚部。

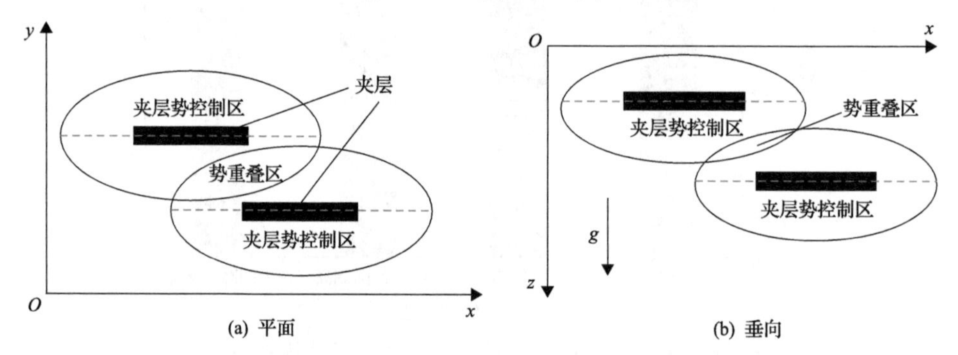

图 6-35　夹层存在条件下平面和垂向夹层势控制区示意图

按照 Joukowsky 变换的原理进行保角变换：

$$z_1=\omega_1(\zeta_1)=-\mathrm{i}h_1\frac{1-\alpha_1^2}{1+\alpha_1^2}\frac{1+\zeta_1}{1-\zeta_1} \tag{6-129}$$

保角变换后可得

$$\begin{aligned}\varphi_{11}(z_1)&=\varphi_{11}(\zeta_1)=\sum_{k=0}^{\infty}a_k^{11}\zeta_1^k+\sum_{k=1}^{\infty}b_k^{11}\zeta_1^{-k}\\ \psi_{11}(z_1)&=\psi_{11}(\zeta_1)=\sum_{k=0}^{\infty}c_k^{11}\zeta_1^k+\sum_{k=1}^{\infty}d_k^{11}\zeta_1^{-k}\end{aligned} \tag{6-130}$$

应力的边界条件为

$$\varphi_{11}(z_1)+z\overline{\varphi_{11}'(z_1)}+\overline{\psi_{11}(z_1)}=\mathrm{i}\int(X_{1n}+\mathrm{i}Y_{1n})\mathrm{d}s+C \tag{6-131}$$

据此可得应力的变化函数，再结合势函数可得非均质条件下的流函数。对于夹层条件下，平面势函数和纵向势函数不同，如式(6-132)和式(6-133)所示。

平面势函数：

$$\sum_{\Omega}\frac{q_{\mathrm{h}}}{4\pi\sqrt{(x-x_{\Omega})^2+(y-y_{\Omega})^2+(z-z_{\Omega})^2}}+\frac{q_{\mathrm{h}}}{2\pi}\ln\frac{\sqrt{(x-2d)^2+y^2+z^2}}{\sqrt{x^2+y^2+z^2}} \tag{6-132}$$

纵向势函数：

$$\sum_{\Omega}\left(\frac{q_{\mathrm{A}}}{\pi R^2}\pm\frac{k}{\mu}\rho g\right)\frac{q_{\mathrm{h}}}{4\pi\sqrt{(x-x_{\Omega})^2+(y-y_{\Omega})^2+(z-z_{\Omega})^2}}+\frac{q_{\mathrm{h}}}{2\pi}\ln\frac{\sqrt{(x-2d)^2+y^2+z^2}}{\sqrt{x^2+y^2+z^2}} \tag{6-133}$$

2) 含夹层条件下流函数的表征

通过保角变换后，通过形状函数来表征流函数，夹层存在条件下的形状函数为

$$S(x)=\begin{cases}[h(x)][d(x)\tan\alpha], & x\notin x_{\Omega}\\ h(x)\left\{\begin{array}{l}R'\arccos\dfrac{D-d(x)}{R'}+\\ \left[d(x)\tan\alpha-R'\sin\left(\arccos\dfrac{D-d(x)}{R'}\right)\right]\end{array}\right\}, & x\subset x_{\Omega}\end{cases} \tag{6-134}$$

$$T(x)=\begin{cases}\dfrac{f(z)}{2}\left[d^2(x)\tan\alpha\right], & x\notin x_{\Omega}\\ \dfrac{f(z)}{2}\left[d^2(x)\tan\alpha\right]-\dfrac{R'^2\arccos\dfrac{D-d(x)}{R'}}{2}\\ +\dfrac{R'\sin\left[\arccos\dfrac{D-d(x)}{R'}\right][D-d(x)]}{2}, & x\subset x_{\Omega}\end{cases} \tag{6-135}$$

形状函数满足如下边界条件：

当 $x\subset x_{\Omega}$ 时，

$$\frac{\partial\psi}{\partial z}=0,\quad \frac{\partial\Psi}{\partial y}=0$$

当 $x\notin x_{\Omega}$ 时，

$$\frac{\partial\psi}{\partial z}=\frac{q_t}{S_t(x)},\quad \frac{\partial\Psi}{\partial y}=-\frac{1}{T_t(x)}$$

将式(6-133)和式(6-134)代入式(6-132)可得储层的压力分布，即

$$\begin{cases}\dfrac{\partial p}{\partial x}=-\dfrac{2\mu q_t}{f(z)k_x h(x)\left[d(x)\tan\alpha\right]\left[d^2(x)\tan\alpha\right]}\\ \dfrac{\partial p}{\partial y}=-\dfrac{4yq_t\mu}{f(z)k_y}\dfrac{1}{h(x)\left[d(x)\tan^2\alpha\right]}\cdot\dfrac{d'(x)}{d^3(x)}, & x\notin x_{\Omega}\\ \dfrac{\partial p}{\partial z}=\dfrac{\mu 2z\lambda q_t\left[h'(x)d(x)+h(x)d'(x)\right]}{k_z f(z)h^2(x)\left[d^4(x)\tan^2\alpha\right]}\pm\rho g\end{cases} \tag{6-136}$$

$$
\begin{cases}
\dfrac{\partial p}{\partial x}=-\dfrac{\mu q_{\mathrm{t}}}{k_x h(x)\left[\begin{array}{l}R'\arccos\dfrac{D-d(x)}{R'}+\\ d(x)\tan\alpha-R'\sin\left(\arccos\dfrac{D-d(x)}{R'}\right)\end{array}\right]}\cdot\left\{\begin{array}{l}\dfrac{f(z)}{2}\left[d^2(x)\tan\alpha\right]-\dfrac{R'^2\arccos\dfrac{D-d(x)}{R'}}{2}\\ +\dfrac{R'\sin\left[\arccos\dfrac{D-d(x)}{R'}\right]\left[D-d(x)\right]}{2}\end{array}\right\} \\
\dfrac{\partial p}{\partial y}=\dfrac{y q_{\mathrm{t}}\mu}{k_y\left\{\begin{array}{l}R'\arccos\dfrac{D-d(x)}{R'}+\\ \left[d(x)\tan\alpha-R'\sin\left(\arccos\dfrac{D-d(x)}{R'}\right)\right]\end{array}\right\}}\cdot\dfrac{\partial\left\{\dfrac{1}{\begin{array}{l}\dfrac{f(z)}{2}\left[d^2(x)\tan\alpha\right]-\dfrac{R'^2\arccos\dfrac{D-d(x)}{R'}}{2}\\ +\dfrac{R'\sin\left[\arccos\dfrac{D-d(x)}{R'}\right]\left[D-d(x)\right]}{2}\end{array}}\right\}}{\partial x} \\
\dfrac{\partial p}{\partial z}=\dfrac{\partial\left\{\dfrac{1}{\begin{array}{l}R'\arccos\dfrac{D-d(x)}{R'}+\\ \left[d(x)\tan\alpha-R'\sin\left(\arccos\dfrac{D-d(x)}{R'}\right)\right]\end{array}}\right\}}{\partial x}\cdot\dfrac{z\lambda q_{\mathrm{t}}\mu}{k_z\left\{\begin{array}{l}\dfrac{f(z)}{2}\left[d^2(x)\tan\alpha\right]-\dfrac{R'^2\arccos\dfrac{D-d(x)}{R'}}{2}\\ +\dfrac{R'\sin\left[\arccos\dfrac{D-d(x)}{R'}\right]\left[D-d(x)\right]}{2}\end{array}\right\}}\pm\rho g
\end{cases}, \quad x\in x_{\Omega} \tag{6-137}
$$

为了更直观地表征夹层的存在对流体流线分布的影响，本书通过设计不同的夹层个数和夹层夹角对平面和纵向两个剖面注采单元间的流线分布进行分析，发现这些特征均会对驱替单元内的流场产生影响，进而影响流线密度和流线方向，使储层剩余油的分布发生改变，模型计算的基础参数如表 6-10 所示。

表 6-10　含夹层储层的有效驱动单元模型参数

夹层尺寸/m	渗透率/mD	孔隙度	井距/m	束缚水饱和度
长×宽×高=50×10×2	100	0.23	200	0.34

残余油饱和度	地层压力/MPa	注入压力/MPa	井底流压/MPa
0.21	11.4	14	5

图 6-36 是不同夹层数平面内的流线和压力势分布，夹层的存在改变了储层压力势的分布特征，进而使流线分布发生变化，夹层两端产生的流线较密集；该区域流体的流速较快，导致夹层中部两侧形成压力平衡区，该区域的流线稀疏，流速较慢，形成块状剩余油。由图 6-36(a)可知，流线在层间控制区内重新分布，层间控制区外没有因夹层的存在而发生明显变化。压力势分布也随着层间控制面积的变化而变化。图 6-36(b)显示夹层的控制区域重叠，当存在两个夹层时，储层压力势分布随着夹层的位置和空间倾斜角度的变化而改变，当夹层截面和注采井主渗透率方向垂直时，夹层的遮挡效应最大，此时流线在夹层两侧的密度最低，形成了相对稳定的压力平衡区，形成大片剩余油。图 6-37 为不同层间角注采单元的流线及压力势分布图。当层间夹角变化时，注采单元间的流线和压力势分布也会随着主渗透率方向的变化而变化。

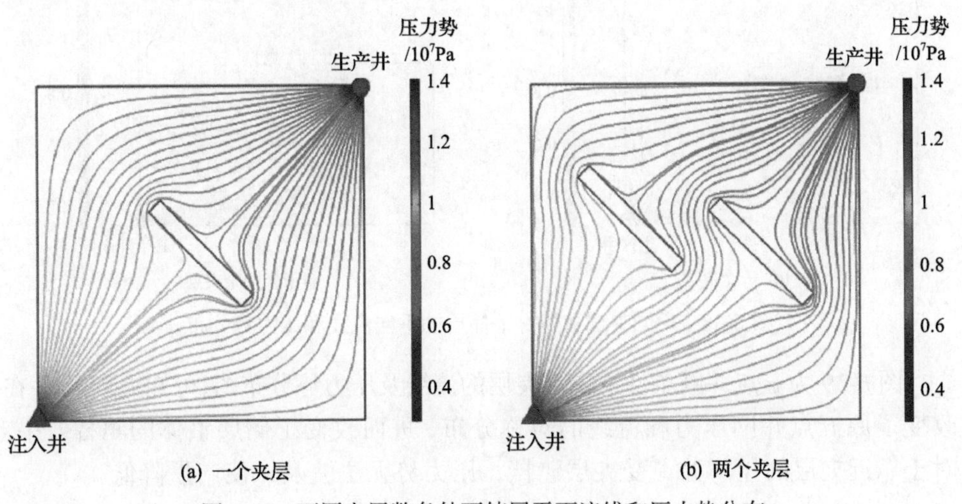

图 6-36　不同夹层数条件下储层平面流线和压力势分布

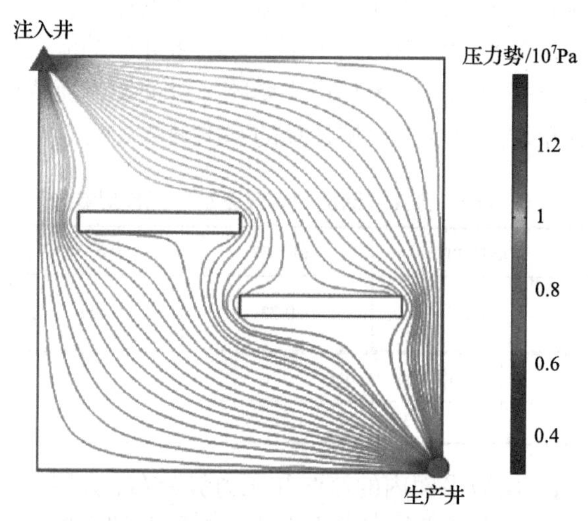

图 6-37　不同层间角注采单元的流线及压力势分布图

图 6-38 为不同夹层数条件下的垂向流线和压力势分布曲线。结果表明，当存在夹层时，在注采单元内，主渗透率方向重新分布，使流线重新分布，储层下部压力扩散缓慢，所以夹层下部成为剩余油富集的潜在区域。当存在两个夹层时，流线和压力沿夹层中部通道收敛，使储层整体的流动阻力增大，所以单位时间内的驱油效率降低。

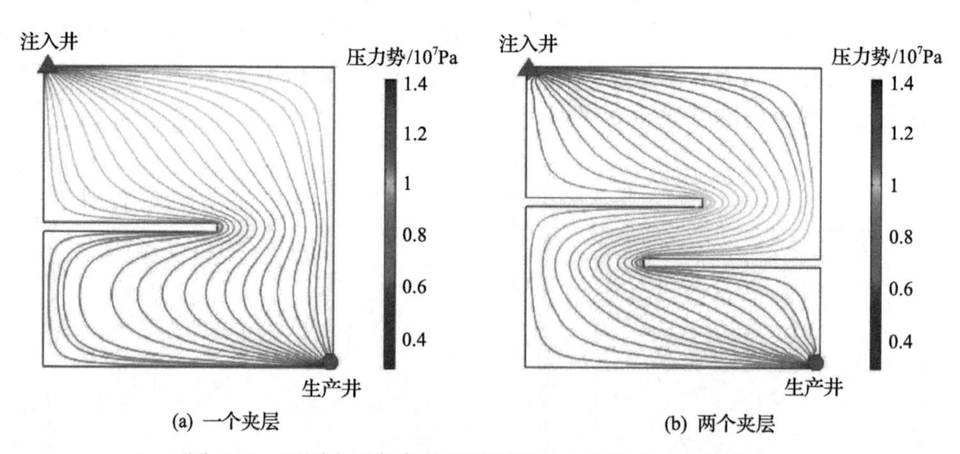

图 6-38　不同夹层数条件下储层的垂向流线和压力势分布

图 6-39 为五点井网条件下含有夹层的流线及压力势分布图，可知夹层的存在改变了原五点井网压力和流线的对称分布，进而改变了储层整体的驱替效果。对于靠近夹层的生产井，受夹层遮挡，压力势无法波及，使产量降低。

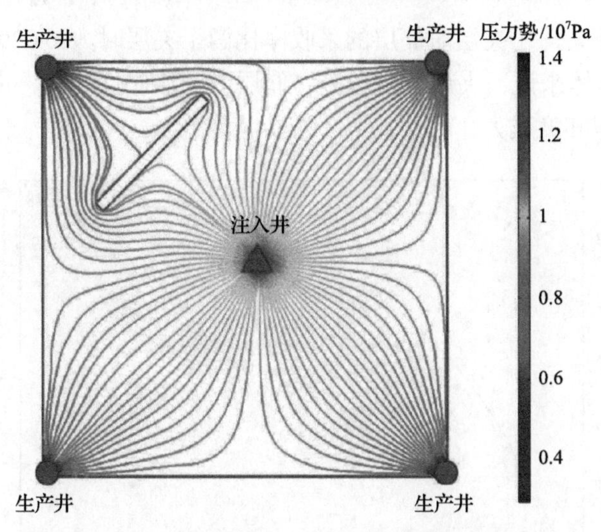

图 6-39　五点井网条件下含有夹层的流线及压力势分布

图 6-40 是在不同夹层个数条件下含水量随时间的变化。夹层存在对厚油层的水驱效果将产生较大的影响，进而影响储层含水率的变化。一般来说，夹层的存在降低了韵律对储层含水率的影响。对于正韵律来说，夹层起到正向作用，对于反韵律则起到反向作用。夹层数量越多，就越容易形成较为狭窄的优势通道，因此储层含水率上升得较快。储层含一个夹层时的含水率在①阶段的时间明显长于含两个夹层的情况，含水率达到 98%的时间则更长，因此驱替效果相对较好。

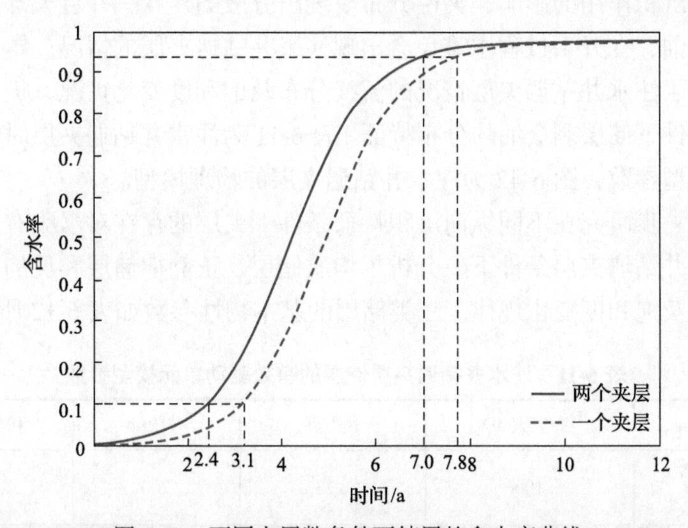

图 6-40　不同夹层数条件下储层的含水率曲线

图 6-41 为在不同夹层个数条件下储层的采收率对比，可以看出在相同的储层

物性参数条件下，一个夹层时储层的采收率比两个夹层时大 0.029 左右，提升幅度为 9.09%。整体来说，夹层数量越多，储层的非均质性越强，水驱的有效程度越低，剩余油饱和度越大。

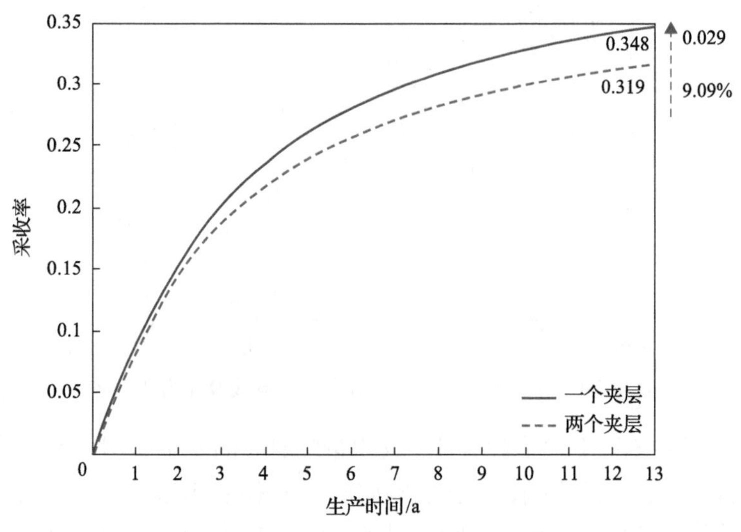

图 6-41　不同夹层数条件下储层采收率曲线

2. 注水井钻遇夹层时储层的流线及饱和度分布

受储层沉积作用的影响，夹层分布呈现出分散的片状，并且大部分夹层附近也会富集原油，在开采过程中难免会出现注采井钻遇夹层的情况。本节针对五点井网，研究了注水井钻遇夹层情况的流线分布及饱和度变化情况，进而研究该类型非均质条件下储层剩余油的分布特征。表 6-11 为注水井钻遇夹层时储层有效驱动单元的模型参数，图 6-42 为注水井钻遇夹层的物理模型。

为了进一步研究在不同纵向沉积特征条件下夹层的存在对水驱有效流动的影响，在注水井钻遇夹层条件下，分析了均质储层、正韵律储层和反韵律储层的流线分布特征及饱和度变化规律。三类储层的基本物性参数如表 6-12 所示。

表 6-11　注水井钻遇夹层储层的有效驱动单元模型参数

夹层尺寸/m	渗透率/mD	孔隙度	井距/m	束缚水饱和度
长×宽×高 150×150×2	100	0.23	200	0.34

残余油饱和度	地层压力/MPa	注入压力/MPa	井底流压/MPa
0.21	11.4	14	5

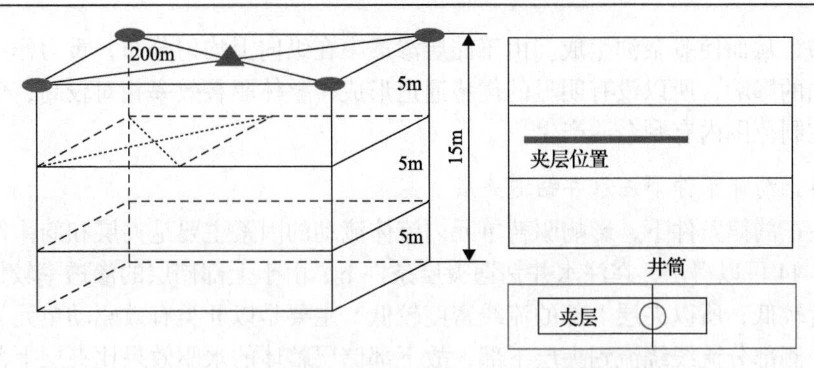

图 6-42　注水井钻遇夹层条件下的五点井网示意图

表 6-12　注水井钻遇夹层储层的有效驱动单元模型参数

储层类型	层数	单层厚度/m	渗透率级差	井网类型
均质储层	3	5	0	五点井网
正韵律储层	3	5	5	五点井网
反韵律储层	3	5	5	五点井网

1) 均质条件注水井钻遇夹层

均质条件下，影响驱替单元内流动单元的因素主要是夹层和重力。从图 6-43 可以得出，钻遇夹层的条件下，含夹层一侧的夹层上下两部分并不连通，贴近夹层处形成片状剩余油，并且靠近夹层位置的流线稀疏，可知夹层的存在阻碍了水驱的波及，使驱替效率降低；不含夹层一侧的水驱效果比含夹层一侧的要好，同时注入水会绕过夹层向含夹层一侧流动，因此可知夹层的存在使储层的压力势重

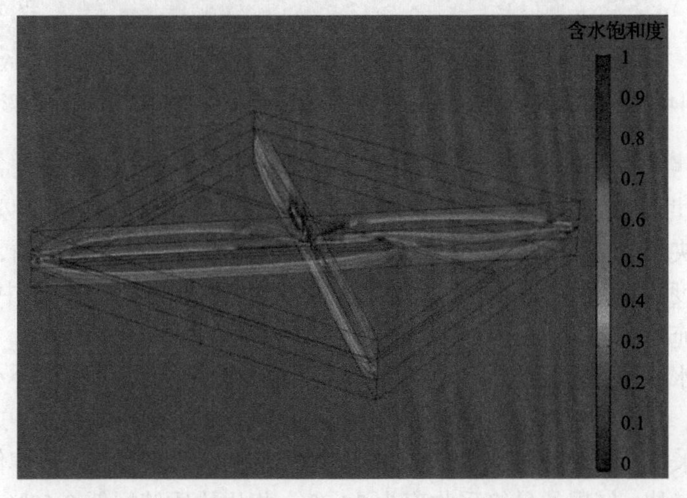

图 6-43　均质条件下五点井网注水井钻遇夹层的流线分布图(扫码见彩图)

新分布，从而使剩余油生成。由于储层渗透率在纵向上均匀分布，重力作用受夹层遮挡的影响，所以没有明显的优势通道形成，整体驱替效率相对较高，但在夹层势控制范围内有剩余油产生。

2) 正韵律条件下注水井钻遇夹层

在正韵律条件下，影响驱替单元内流体流动的因素主要是夹层和韵律作用。从图 6-44 可以得出，在注水井钻遇夹层条件下，由于上部储层的渗透率较低，流线速度较低，所以夹层上部的流线密度较低，主要是以Ⅱ类有效驱动单元为主，钻遇一侧部分流线绕流到夹层下部，故下部储层整体的水驱效果比夹层上部好。但由于夹层大范围的遮挡作用，因此正韵律储层的特性没有完全展现，夹层下部分形成优势通道的时间相比单独的正韵律储层要长，表明夹层的存在一定程度上降低了正韵律性，容易形成无效循环。

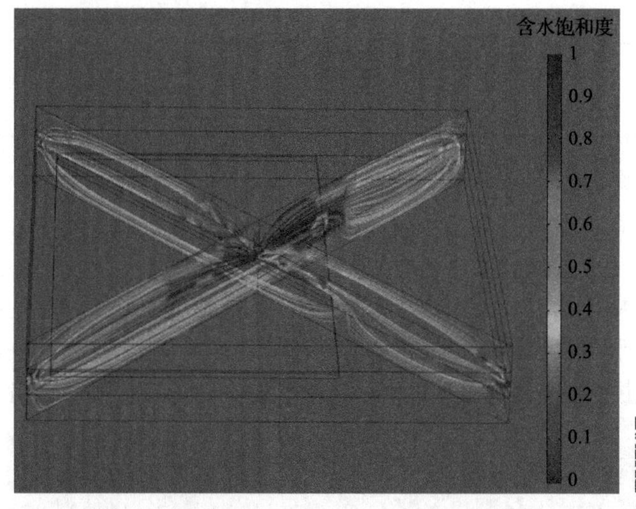

图 6-44　正韵律条件下五点井网注水井钻遇夹层的流线分布图(扫码见彩图)

3) 反韵律条件下注水井钻遇夹层

在反韵律条件下，储层上部的渗透性较高，所以上部储层的驱替效率较高，下部储层因夹层的遮挡作用，重力对反韵律储层水驱的正效应被截断，故夹层下部的流线速度和流线密度都较低，使整体的驱替效率降低。从图 6-45 中可以得出，储层上部水淹比较严重，夹层压力势控制区域有片状的剩余油产生。

对比注水井钻遇夹层条件下，均质储层、正韵律和反韵律储层含水率的最终采收率可知，在含水率变化的四个阶段内，反韵律储层含水率的上升速率均为最慢，整体的采收率最好，达到 36.2%，相比均质储层高 9.37%；正韵律储层含水率的上升速率最快，储层的最终采收率为 30.2%，相比均质储层低 9.60%，如图 6-46 和图 6-47 所示。

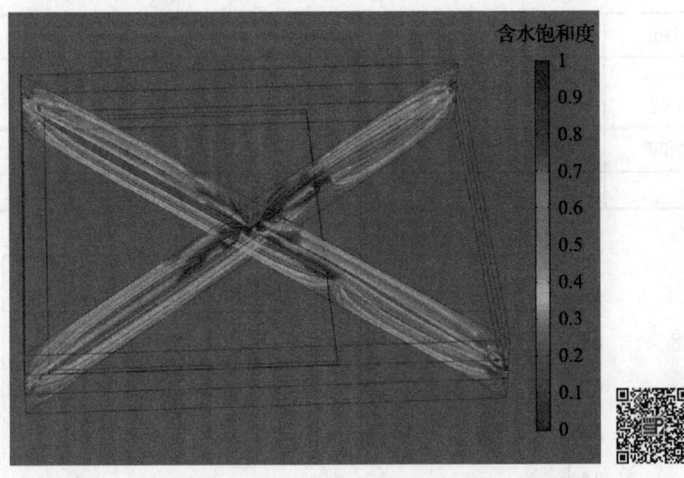

图 6-45　反韵律条件下五点井网注水井钻遇夹层的流线分布图(扫码见彩图)

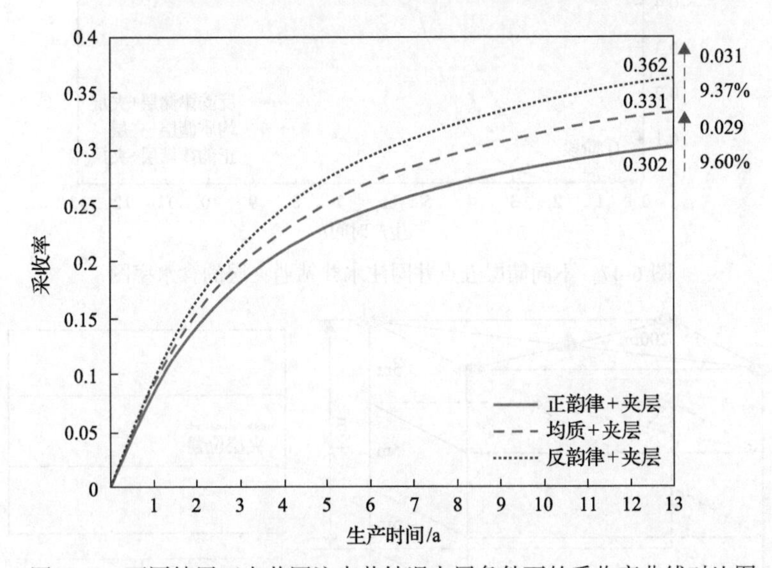

图 6-46　不同储层五点井网注水井钻遇夹层条件下的采收率曲线对比图

3. 注水井未钻遇夹层储层流线及饱和度分布

夹层的分布随着储层沉积年代和沉积特征表现出不规则性。在注水开发中，为了减小夹层对开发的影响，在钻井过程中通常会远离夹层。图 6-48 为注水井未钻遇夹层的示意图。基于该模型，利用有效驱动单元理论分析了储层流线和饱和度分布情况，如图 6-49 所示。

表 6-13　注水井未钻遇夹层时储层有效驱动单元的模型参数

夹层尺寸/m	渗透率/mD	孔隙度	井距/m	束缚水饱和度
长×宽×高=80×150×2	100	0.23	200	0.34
残余油饱和度	地层压力/MPa	注入压力/MPa	井底流压/MPa	层数
0.21	11.4	14	5	3

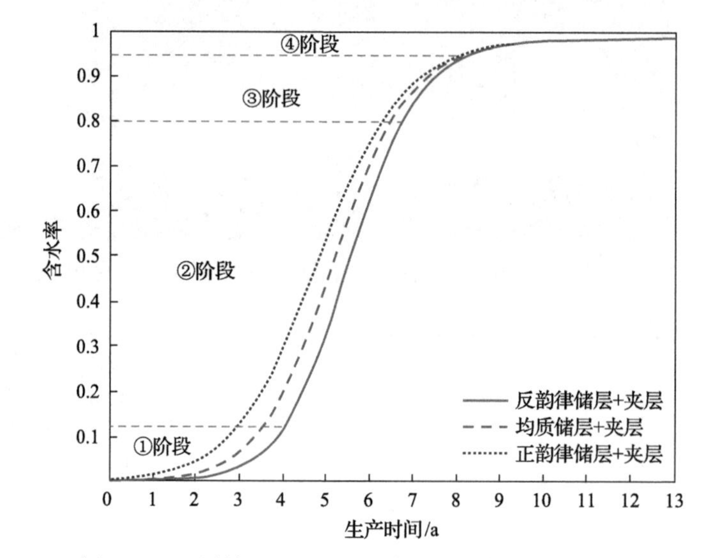

图 6-47　不同储层五点井网注水井钻遇夹层的含水率图

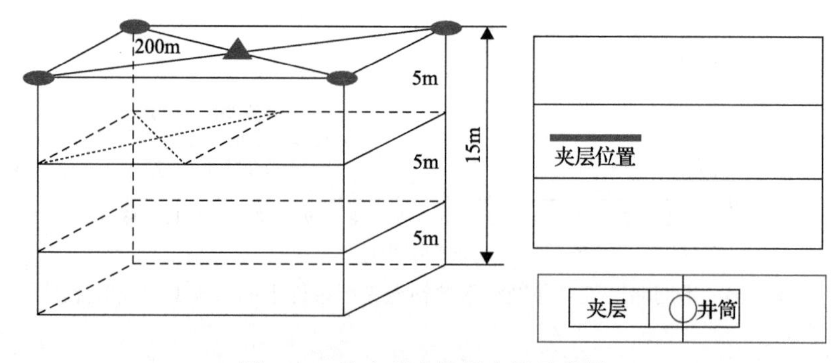

图 6-48　注水井未钻遇夹层示意图

由图 6-49 可知，在注水井未钻遇夹层时，远离夹层一侧的注采单元的流线密度更大，并且远离夹层一侧的两口油井见水更早，说明夹层的存在阻碍了驱替单元内有效流动的效率，导致夹层一侧的单元内有大量的剩余油。通过对比注水井是否钻遇夹层条件时储层含水率和采收率的情况，如图 6-50 和图 6-51 所示，在注水井钻遇夹层条件下，储层含水率上升得更快，注采单元内的有效驱替时间更短，在相同的储层条件下，注水井钻遇夹层的最终采收率比注水井未钻遇夹层时低 0.048 左右。

当注采井未钻遇夹层时，靠近注水井的一侧压力势聚集，流线密度最大，该区域最早从Ⅰ类有效驱动单元转换成Ⅲ类有效驱动单元。在靠近产油井的一侧流线较稀疏，主要以Ⅱ类有效驱动单元为主，并且随着Ⅲ类有效驱动单元范围趋于稳定，靠近产油井会形成块状剩余油。当注采井钻遇夹层时，注采势与夹层控制势发生重叠，流线在夹层两端的密度最高，流线随着压力势的分布在夹层两端发生绕流，水驱能流密度较低，导致夹层控制区内形成大片剩余油。

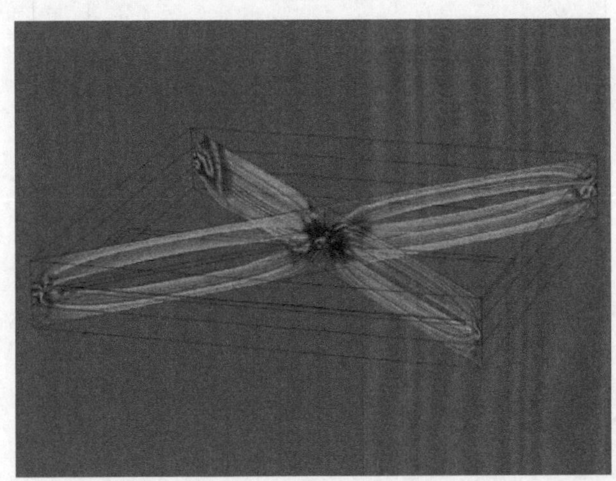

图 6-49　正韵律条件下注水井未钻遇夹层的流线及饱和度分布(扫码见彩图)

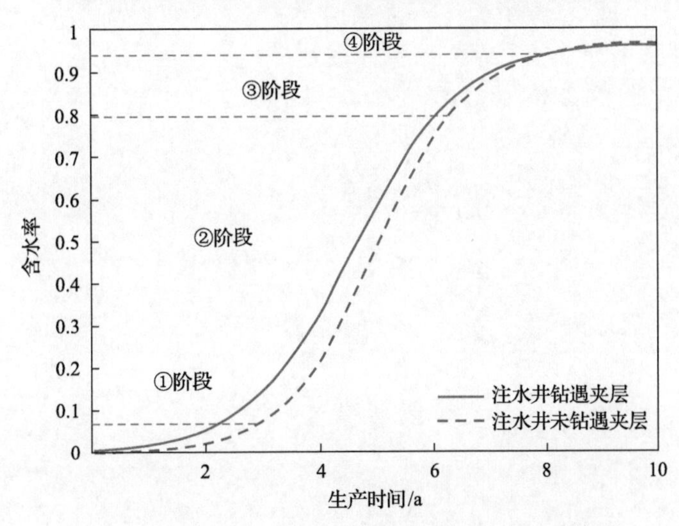

图 6-50　注水井是否钻遇夹层的含水率对比(均质储层)

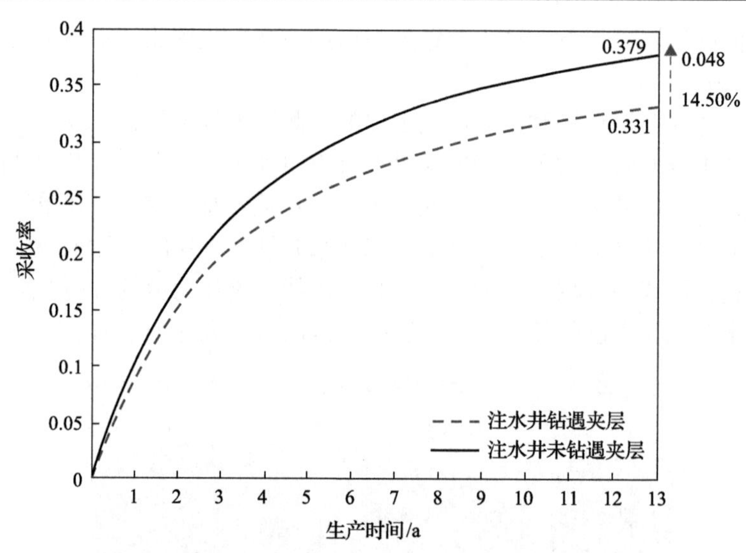

图 6-51　注水井是否钻遇夹层的采收率对比(均质储层)

第7章　压裂-渗吸-驱油(压驱)提高原油采收率的方法

本章通过可视化微观模型实验研究了压驱闷井阶段的渗流规律。本章主要包括通过三级裂缝条件下的微观实验研究压驱闷井阶段的渗流规律；通过对比不同裂缝条件下(不含裂缝、一级裂缝和三级裂缝)的油水流动现象，研究裂缝发育程度对闷井阶段油水渗流规律的影响；通过对比驱油剂含表面活性剂和不含表面活性剂两种情况下的油水流动现象，研究表面活性剂对油水渗流规律的影响[56-61]。

7.1　实 验 部 分

7.1.1　实验材料

选择脂肽为实验所用表面活性剂。脂肽是枯草芽孢杆菌微生物产生的生物表面活性剂，兼具阴离子和非离子的特性，由亲水的肽环和亲油的脂肪酸链组成，具备溶解性好、耐高温、高盐、较强的降低表/界面张力能力的物理化学特性。

实验用油由原油、煤油按1∶1(质量比)混合配制而成。在25℃条件下，密度为0.987g/cm^3，黏度为18mPa·s。

7.1.2　微观模型设计及制作

1. 微观模型设计

模型设计如图7-1所示，模型分为注入口、主通道、裂缝-基质区和采出口。驱油剂从注入口注入模型，经主通道流经基质-裂缝区域，从采出口流出。

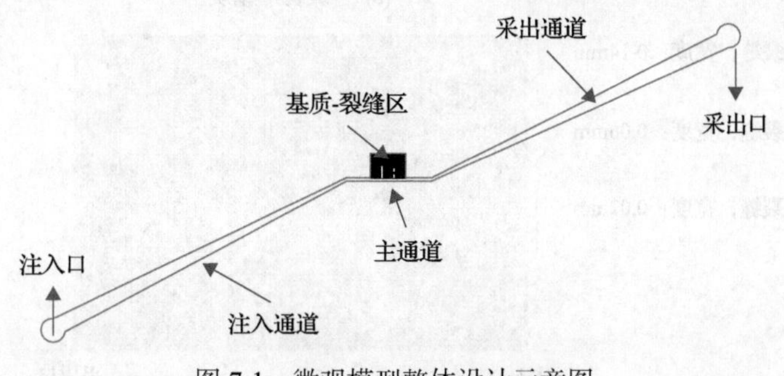

图7-1　微观模型整体设计示意图

设计三种含不同发育程度裂缝的模型[62,63]，分别为无裂缝模型、一级裂缝-基质模型和三级裂缝-基质模型。无裂缝模型设计如图 7-2(a)所示，模型由主通道和基质区域组成，主通道宽度为 0.3mm，基质区域长度为 3mm，宽度为 2mm，基质由半径为 15μm、圆心距离为 35μm 的圆阵列构成，圆之间的孔隙为孔喉部分。在仅含基质模型设计的基础上，一级裂缝-基质模型设计如图 7-2(b)所示，一级裂缝宽度为 0.14mm，裂缝长度为 1mm。在一级裂缝-基质模型的基础上，三级裂缝-基质模型设计如图 7-2(c)所示，二级裂缝宽度为 0.06mm，长度为 0.5mm；

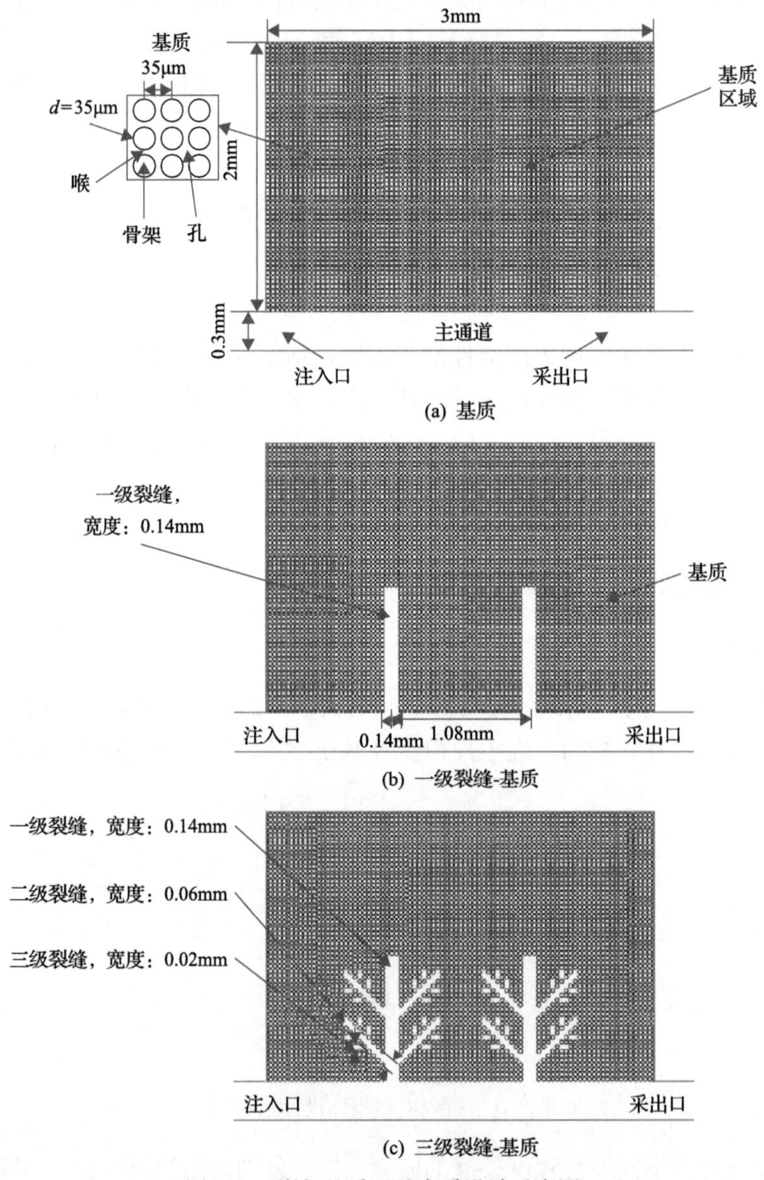

图 7-2　裂缝-基质双重介质设计示意图

三级裂缝宽度为 0.02mm，长度为 0.08mm。模型刻蚀深度为 5μm。

2. 微观模型制作

通过微观刻蚀工艺加工制作微观模型。微观刻蚀工艺主要分为光刻、湿法刻蚀、固化成型等步骤。在水流作用下，将氧化铝板和下凹板贴合在一起，保证接触面上无气泡；将键合后的模型夹紧放置在恒温箱中抽真空并进行高温键合，温度设置为 105℃；模型键合后放入马弗炉中烧结，温度设置为 550℃，通过高温烧结得到微观模型，如图 7-3 所示。

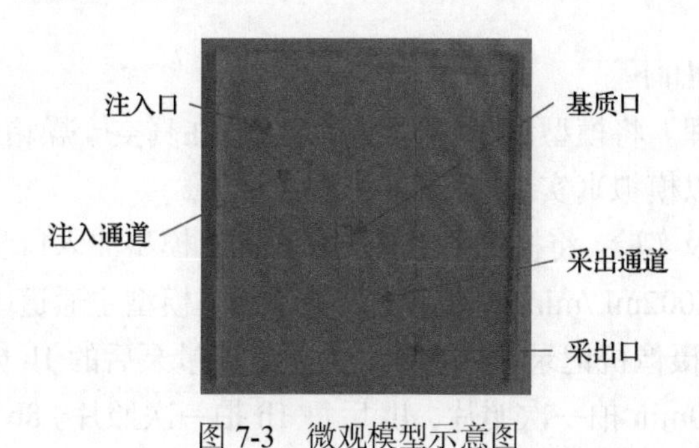

图 7-3　微观模型示意图

3. 实验装置

微观可视化渗吸实验平台如图 7-4 所示。

(1) 动力系统——微量驱替泵，主要为实验系统提供注入动力，从而将表面活性剂驱替液注入微观模型中。

(2) 图像采集系统——微观渗流模型、高倍显微镜、高倍摄像机、显示器、计算机控制装置，主要作用是观察实验现象并记录图像信息。

(3) 驱替系统——管线、微观模型夹持器、中间容器，主要为微观实验提供工作平台。

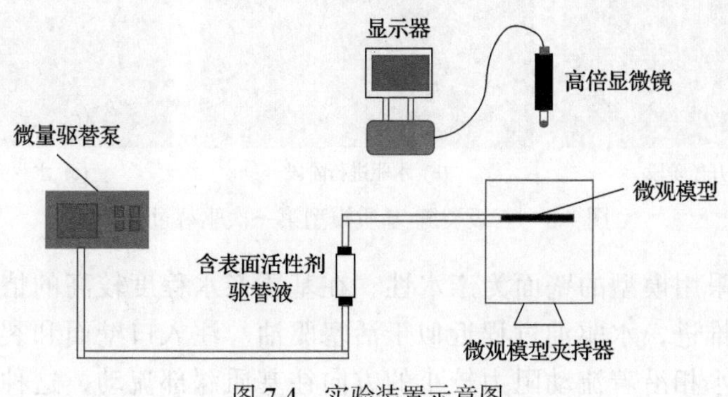

图 7-4　实验装置示意图

7.2 实验结果分析

7.2.1 压驱采油中期的渗流规律

本节通过可视化微观实验研究压驱闷井阶段的渗流规律。实验所用驱油剂的表面活性剂浓度为 0.3%，实验所用微观模型为三级裂缝-基质模型。

1. 实验步骤

主要实验步骤如下。

(1)模型前处理。将模型置于模拟油中，放置在真空干燥箱中抽真空饱和油，饱和油后老化 3h 以模拟真实地层条件。

(2)驱油剂渗吸实验。将模型放置在夹持器上，模型注入口和采出口分别接在实验设备上，以 0.002mL/min 的恒速注入驱油剂，模型主通道中的原油全部排出后停止注入，使用摄像机记录注入过程。关闭微流量泵后的 1h 内，每 10min 拍一次照片，1h 后每 30min 拍一次照片，4h 后每 1h 拍一次照片。8h 后开启微流量泵，直至主通道中的剩余油全部驱出，关闭微流量泵，重复以上拍照流程。

(3)对比三组实验记录的四组图像，分析实验数据。

2. 实验结果分析

图 7-5 为驱油剂注入过程中的油水分布情况，由图可知，驱油剂在主通道中的驱油过程近似于活塞驱油，驱油剂沿注入口壁面和裂缝渗入基质中，当驱油剂停止注入后，主通道中仅剩少量的剩余油，水洗程度较高。

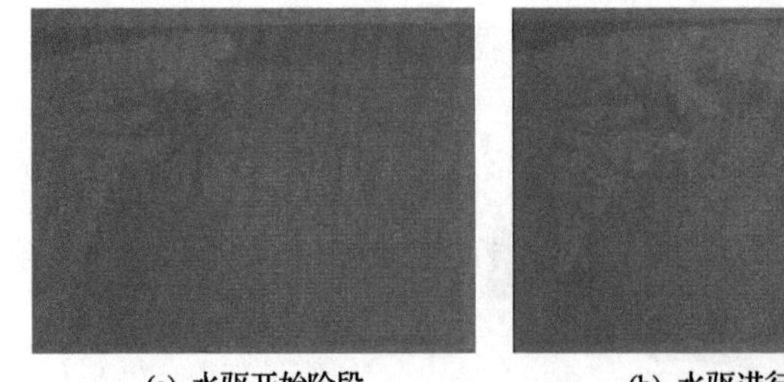

(a) 水驱开始阶段

(b) 水驱进行阶段

(c) 水驱完成阶段

图 7-5 三级裂缝-基质模型第一次驱替过程

本实验采用模型的壁面为亲水性，在基质亲水程度较高的情况下，注入水沿着壁面推进，水驱油过程近似于活塞驱油。注入口壁面和裂缝的流动阻力较小，油水相沿着流动阻力较小的方向往基质深部流动，这种现象称为指进现象。在亲水性壁面的条件下，水洗油的程度更高，所以主通道的剩余油能被彻底水洗。

图 7-6 为第一次驱替后三级裂缝-基质原油分布的变化过程示意图。驱替后的剩余油分布如图 7-6(a)所示，主通道中的剩余油被水洗彻底。压力平衡后的剩余油分布如图 7-6(b)所示，在回压的作用下，主通道中的剩余油发生回流，基质深部和裂缝深部的剩余油向主通道方向移动，此时模型中的油水处于压力平衡状态。模型渗吸 2h 后的剩余油分布如图 7-6(c)所示，裂缝附近区域的剩余油在渗吸作用下被置换于裂缝中，基质区域的剩余油重新分布。模型渗吸 8h 后剩余油的分布情况如图 7-6(d)所示，主通道中剩余油含量明显增加，裂缝间隙内被剩余油充满，深部基质中的剩余油被置换至浅部基质，两条裂缝之间出现油水混合带。

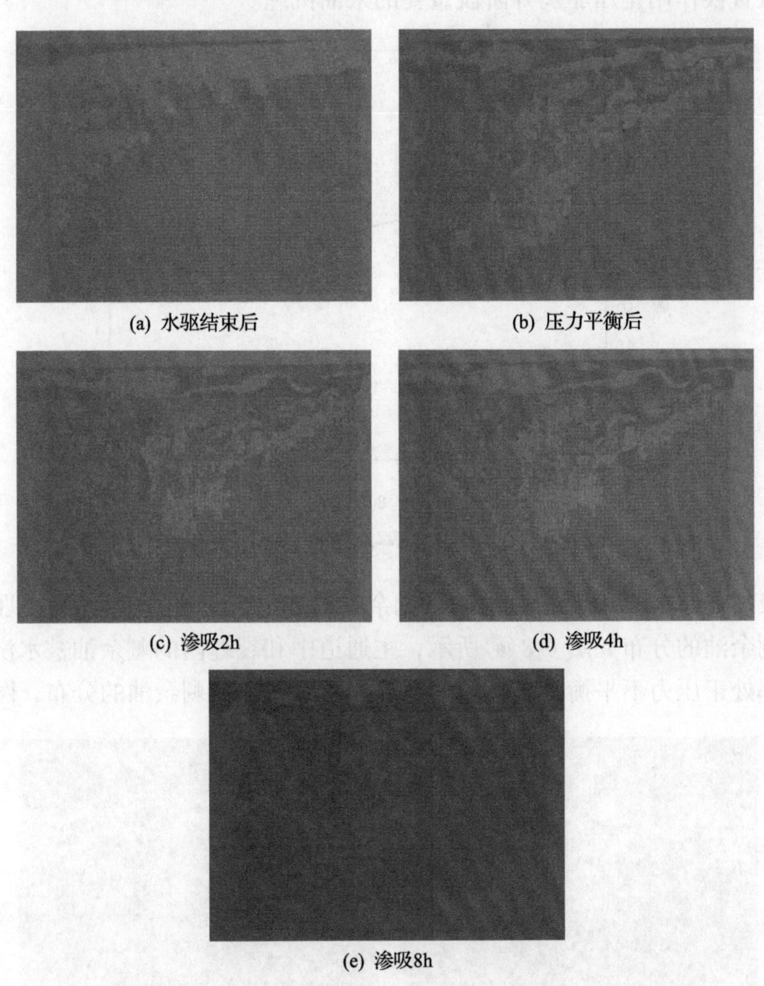

(a) 水驱结束后　(b) 压力平衡后

(c) 渗吸2h　(d) 渗吸4h

(e) 渗吸8h

图 7-6　三级裂缝-基质第一次驱替后的渗吸驱油过程

模型深部基质中的剩余油被置换至浅部基质，裂缝附近基质中的剩余油被置换至裂缝间隙内，裂缝中的剩余油被置换到主通道。

上述的油水变化过程是在压力平衡条件下进行的，所以上述现象均可用油水渗吸现象来解释。在渗吸置换的作用下，原来存在于深部基质中的剩余油运移至浅部基质，裂缝附近区域的剩余油运移至裂缝中，裂缝中的剩余油运移至主通道中，此时存在于主通道中的剩余油可用于后续水驱油的进行。

图 7-7 为模型剩余油含量的变化曲线，由图可知，在渗吸置换的作用下，三级裂缝-基质模型中的剩余油含量不断降低，到渗吸驱油末期，模型中剩余油含量为 51.6%。在压力平衡的条件下，裂缝-基质区域的剩余油含量进一步降低，说明油水渗吸置换作用是压驱闷井阶段重要的采油机理。

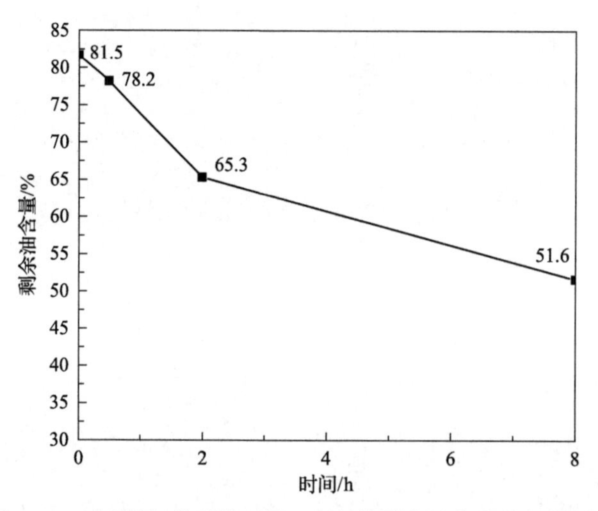

图 7-7　三级裂缝-基质模型第一次驱替剩余油含量的变化过程

三级裂缝-基质模型第二次驱替后剩余油的变化情况如图 7-8 所示。驱替结束后模型剩余油的分布如图 7-8(a)所示，主通道中和裂缝内的剩余油被水洗彻底，模型内部处于压力不平衡状态。图 7-8(b)为压力平衡后剩余油的分布，图中剩余

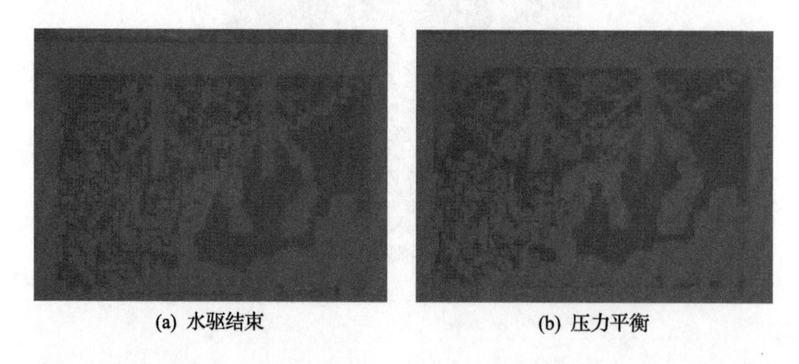

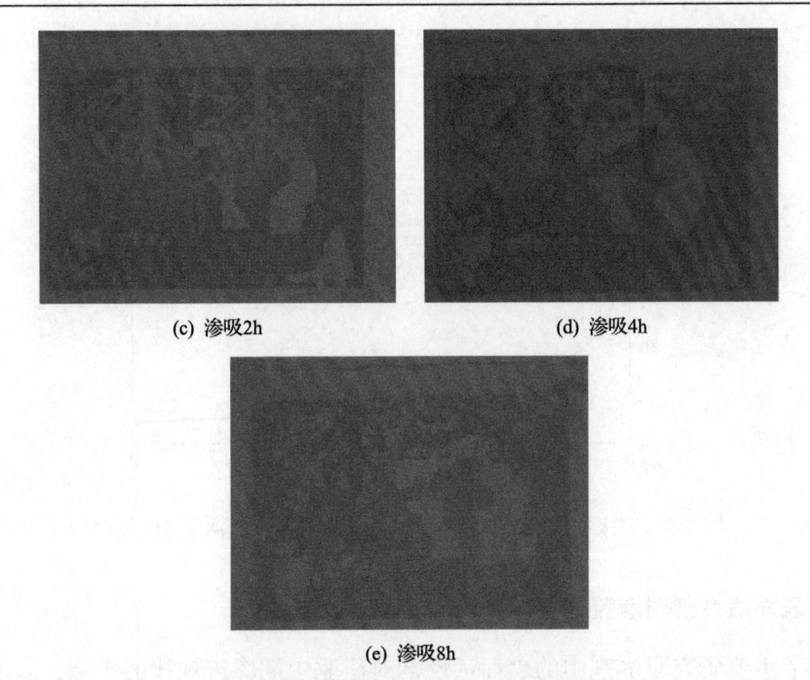

(c) 渗吸2h　(d) 渗吸4h

(e) 渗吸8h

图 7-8　三级裂缝-基质模型第二次驱替后的渗吸驱油过程

油的分布零散，驱油剂集中分布在深部基质区和裂缝中。渗吸 2h 后模型剩余油的分布如图 7-8(c)所示，裂缝附近的剩余油被置换至三级裂缝中，驱油剂主要分布在深部基质中，浅部基质的剩余油被置换至深部基质。模型渗吸 8h 后剩余油的分布如图 7-8(e)所示，深部基质区域被剩余油充满，左侧裂缝中被剩余油充满。

上述的油水分布过程是在储层压力平衡的条件下进行的，油水相的重新分布说明压驱闷井阶段发生了明显的渗吸置换现象。

在实际的生产过程中，压驱液从注入井注入储层，有可能发生注入水沿模型流动阻力小的方向直接深入储层深部的情况，这种情况称为宏观指进现象。当发生宏观指进现象时，储层深部的压驱液有可能将浅部储层的剩余油渗吸置换到深部储层，因此不利于后期水驱油的开发效果。

图 7-9 为模型剩余油含量的变化曲线。由图可知，在三级裂缝-基质模型第一次驱替渗吸驱油的作用下，模型中剩余油的含量不断降低，到渗吸驱油末期，模型中剩余油的含量仅为 25.4%。

综上所述，闷井阶段的地层处于压力平衡状态，油水相的置换作用说明闷井阶段发生了明显的渗吸置换现象。在渗吸的作用下，深部基质的剩余油被置换至浅部基质和裂缝附近，裂缝附近的剩余油被置换至裂缝中，裂缝中的剩余油被置换至主通道中，后续水驱驱替主通道中的剩余油。

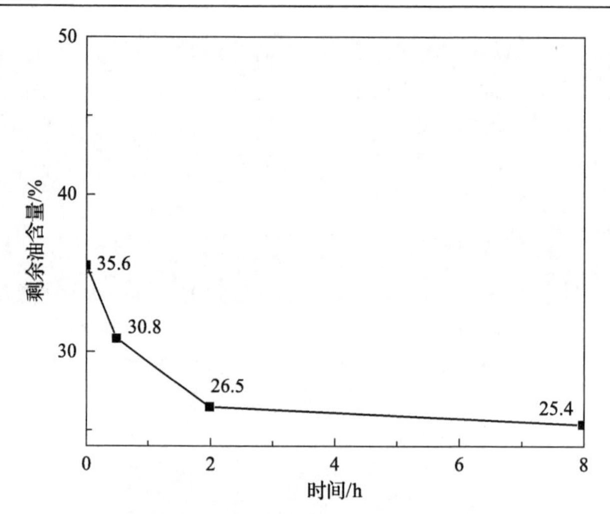

图 7-9 三级裂缝-基质模型第二次驱替剩余油含量的变化过程

7.2.2 表面活性剂对渗流规律的影响

本节主要研究驱油剂中的表面活性剂对压驱中期渗流规律的影响，表面活性剂浓度分别设置为 0 和 0.3%(质量分数)，所用模型为一级裂缝-基质模型。观察不同表面活性剂浓度下的驱油剂在模型中的渗吸驱油过程，研究表面活性剂浓度对压驱中期渗流规律的影响。

1. 实验步骤

主要实验步骤如下。

(1)模型前处理。将模型置于模拟油并放置于真空干燥箱中抽真空饱和油，饱和油后老化 3h 以模拟真实地层条件。

(2)驱油剂渗吸实验。将模型放置在夹持器上，模型注入口和采出口分别接在实验设备上，以 0.002mL/min 的恒速注入驱油剂，模型主通道中的原油全部排出后停止注入，使用摄像机记录注入过程。关闭微流量泵后的 1h 内，每 10min 拍一次照片，1h 后每 30min 拍一次照片，4h 后每 1h 拍一次照片。8h 后开启微流量泵，直至主通道中的剩余油全部驱出，关闭微流量泵，重复以上拍照流程。

(3)使用具有不同浓度表面活性剂的驱油剂重复步骤(1)和步骤(2)的操作。

(4)对比三组实验记录的四组图像，分析实验数据。

2. 含表面活性剂驱油剂的驱替实验

一级裂缝-基质模型第一次驱替过程中剩余油的分布情况如图 7-10 所示。驱替开始阶段，驱油剂进入模型主通道[图 7-10(a)]，注入水贴近左侧壁面进入基质深部，水驱油过程近似于活塞驱油，这是因为基质表面为亲水性表面，流体沿壁面流动遇到的流动阻力较小，水相更容易和基质表面接触。但是，驱油剂注入阶段发生了明显的指进现象，这是因为注入流体的速度过大，并且入口端存在基质方向的优势通道。如图 7-10(b)所示，驱油剂沿裂缝渗入基质区域，这是因为注入水在裂缝中的流动阻力较小，所以在驱油剂流经裂缝端口时，驱油剂向裂缝深部流动。

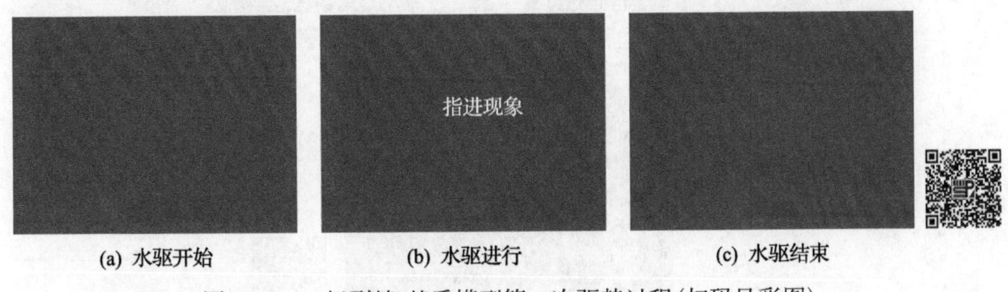

(a) 水驱开始　(b) 水驱进行　(c) 水驱结束

图 7-10　一级裂缝-基质模型第一次驱替过程(扫码见彩图)

一级裂缝-基质模型第二次驱替后的渗吸过程如图 7-11 所示。驱替结束后，模型剩余油的分布情况如图 7-11(a)所示，由于模拟油的黏度较低，主通道中部分剩余油在驱替压力的作用下进入裂缝区域，驱油剂波及浅部基质区域，模型的油水分布处于压力不平衡状态。压力平衡后模型剩余油的分布如图 7-11(b)所示，基质内的剩余油呈零散分布，部分剩余油进入裂缝区域，深部基质区域驱油剂的含量增加，整个基质区域变成油水混合区域。模型渗吸 2h 剩余油的分布情况如图 7-11(c)所示，裂缝附近的剩余油进入裂缝区域，并且由于基质深部存在大量驱油剂[图 7-11(b)]，基质深部的驱油剂将基质浅部的剩余油渗吸置换到深部基质区域，裂缝附近和模型主通道中的剩余油分布较为零散。模型渗吸 8h 的油水分布情况如图 7-11(e)，同图 7-11(c)的情况相比，主通道中的剩余油增多，深部基质的剩余油饱和度减小，这是因为视野范围外主通道区域中的剩余油移动到视野范围内，驱油剂将深部基质中的剩余油渗吸置换至基质浅部区域。

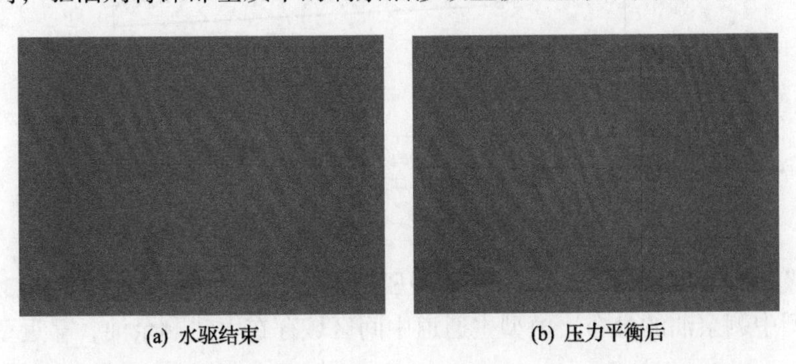

(a) 水驱结束　(b) 压力平衡后

图 7-11　一级裂缝-基质模型第一次驱替后的渗吸过程(扫码见彩图)

模型驱替结束后剩余油的含量变化如图 7-12 所示。剩余油的含量在模型渗吸过程中不断降低，这说明模型中的剩余油在渗吸作用下被排出基质区域，渗吸驱油末期剩余油的含量为 43.2%。

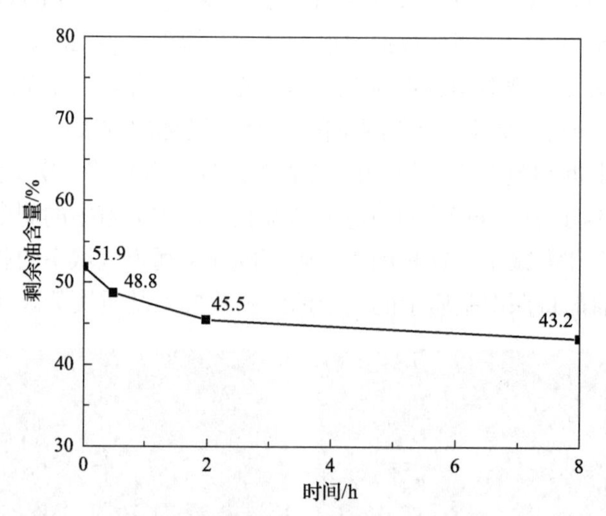

图 7-12　一级裂缝-基质模型第一次驱替剩余油含量的变化过程

一级裂缝-基质模型第二次驱替渗吸驱油过程如图 7-13 所示。图 7-13(a)为水驱后模型中剩余油的分布，模型主通道中间区域存在大量剩余油，靠近壁面处的剩余油较少，这是因为模型为亲水性表面，驱油剂主要沿通道表面“爬行”，靠近壁面的剩余油比较容易驱替，而中间的剩余油则较难水洗彻底。模型基质大部分区域为油水混合区域，裂缝中存在大量的剩余油。图 7-13(b)为压力平衡后剩余油的分布情况，同图 7-13(a)相比，剩余油的分布情况无明显变化，这是因为模型主通道中已形成注入水的优势通道，注入水沿优势通道直接流向采出口方向，压力波及基质区域的程度较小，油水分布的变化程度不大。图 7-13(c)为渗吸 2h 后模型剩余油的分布情况，裂缝中的剩余油含量增多，深部基质中的剩余油含量减少且浅部基质中的剩余油含量减少，这是因为裂缝和浅部基质中的驱油剂含量较高，裂缝中的驱油剂将附近的剩余油渗吸置换至裂缝中，浅部驱油剂将深部基质中的剩余油渗吸置换至浅部基质。图 7-13(e)为渗吸 8h 后模型剩余油的分布情况，裂

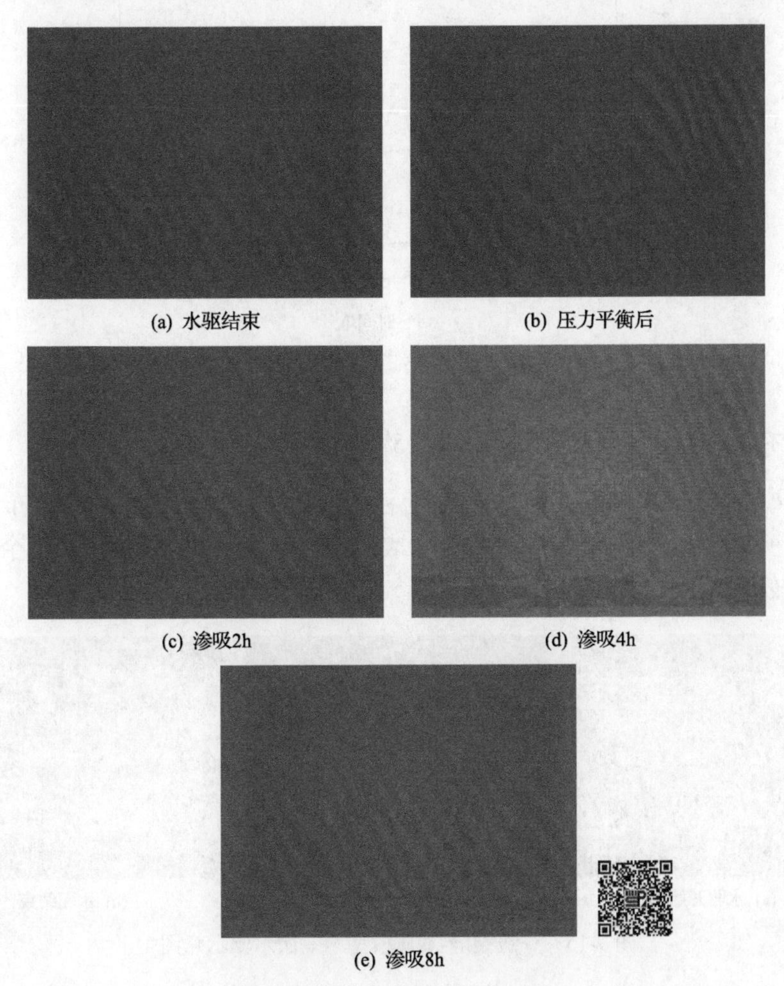

(a) 水驱结束　(b) 压力平衡后

(c) 渗吸2h　(d) 渗吸4h

(e) 渗吸8h

图 7-13　一级裂缝-基质模型第二次驱替后的渗吸过程(扫码见彩图)

缝中和深部基质中的剩余油含量减少，这是因为裂缝中的剩余油在渗吸作用下置换到主通道，并且深部基质中的剩余油被渗吸置换至浅部基质中，这使深部基质中剩余油的含量进一步减少。

图 7-14 为模型剩余油含量的变化曲线。由图可知，在第二次驱替渗吸驱油的作用下，模型中剩余油的含量不断降低，到渗吸驱油末期，模型中剩余油的含量为 31.8%。

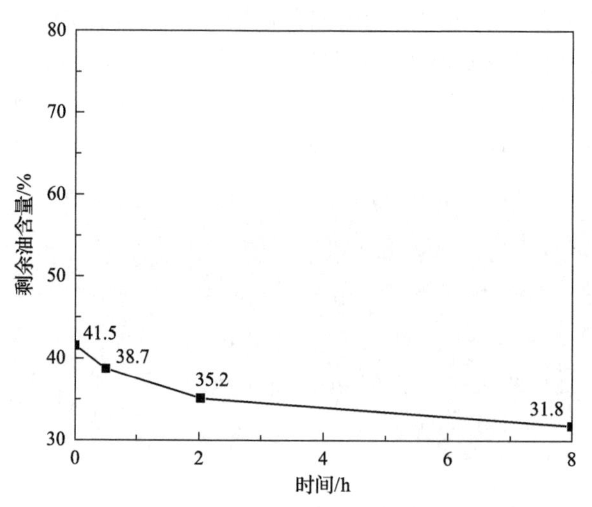

图 7-14　一级裂缝-基质模型第二次驱替剩余油含量的变化过程

3. 不含表面活性剂驱油剂的驱替实验

去离子水驱油剂(不含表面活性剂)注入过程中，模型中油水的分布情况如图 7-15 所示。由图可见，在驱油剂不含表面活性剂的条件下，模型中剩余油的聚集程度较高，且油滴颗粒较大。

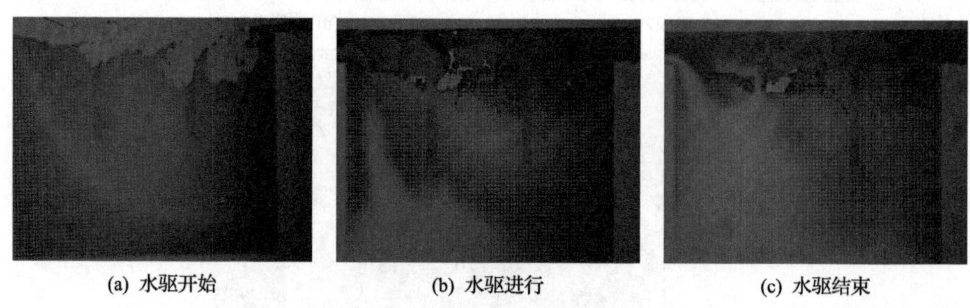

图 7-15　一级裂缝-基质模型第一次水驱示意图

一级裂缝-基质模型在去离子水驱条件下的渗吸过程如图 7-16 所示。水驱结束和压力平衡后，模型剩余油的分布情况如图 7-16(a)和图 7-16(b)所示。由图可知，关闭注入泵后，模型中剩余油分布的变化情况不大，这是因为注入泵流量设置较小(0.5μL/min)，模型空间分布上压力差的变化程度不大。图 7-16(c)和图 7-16(e)分别为模型渗吸 2h 和 8h 后剩余油的分布示意图。由图可知，渗吸 6h 后模型剩余油分布的变化程度不大，说明在去离子水(不含表面活性剂)作为驱油剂的条件下，油水间发生渗吸置换作用的程度较小。

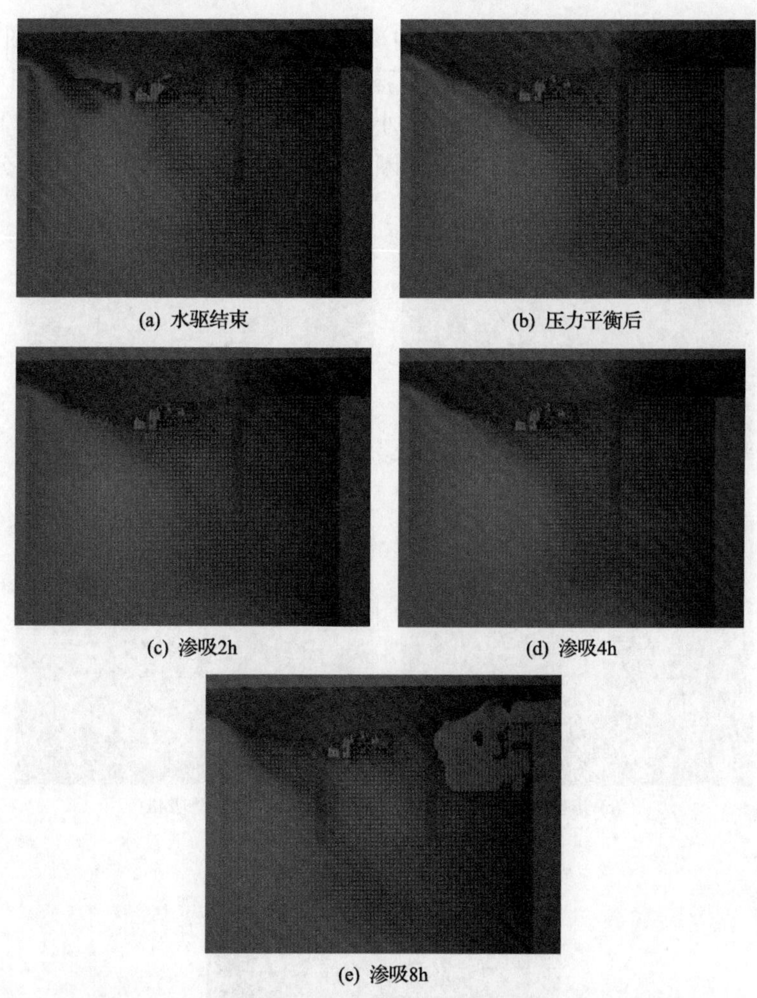
(a) 水驱结束　(b) 压力平衡后
(c) 渗吸2h　(d) 渗吸4h
(e) 渗吸8h

图 7-16　一级裂缝-基质模型第一次驱替后的渗吸驱油过程

去离子水驱油剂第二次注入一级裂缝-基质模型的过程如图 7-17 所示。由图可知，模型主通道中剩余油的移动并不明显。这是因为模型键合不完全，所以注入水沿着键合不完全位置流动，注入水未全部从主通道注入模型中。

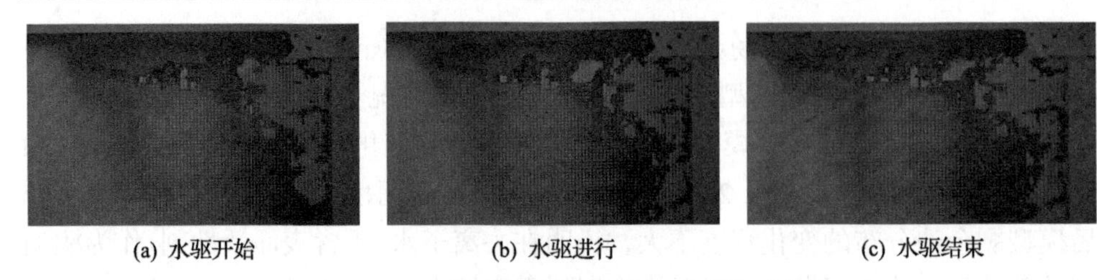

(a) 水驱开始　(b) 水驱进行　(c) 水驱结束

图 7-17　一级裂缝-基质模型第二次水驱示意图

一级裂缝-基质模型第二次水驱后的渗吸驱油过程如图 7-18 所示。图 7-18(a)和 7-18(b)分别为水驱结束和压力平衡后模型中剩余油的分布情况。由图可知，压力平衡后，模型中的剩余油区域面积减小，这是因为在剩余压力的作用下，水驱油继续进行，使基质中的剩余油含量不断减少。图 7-18(c)和图 7-18(e)分别为模

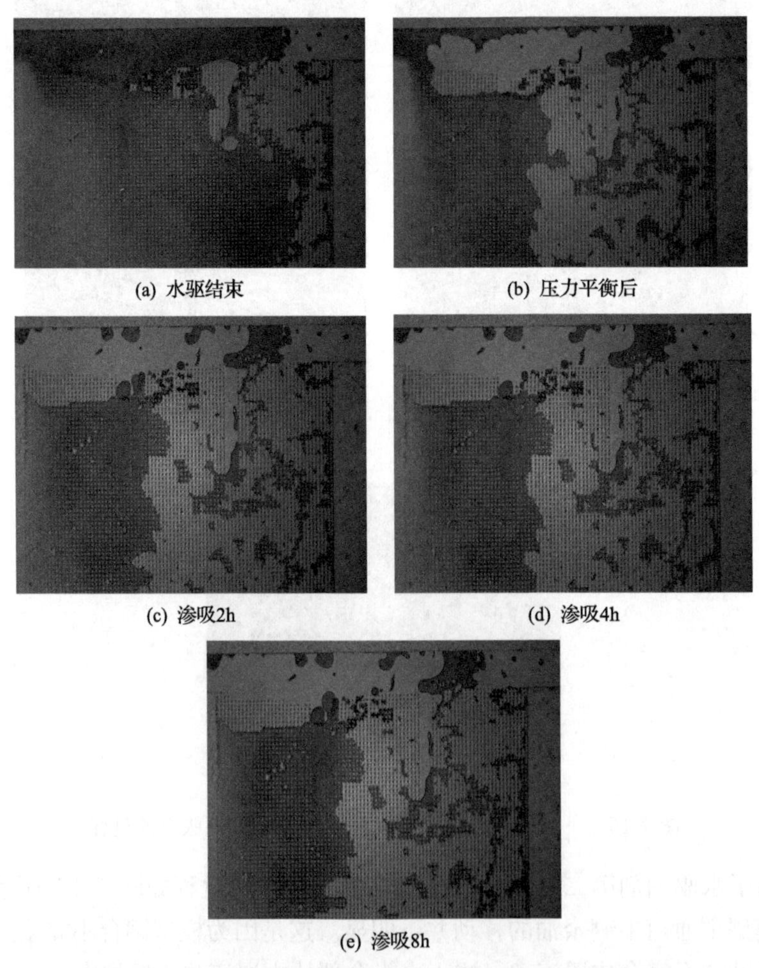

(a) 水驱结束　(b) 压力平衡后

(c) 渗吸2h　(d) 渗吸4h

(e) 渗吸8h

图 7-18　一级裂缝-基质模型第二次驱替后的渗吸驱油过程

型渗吸2h和8h后剩余油的分布示意图。渗吸6h后模型剩余油分布的变化程度不大，说明驱油剂在不含表面活性剂的条件下，油水间发生渗吸置换作用的现象不明显。

在驱油剂不含表面活性剂的条件下，第一次和第二次水驱后模型的油水分布变化程度非常小，说明模型中没有发生明显的渗吸现象。所以，在驱油剂不含表面活性剂条件下，压驱闷井阶段无明显的渗吸驱油现象。

4. 对比分析

驱油剂第一次驱替后，驱油剂含表面活性剂和不含表面活性剂条件下的渗吸驱油效果对比如图7-19所示。由图可知，在驱油剂含表面活性剂的条件下，模型中的油水渗吸置换现象较明显，同时剩余油的分布较分散。这是因为：一方面，驱油剂中的表面活性剂能够发挥乳化作用，从而减小剩余油的聚集程度；另一方面，表面活性剂能够减小油水在流动过程中所受到的阻力，从而增强油水流动过程中的渗吸驱油效果，所以模型中发生的渗吸置换作用更加明显。

(a) 含表面活性剂驱油剂渗吸驱油初期

(b) 含表面活性剂驱油剂渗吸驱油末期

(c) 去离子水渗吸驱油初期

(d) 去离子水渗吸驱油末期

图7-19　第一次驱替后渗吸驱油效果对比图(扫码见彩图)

在驱油剂含表面活性剂和不含表面活性剂的条件下，第二次驱替后的渗吸驱油效果对比如图7-20所示。由图可知，在驱油剂含表面活性剂的条件下，一级裂缝中剩余油的含量增多，油水发生轻微的渗吸置换现象；在驱油剂不含表面活性剂的条件下，一级裂缝中剩余油的含量增多，油水无明显的渗吸置换现象。

(a) 含表面活性剂驱油剂渗吸驱油初期

(b) 含表面活性剂驱油剂渗吸驱油末期

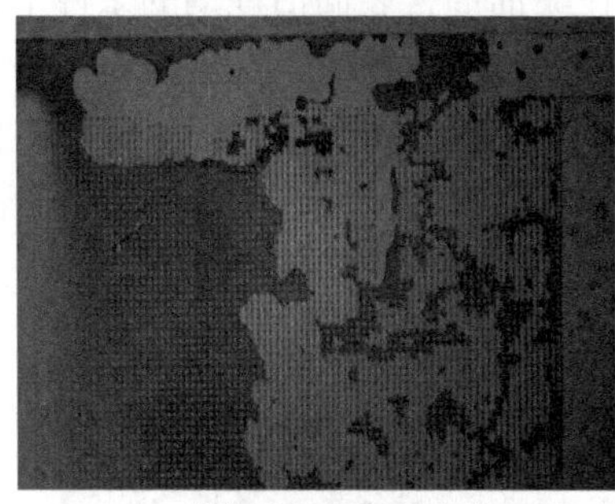

(c) 去离子水渗吸驱油初期

(d) 去离子水渗吸驱油末期

图 7-20　第二次驱替后的渗吸驱油效果对比图(扫码见彩图)

综上所述，压驱液中的表面活性剂组分对闷井阶段的渗吸置换作用具有促进作用。在驱油剂不含表面活性剂的条件下，模型未发生明显的渗吸置换作用。

7.2.3　裂缝对渗流规律的影响

1. 实验步骤

主要实验步骤如下。

(1)模型前处理。将模型置于模拟油并放置于真空干燥箱中抽真空饱和油，饱和油后老化 3h 以模拟真实地层条件。饱和油后模型如图 7-21 所示。

(2)驱油剂渗吸实验。将模型放置在夹持器上，模型注入口和采出口分别接在实验设备上，以 0.002mL/min 的恒速注入驱油剂至模型主通道中的原油被全部排出，注入过程使用摄像机进行录像。关闭微流量泵后的 1h 内，每 10min 拍一次照片，1h 后每 30min 拍一次照片，4h 后每 1h 拍一次照片。8h 后开启微流量泵，直至主通道中的剩余油全部驱出后，关闭微流量泵，重复以上拍照流程。

(3)使用不同裂缝形态的微观模型重复步骤(1)和步骤(2)的操作。

(4)对比三组实验记录的 6 组图像，分析实验数据。

(a) 纯基质微观模型　(b) 含一级裂缝的微观模型　(c) 含三级裂缝的微观模型

图 7-21　微观模型饱和油示意图(扫码见彩图)

2. 纯基质模型的驱替实验

驱油剂进入主通道的过程如图 7-22 所示。由图可见，注入水前缘呈凹形面；由图 7-22(c)可见，注入水倾向于接触壁面。模型表面为亲水性，在亲水程度较高的情况下，注入水贴近壁面前进，容易形成活塞形式的水驱油，所以有利于驱油过程的进行。

(a) 水驱开始　(b) 水驱进行　(c) 水驱结束

图 7-22　基质微观模型第一次驱替过程(扫码见彩图)

在水驱油的过程中，由于岩石表面润湿性的不同，在注入水驱油的过程中会呈现不同的驱油形式。按照岩石表面亲水亲油程度的不同，可将岩石表面分为亲水性和亲油性。在亲水性较强的条件下，注入水前缘在驱油过程中呈现凹形面，沿岩石表面“爬行”前进，这是因为亲水性岩石表面倾向于剥离油相，在水驱油的过程中较易形成活塞驱替的驱油形式。在亲油性较强的条件下，在注入水的驱进过程中前缘呈现凸形面，岩石表面呈现一层油膜。油膜厚度随驱替速度和孔隙结构的不同而不同，这是因为亲油性岩石表面倾向于黏附油相，在水驱油的过程中较难形成活塞驱替的驱油形式。因此，岩石表面亲油程度的不同对水驱油的效率将产生很大影响。

如图 7-22(a)所示，当驱油剂刚进入主通道时，主通道中未完全形成优势通道，驱油剂沿流动阻力较小的方向深入充满油的基质空间，这可能是因为主通道中剩余油的含量较高而基质中剩余油的含量较少，并且基质表面的亲水性较高，所以向基质方向渗流的流动阻力较小，因此驱油过程中发生了指进现象。图 7-22(b)的主通道中形成优势通道，注入水便停止了向基质方向的流动，这是因为注入水沿优势通道流动所受到的流动阻力更小。在模型的水驱油实验中，经常发生注入水沿阻力最小的孔隙方向深入基质深部的现象，这就是微观模型的指进现象。

纯基质微观模型的渗吸驱油过程如图 7-23 所示。第一次驱替后靠近注入口端基质区域的剩余油水洗较为彻底[图 7-23(a)]，驱油剂有沿基质壁面进入油层深部的趋势，这是因为靠近主入口的压力梯度较大，驱油剂的波及程度较高，并且基质表面的亲水程度较高，界面张力充当动力将驱油剂沿基质表面引入基质深部，此时的剩余油含量为 68.7%(图 7-24)，基质区域处于压力不平衡状态。压力平衡

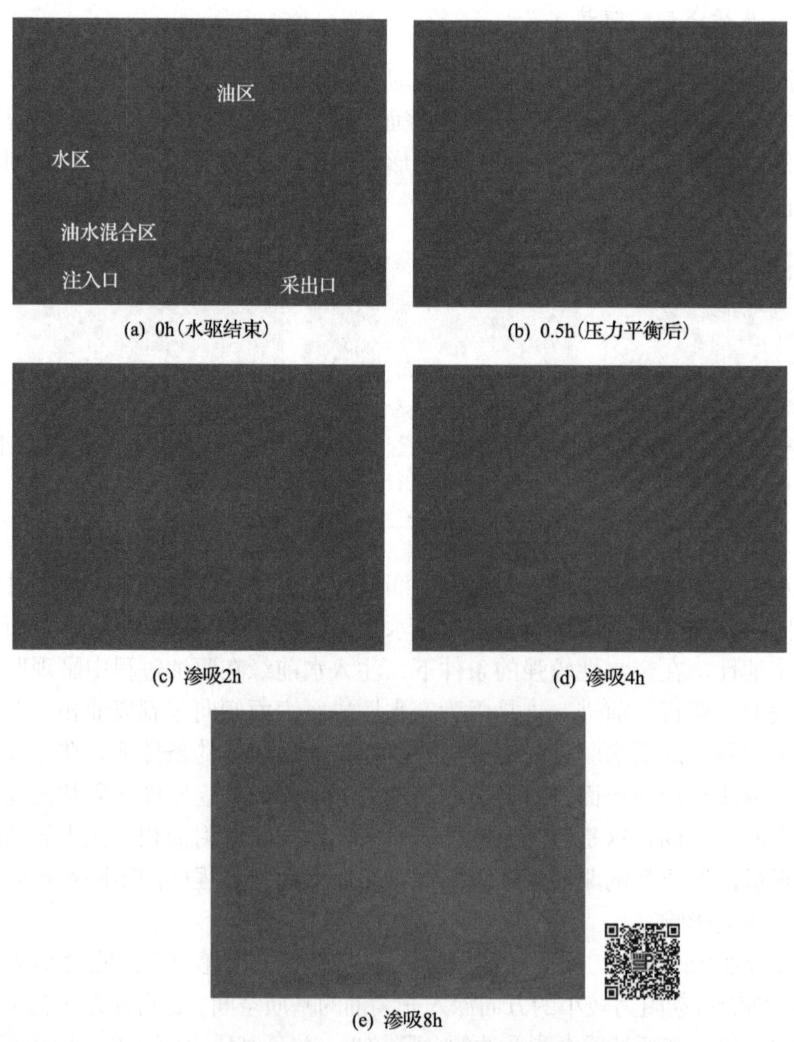

(a) 0h(水驱结束)　(b) 0.5h(压力平衡后)

(c) 渗吸2h　(d) 渗吸4h

(e) 渗吸8h

图 7-23　纯基质模型第一次驱替后的渗吸过程(扫码见彩图)

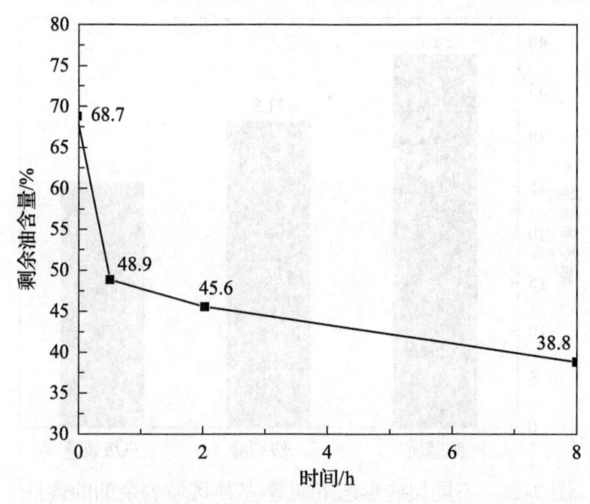

图 7-24　纯基质模型第一次驱替剩余油的含量变化曲线

后[图 7-23(b)]，剩余油含量为 48.9%(图 7-24)，相比图 7-23(a)中的油水分布，主通道和油水混合区域中的剩余油较为分散，油水相的分界面更为规则，油区面积减小。这是因为在回压的作用下，油区和油水混合区的剩余油进入主通道，减少了基质区域中剩余油的含量。模型渗吸 2h 后[图 7-23(c)]，同图 7-23(b)相比，油区域、油水混合区域的分布情况变化不大，但是驱油剂沿基质边界壁面深入基质深部，这是因为壁面为亲水性，在界面张力充当动力的条件下，驱油剂沿壁面处渗透到基质深部。图 7-23(e)为渗吸 8h 后模型剩余油的分布情况，同图 7-23(c)相比，油水混合区剩余油的分布较为零散，这是因为油水混合区的剩余油在渗吸作用下被置换到主通道中，驱油剂在界面张力的作用下沿壁面进入基质深部，基质深部形成较大面积的水区域。在渗吸驱油末期，剩余油的含量为 38.8%(图 7-24)。

3. 对比分析

本节采用图像识别方法来识别模型中剩余油的含量。因为本研究主要关注裂缝-基质双重介质区剩余油的变化情况，所以所识别的剩余油不包括主通道区域的剩余油。

不同裂缝形态的微观模型在渗吸末期剩余油的含量如图 7-25 所示。由图可知，三级裂缝、一级裂缝和无裂缝条件下的剩余油含量分别为 38.7%、31.8%和 25.4%，所以裂缝的发育程度越高，模型的渗吸采出程度越高。

不同裂缝形态的微观模型在渗吸驱油末期的油水分布如图 7-26 所示。对比图 7-26(a)和图 7-26(b)可知，在基质不含裂缝的条件下，深部基质剩余油的动用程度较小。这是因为驱油剂在裂缝中的流动阻力较小，在有裂缝的条件下，驱油剂沿裂缝区域渗入深部基质，驱油剂与深部基质的剩余油充分接触，所以有

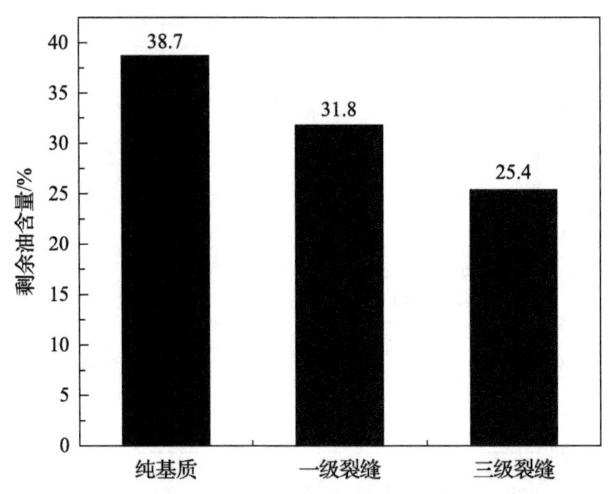

图 7-25 不同裂缝形态下裂缝-基质区域剩余油的含量

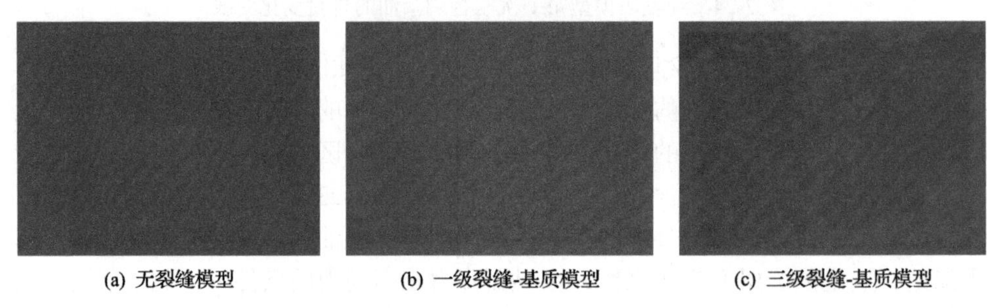

(a) 无裂缝模型 (b) 一级裂缝-基质模型 (c) 三级裂缝-基质模型

图 7-26 不同裂缝形态下模型的渗吸驱油效果

利于驱油剂充分发挥渗吸驱油的效果；同时，基质中的剩余油被渗吸置换至裂缝中，从而沿裂缝通道进入主通道中，故有利于后续水驱驱油的进行。图 7-26(b)和图 7-26(c)分别为一级裂缝-基质模型和三级裂缝-基质模型在渗吸末期的油水分布示意图。和一级裂缝-基质模型相比，三级裂缝-基质模型中裂缝附近的剩余油饱和度高于一级裂缝-基质模型，说明裂缝的发育程度越高，渗吸驱油效果越明显。这是因为：一方面，发育程度较高的裂缝能使驱油剂充分渗透至基质深部，从而增大去油剂和原油的接触程度，所以有利于发挥驱油剂渗吸驱油的效果；另一方面，较高发育程度的裂缝有利于剩余油置换进入微裂缝中，而微裂缝中的剩余油流至主裂缝中，主裂缝中的剩余油通过渗吸作用置换到主通道。因此，裂缝的发育程度越高，越有利于渗吸驱油效果。

第 8 章　低渗致密油藏注水井的宽带压裂引效方法

8.1　注水井压裂井网渗流数学模型的建立

目前，对超低渗透油藏中的菱形反九点井网在注水井宽带压裂后的开发机理认识不清，由于注水井的流动形态不同，存在水驱不均的问题。因此，为了改善开发效果，本章建立了井网宽带压裂渗流的数学模型[64-68]。

8.1.1　压裂前菱形反九点井网渗流数学模型的建立

1. 模型假设

在致密的油藏储层中，设置菱形反九点井网，依据水平主应力方向，生产井在垂直最小主应力方向形成单一裂缝，注水井仅设置直井，井网示意图如图 8-1 所示。

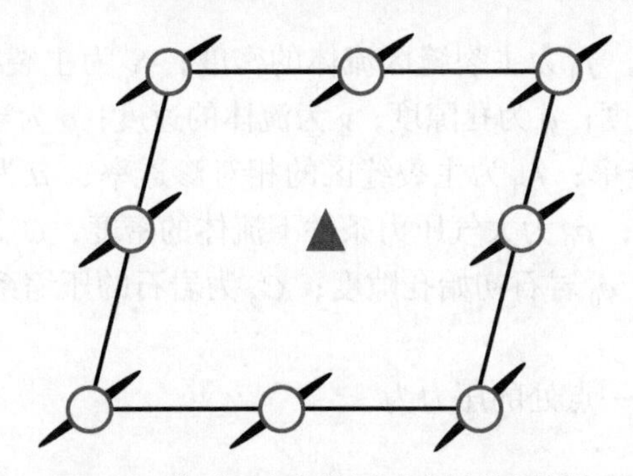

图 8-1　菱形反九点井网示意图(压裂前)

根据致密油藏的流动特点，压裂后采油井周围流体的流动可以分为两个部分：第一部分为人工压裂裂缝内的达西渗流[69,70]；第二部分为裂缝控制椭圆范围内的低速非达西渗流。注水井及采油井的分区示意图如图 8-2 和图 8-3 所示。

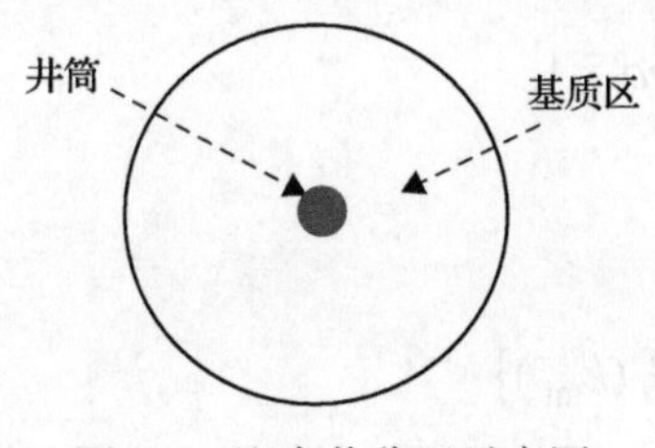

图 8-2　注水井分区示意图

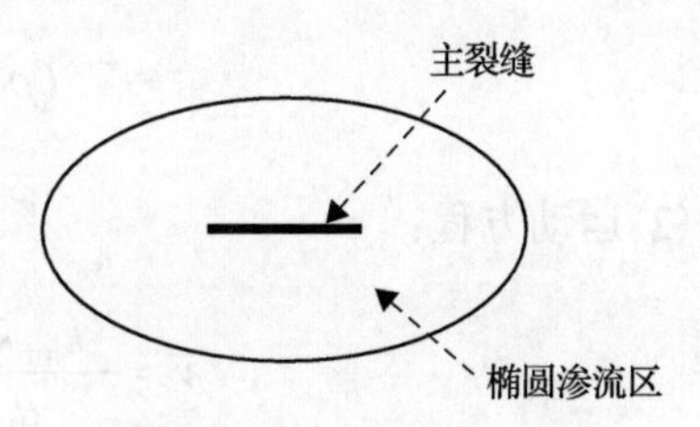

图 8-3　采油井分区示意图

2. 模型建立

1) 主裂缝区

(1) 质量方程：

$$-\nabla \cdot (\rho_1 \vec{v}_1) = \frac{\partial}{\partial t}(\phi \rho_1 S_1) \tag{8-1}$$

(2) 运动方程：

$$v = -\frac{k_f(p)k_{rl}}{\mu_1}\nabla p \tag{8-2}$$

(3) 状态方程：

$$\rho = \rho_0 e^{C_\rho (p-p_0)} = \rho_0 \left[1 + C_\rho (p - p_0)\right] \tag{8-3}$$

$$\phi = \phi_0 + C_\phi (p - p_0) \tag{8-4}$$

式(8-1)～式(8-4)中，ρ_1为主裂缝区流体的密度；S_1为主裂缝区液体的饱和度；$\overline{v}_l$为主裂缝区流体速度；ϕ为孔隙度；v为流体的速度；p为当前地层压力；k_f为主裂缝区的绝对渗透率；k_{rl}为主裂缝区的相对渗透率；μ为主裂缝区流体的黏度；ρ为流体的密度；ρ_0为大气压力条件下流体的密度；C_ρ为液体的压缩系数；p_0为原始地层压力；ϕ_0岩石初始孔隙度；C_ϕ为岩石的压缩系数。

(4) 压力方程：

主裂缝区内任意一点处的压力为

$$p(x) = p_w + \frac{p_f - p_w}{x_f - r_w}(x - r_w) \tag{8-5}$$

2) 缝网区

(1) 质量方程：

$$-\nabla \cdot (\rho_1 \overline{v}_1) = \frac{\partial}{\partial t}(\phi \rho_1 S_1)$$

(2) 运动方程：

$$v = -\frac{k_{mf} k_{rl}}{\mu_1}\left[\nabla p - G_f(k_{mf})\right] \tag{8-6}$$

式中，G_f 为缝网区的启动压力梯度。

(3) 状态方程：

$$\rho=\rho_0 e^{C_\rho(p-p_0)}=\rho_0\left[1+C_\rho(p-p_0)\right]$$

$$\phi=\phi_0+C_\phi(p-p_0)$$

(4) 压力方程：

w 平面内缝网区的启动压力梯度表达式为

$$G_n'=\frac{\overline{y_n}}{r_n-r_f}G_n=\frac{2b_n}{\pi(r_n-r_f)}G_n \tag{8-7}$$

缝网区内任意一点处的压力为

$$p(r)=p_f+G_n'(r-r_f)+\frac{p_n-p_f-G_n'(r_n-r_f)}{\ln\frac{r_n}{r_f}}\ln\frac{r}{r_f} \tag{8-8}$$

式中，G_n' 为 w 平面内缝网区的启动压力梯度；G_n 为缝网区的启动压力梯度；r_n 为区域Ⅱ的外边界转化为圆形的半径；r_f 为区域Ⅰ的外边界转化为单位圆形的半径；$\overline{y_n}$ 为椭圆区域平均镜向轴长度；b_n 为缝网区短半轴长度；p 为缝网区内任意一点的压力；p_f 为区域Ⅰ的边界转化为圆形的边界处压力；p_n 为区域Ⅱ的外边界转化为圆形边界处的压力；r 为 w 平面内等效的半径。

3. 模型求解

根据各区域交界面处压力、流量相等，耦合求解多区渗流数学模型。

(1) 产量：

$$Q_t=\frac{p_e-p_w-G_n'(k_n)(R_t-r_f)}{\frac{\mu(x_f-r_w)}{2k_f w_f h}+\frac{\mu}{2\pi k_n h}\ln\frac{R_t}{r_f}} \tag{8-9}$$

(2) 平均压力：

$$\overline{p_n}=\frac{p_{out}r_{out}^2-p_{in}r_{in}^2}{r_{out}^2-r_{in}^2}-\frac{1}{3}\frac{G_n(r_{out}^2+r_{out}r_{in}+r_{in}^2)}{r_{out}+r_{in}}-\frac{p_{out}-p_{in}-G_n(r_{out}-r_{in})}{2\ln\frac{r_{out}}{r_{in}}} \tag{8-10}$$

式 (8-9) 和式 (8-10) 中，Q_t 为产量；p_e 为储层压力；p_w 为井筒压力；R_t 为在 w 平面

内动态供给边界的半径；k_n 为缝网区的等效渗透率；x_f 为裂缝半长；w_f 为裂缝的宽度；h 为储层的厚度；μ 为流体的黏度；$\overline{p}$ 为平均压力；p_{in} 为入口边界的压力；p_{out} 为出口边界的压力；r_{in} 为入口边界的半径；r_{out} 为出口边界的半径。

8.1.2 压裂后菱形反九点井网渗流数学模型的建立

1. 模型假设

在致密的油藏储层中，设置菱形反九点井网(图 8-4)，依据水平主应力方向，生产井在垂直最小主应力方向形成单一裂缝，注水井设置有同向的宽带压裂区。基于保角变换理论，将其转换为径向流动进行求解，通过逆变换转化为椭圆形，进而实现对压力场的模拟。

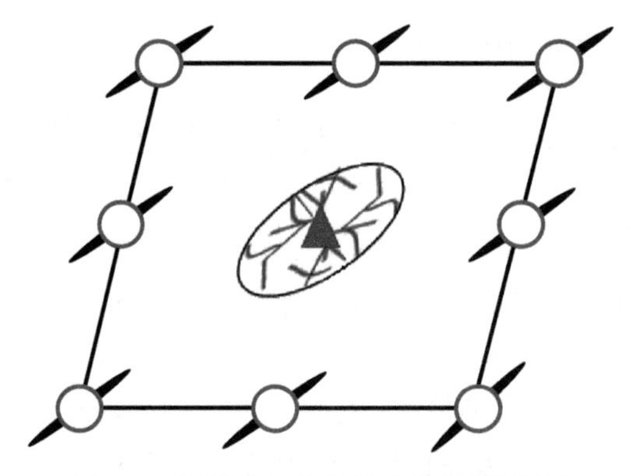

图 8-4 菱形反九点井网示意图(压裂前)

根据宽带压裂注水井的流动特点，压裂后注水井周围流体的流动可以分为两个部分：第一部分为裂缝控制的椭圆范围内的低速非达西渗流；第二部分为由基质位置流体流入裂缝控制的椭圆范围内的非达西渗流。注水井的宽带压裂分区示意图如图 8-5 所示。

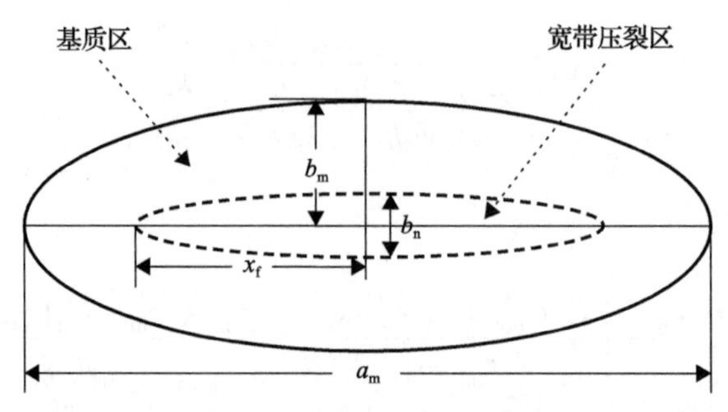

图 8-5 采油井分区示意图

a_m 为基质椭圆区椭圆长半轴的长度；b_m 为基质椭圆区椭圆的短半轴长度；b_n 为缝网区短半轴长度

2. 保角变换

针对致密油藏体积压裂形成以裂缝远端为焦点的复杂流场结构，保角变换方法是求解此类复杂边界最有效的方法之一[71]。即引入解析函数 $w = f(z)$，将 z 平面上一点变换到 w 平面，有

$$\frac{\mathrm{d}w}{\mathrm{d}z} = M\mathrm{e}^{\mathrm{i}\theta}$$

式中，M 为函数 w 在 z 点导数的模；θ 为映射过程中旋转的角度；i 为复数的虚部。

将可实现 z 平面椭圆边界的边值问题转换为 w 平面的同心圆流场结构（图 8-6），再通过逆变换求解原始问题的解，从而极大地简化了模型的求解过程。

引入 Rokovsky 函数，定义映射为

$$z=\frac{x_{\mathrm{f}}}{2}\left(w+\frac{1}{w}\right) \tag{8-11}$$

式中，$z = x + \mathrm{i}y$；$w = u + \mathrm{i}v = M\mathrm{e}^{\mathrm{i}\theta}$。

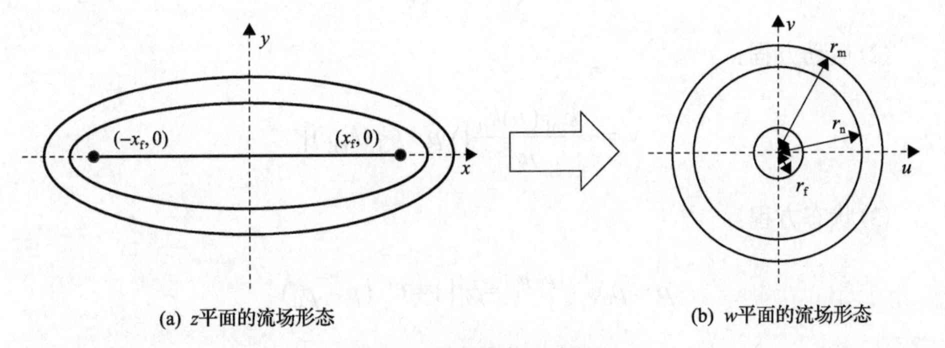

图 8-6　保角变换示意图

基于欧拉公式可得

$$x+\mathrm{i}y=\frac{x_{\mathrm{f}}}{2}\left(M\mathrm{e}^{\mathrm{i}\theta}+\frac{1}{M}\mathrm{e}^{-\mathrm{i}\theta}\right)=\frac{x_{\mathrm{f}}}{2}\left[\left(M+\frac{1}{M}\right)\cos\theta+\mathrm{i}\left(M-\frac{1}{M}\right)\sin\theta\right] \tag{8-12}$$

令 $a=\frac{x_{\mathrm{f}}}{2}\left(M+\frac{1}{M}\right)$，$b=\frac{x_{\mathrm{f}}}{2}\left(M-\frac{1}{M}\right)$，有

$$x+\mathrm{i}y=a\cos\theta+\mathrm{i}b\sin\theta \tag{8-13}$$

通过式(8-13)可将 w 平面上半径为 M 的圆映射为 z 平面上长轴为 a、短轴为

b、焦点为 x_{f} 的椭圆。由式(8-27)可得其逆映射为

$$w=\frac{z}{x_{\mathrm{f}}}+\frac{\sqrt{z^{2}-x_{\mathrm{f}}^{2}}}{x_{\mathrm{f}}}=\frac{a+b}{x_{\mathrm{f}}} \tag{8-14}$$

通过式(8-14)即可将 z 平面的椭圆流场结构映射为 w 平面的圆形径向流场结构，从而简化了致密油藏多区域复杂流场的边界条件。其中，Ⅰ区外边界处映射为 w 平面上的单位圆，即 $r_{\mathrm{f}}=M=1$；Ⅱ区外边界映射为 w 平面上半径为 $r_{\mathrm{n}}=(a_{\mathrm{n}}+b_{\mathrm{n}})/x_{\mathrm{f}}$（下角 n 表示缝网区）的圆；类似地，Ⅲ区外边界映射为 w 平面上半径为 $r_{\mathrm{m}}=(a_{\mathrm{m}}+b_{\mathrm{m}})/x_{\mathrm{f}}$ 的圆。

3. 宽带压裂数学模型的建立

1）宽带压裂区

(1)质量方程：

$$-\nabla\cdot(\rho_{1}\vec{v}_{1})+q_{1}=\frac{\partial}{\partial t}(\phi\rho_{1}S_{1})$$

(2)运动方程：

$$v=-\frac{k_{\mathrm{mf}}(p)k_{\mathrm{rl}}}{\mu_{1}}\left[\nabla p-G_{\mathrm{f}}(k_{\mathrm{mf}})\right]$$

(3)状态方程：

$$\rho=\rho_{0}\mathrm{e}^{C_{\rho}(p-p_{0})}=\rho_{0}\left[1+C_{\rho}(p-p_{0})\right]$$

$$\phi=\phi_{0}+C_{\phi}(p-p_{0})$$

(4)压力方程：

宽带压裂区的启动压力梯度表达式为

$$G_{\mathrm{n}}'=\frac{\overline{y_{\mathrm{n}}}}{r_{\mathrm{n}}-r_{\mathrm{f}}}G_{\mathrm{n}}=\frac{2b_{\mathrm{n}}}{\pi(r_{\mathrm{n}}-r_{\mathrm{f}})}G_{\mathrm{n}}$$

宽带压裂区内任意一点处的压力为

$$p(r)=p_{\mathrm{f}}+G_{\mathrm{n}}'(r-r_{\mathrm{f}})+\frac{p_{\mathrm{n}}-p_{\mathrm{f}}-G_{\mathrm{n}}'(r_{\mathrm{n}}-r_{\mathrm{f}})}{\ln\frac{r_{\mathrm{n}}}{r_{\mathrm{f}}}}\ln\frac{r}{r_{\mathrm{f}}}$$

2) 基质区

(1) 质量方程：

$$-\nabla\cdot(\rho_1\vec{v}_1)+q_l=\frac{\partial}{\partial t}(\phi\rho_1 S_1)$$

(2) 运动方程：

$$v=-\frac{k_{\mathrm{m}}(p)\cdot k_{\mathrm{rl}}}{\mu_1}\left[\nabla p-G_{\mathrm{m}}(k_{\mathrm{m}})\right]$$

(3) 状态方程：

$$\rho=\rho_0\mathrm{e}^{C_\rho(p-p_0)}=\rho_0\left[1+C_\rho(p-p_0)\right]$$

$$\phi=\phi_0+C_\phi(p-p_0)$$

(4) 压力方程：

基质区的启动压力梯度表达式为

$$G'_{\mathrm{m}}=\frac{\overline{y_{\mathrm{m}}}-\overline{y_{\mathrm{n}}}}{r_{\mathrm{m}}-r_{\mathrm{n}}}G_{\mathrm{m}}=\frac{2(b_{\mathrm{m}}-b_{\mathrm{n}})}{\pi(r_{\mathrm{m}}-r_{\mathrm{n}})}G_{\mathrm{m}}$$

缝网区内任意一点处的压力为

$$p(r)=p_{\mathrm{n}}+G'_{\mathrm{m}}(r-r_{\mathrm{n}})+\frac{p_{\mathrm{e}}-p_{\mathrm{n}}-G'_{\mathrm{m}}(r_{\mathrm{e}}-r_{\mathrm{n}})}{\ln\frac{r_{\mathrm{e}}}{r_{\mathrm{n}}}}\ln\frac{r}{r_{\mathrm{n}}}$$

4. 模型求解

根据各区域交界面处的压力和流量相等，可耦合求解多区渗流的数学模型。

(1) 产量：

$$Q_{\mathrm{wt}}=\begin{cases}\dfrac{p_{\mathrm{e}}-p_{\mathrm{w}}-G_{\mathrm{n}}(R_{\mathrm{t}}-r_{\mathrm{w}})}{\dfrac{\mu}{2\pi k_{\mathrm{n}}h}\ln\dfrac{R_{\mathrm{t}}}{r_{\mathrm{w}}}}, & R_{\mathrm{t}}<r_{\mathrm{n}}\\[3ex] \dfrac{p_{\mathrm{e}}-p_{\mathrm{w}}-G_{\mathrm{n}}(r_{\mathrm{n}}-r_{\mathrm{w}})-G_{\mathrm{m}}(R_{\mathrm{t}}-r_{\mathrm{n}})}{\dfrac{\mu}{2\pi k_{\mathrm{n}}h}\ln\dfrac{r_{\mathrm{n}}}{r_{\mathrm{w}}}+\dfrac{\mu}{2\pi k_{\mathrm{m}}h}\ln\dfrac{R_{\mathrm{t}}}{r_{\mathrm{n}}}}, & R_{\mathrm{t}}\geqslant r_{\mathrm{n}}\end{cases}\tag{8-15}$$

⑵平均压力：

$$\overline{p_{\mathrm{n}}}=\frac{p_{\mathrm{out}}r_{\mathrm{out}}^2-p_{\mathrm{in}}r_{\mathrm{in}}^2}{r_{\mathrm{out}}^2-r_{\mathrm{in}}^2}-\frac{1}{3}\frac{G_{\mathrm{n}}(r_{\mathrm{out}}^2+r_{\mathrm{out}}r_{\mathrm{in}}+r_{\mathrm{in}}^2)}{r_{\mathrm{out}}+r_{\mathrm{in}}}-\frac{p_{\mathrm{out}}-p_{\mathrm{in}}-G_{\mathrm{n}}(r_{\mathrm{out}}-r_{\mathrm{in}})}{2\ln\dfrac{r_{\mathrm{out}}}{r_{\mathrm{in}}}}$$

8.2　注水井压裂后井网产能预测模型的建立

根据菱形反九点井网渗流物理场的划分区域，采用水电相似原理和等值渗流阻力法，建立了注水井和采油井流场单元的产能模型，进而得到菱形反九点井网注水井宽带体积压裂改造后的产能预测模型。

8.2.1　注水井的渗流区

在水驱油非活塞式的条件下，将从注水井井底流到油井控制范围的前缘视为油水两相渗流区，根据巴克利-莱弗里特方程，一维两相的径向流水驱油前缘推进方程式为

$$r_{\mathrm{f}}^2-r_{\mathrm{w}}^2=\frac{f_{\mathrm{w}}'(S_{\mathrm{wf}})}{\pi h\phi}\int_0^t q(t)\,\mathrm{d}t \tag{8-16}$$

式中，r_{f}为水驱油前缘推进的半径，m；r为t时刻某一等饱和度面所到达位置的半径，m；h为油层的厚度，m；ϕ为孔隙度，%；S_{wf}为水驱油前缘的含水饱和度，%；f_{w}为含水率，%；$\int_0^t q(t)\,\mathrm{d}t$为从油水两相区形成到$t$时刻渗入的总水量(从0～$t$时刻采出的油水总量)，$\mathrm{m}^3$。

注水井控制范围的渗流阻力可用油水两相影响系数E进行修正，即

$$E=\frac{\phi(S_{\mathrm{wf}})}{k_{\mathrm{ro}}(S_{\mathrm{wc}})\displaystyle\int_{S_{\mathrm{wm}}}^{S_{\mathrm{wf}}}\frac{\phi'(S_{\mathrm{w}})\mathrm{d}S_{\mathrm{w}}}{k_{\mathrm{ro}}+k_{\mathrm{rw}}\mu_{\mathrm{ow}}}} \tag{8-17}$$

$$\phi(S_{\mathrm{w}})=\frac{\partial f_{\mathrm{w}}}{\partial S_{\mathrm{w}}} \tag{8-18}$$

式中，S_{wf}为原始油水界面的最大含水饱和度，%；S_{wc}为束缚水的饱和度，%；S_{w}为含水饱和度，%；k_{ro}为油相的相对渗透率；k_{rw}为水相的相对渗透率；μ_{ow}为油水黏度比。

注水井主裂缝区(Ⅰ区)的流体沿主裂缝内进行线性流动，渗流阻力为

$$R_{z}=\frac{\mu_{o}x_{f}}{4k_{f}w_{f}h} \tag{8-19}$$

式中，μ_o 为原油黏度，mPa·s；x_f 为注水井裂缝的半长，m；w_f 为注水井裂缝的宽度，m；k_f 为主裂缝的渗透率，mD。

注水井宽带体积压裂改造区(Ⅱ区)可视为矩形箱体的渗流，将矩形箱体的流态等效为圆形径向流，且为油水两相流，其等效半径为

$$R_{e}=\sqrt{\frac{L_{d}w_{d}}{\pi}} \tag{8-20}$$

式中，L_d 为矩形箱体的长度，m；w_d 为矩形箱体的宽度，m。

宽带区的渗流阻力为

$$R_{k}=\frac{\mu_{o}}{2\pi k_{e}h}\left(\ln\frac{R_{e}}{r_{w}}\right)E \tag{8-21}$$

式中，k_e 为宽带体积压裂改造区的等效渗透率，mD。

宽带体积压裂改造区控制范围的压差为

$$\Delta p_{1}=G_{1}(R_{e}-r_{w}) \tag{8-22}$$

式中，G_1 为宽带体积压裂改造范围区内的启动压力梯度，MPa/m。

注水井椭圆渗流控制区域(Ⅲ区)的渗流阻力为[25]

$$R_{t}=\frac{\mu_{o}}{2\pi kh}\left(\ln\frac{a_{w}+\sqrt{a_{w}^{2}-x_{f}^{2}}}{x_{f}}\right)E \tag{8-23}$$

注水井椭圆区控制范围内的压差为

$$\Delta p_{2}=G_{1}\left(\frac{a_{w}+\sqrt{a_{w}^{2}-x_{w}^{2}}}{2}-\frac{x_{w}}{2}\right) \tag{8-24}$$

因此，注水井宽带体积压裂后有效控制范围内的总渗流阻力为

$$R_{1}=R_{z}+R_{k}+R_{t}=\frac{\mu_{o}x_{f}}{4k_{f}w_{f}h}+\frac{\mu_{o}}{2\pi k_{e}h}\left(\ln\frac{R_{e}}{r_{w}}\right)E+\frac{\mu}{2\pi kh}\left(\ln\frac{a_{w}+\sqrt{a_{w}^{2}-x_{w}^{2}}}{x_{w}}\right)E \tag{8-25}$$

8.2.2 平面渗流区

平面渗流区位于注水井和采油井之间，其渗流阻力为

$$R_2 = \frac{\mu_o D}{kBh} E \tag{8-26}$$

式中，k 为储层基质的平均渗透率，mD；D 为平面渗流区的长度，m；B 为平面渗流区的宽度，m。

平面渗流区控制范围内的压差为

$$\Delta p_3 = G_2 D \tag{8-27}$$

式中，G_2 为平面渗流区域的启动压力梯度，MPa/m。

8.2.3 采油井的渗流区

当水驱油前缘从油井控制范围流到油井井底时，既存在水波及的部分(为两相渗流区)，又存在水未波及的部分(为油单相渗流区)。采油井控制范围的渗流阻力可用油水两相的修正系数 F 进行修正，即

$$F = \frac{k_{ro}(S_{wc})}{k_{ro} + \mu_{ow} k_{rw}} \tag{8-28}$$

采油井椭圆渗流区的渗流阻力为

$$R_3 = \frac{\mu_o}{2\pi k_o h}\left(\ln\frac{a_{oi} + \sqrt{a_{oi}^2 - x_{oi}^2}}{x_{oi}}\right)\left(\frac{\alpha}{m}F + \frac{m-\alpha}{m}\right) \tag{8-29}$$

式中，a_{oi} 为第 i 口采油井椭圆区的长半轴，m；x_{oi} 为第 i 口采油井裂缝的半长，m；k_o 为采油井的渗透率；α 为井网的总水淹角系数，即

$$\alpha = \frac{j\theta}{2\pi} = \frac{f_w}{f_w + \frac{1}{M} f_o} = \frac{f_w}{f_w + \frac{1}{M}(1 - f_w)} = \frac{1}{1 + \frac{1}{M} \cdot \frac{1 - f_w}{f_w}} \tag{8-30}$$

$$M = \frac{\dfrac{k_{ro}(S_{wc})}{\mu_o}}{\dfrac{k_{rw}(S_{wm})}{\mu_w}} = \frac{k_{ro}(S_{wc})}{\mu_o \mu_w k_{rw}(S_{wm})} \tag{8-31}$$

式中，θ 为井网单元的水淹角；f_o 为含油率，%；M 为流度比。

采油井裂缝内的流动为线性流动，流动阻力为

$$R_4 = \frac{\mu_o x_{oi}}{4k_{oi} w_{oi} h} \tag{8-32}$$

式中，k_{oi} 为第 i 口采油井的渗透率，mD；x_{oi} 为第 i 口采油井的裂缝半长，m；w_{oi} 为第 i 口采油井的裂缝宽度，m。

采油井椭圆区控制范围内的压差为

$$\Delta p_4 = G_3 \left(\frac{a_{oi} + \sqrt{a_{oi}^2 - x_{oi}^2}}{2} - \frac{x_{oi}}{2} \right) \tag{8-33}$$

式中，G_3 为油井椭圆控制范围区内的启动压力梯度，MPa/m。

根据等值渗流阻力法，各个渗流区进行串联供油，由此可得菱形反九点井网单元的产能，如式(8-35)所示。

$$q_i = \frac{p_h - p_w - G_1(R_e - r_w) - G_1\left(\frac{a_w + \sqrt{a_w^2 - x_w^2}}{2} - \frac{x_w}{2} \right) - G_2 D - G_3 \left(\frac{a_{oi} + \sqrt{a_{oi}^2 - x_{oi}^2}}{2} - \frac{x_{oi}}{2} \right)}{R_1 + R_2 + R_3 + R_4} \tag{8-34}$$

式中，p_h 为注水井的井底流压，MPa；p_w 为采油井的井底流压，MPa。

菱形反九点井网的产能模型为

$$Q = \sum_{i=1}^{8} \frac{p_h - p_w - G_1(R_e - r_w) - G_1\left(\frac{a_w + \sqrt{a_w^2 - x_w^2}}{2} - \frac{x_w}{2} \right) - G_2 D - G_3 \left(\frac{a_{oi} + \sqrt{a_{oi}^2 - x_{oi}^2}}{2} - \frac{x_{oi}}{2} \right)}{R_1 + R_2 + R_3 + R_4} \tag{8-35}$$

8.3　注水井压裂选井和选层条件的研究

超低渗透油藏通过宽带压裂可实现地层能量的供给，但不合适的储层物性及压裂工艺参数会导致生产井含水率上升过快，易形成注入水的无效循环。为控制生产井含水率的上升速率，实现对超低渗透油藏的高效开发，亟需明确超低渗透油藏宽带压裂的适应性，建立宽带压裂选井的方法。

8.3.1　超低渗透油藏宽带压裂的选井原则

以元 306-611 井组的实际地层参数为基础，利用数值模拟方法来分析不同物性参数，得到在非均质性条件下，宽带压裂前后的产液量、产油量及含水率的变化情况，以及不同宽带压裂尺寸(裂缝半长、带宽)的产油增量和含水率情况，明确宽带压裂的适用条件及工艺参数，见表 8-1。

表 8-1　分析方法

问题	分析方法
什么特征的井组需要进行宽带压裂	不同孔隙度、渗透率、渗透率变异系数的储层在实施宽带压裂前后产量的变化情况
如何进行宽带压裂	不同裂缝半长、宽带压裂带宽工艺参数对产油量、含水率的影响规律

8.3.2　超低渗透油藏宽带压裂的选井标准

1. 选井标准

通过理论分析、数值模拟及对现场井史的数据分析，总结宽带压裂效果明显的方案特征，从孔隙度、渗透率、非均质性、产液量、含水率共计五个方面进行分析，建立超低渗透油藏宽带压裂的选井条件，明确宽带压裂的适宜对象。以元 306-611 井组的实际井组参数为例，得出裂缝半长为 200m～250m 为宜，带宽建议不超过 80m，见表 8-2。

表 8-2　超低渗透油藏宽带压裂选井原则统计表

因素	好	较好	一般	较差
孔隙度	≥0.15	0.1～0.15	0.05～0.10	<0.05
基质渗透率/mD	0.1～0.3	0.3～0.5	0.5～0.7	≥0.7
非均质性(k_y/k_x)	0.5～1	1～2	0.25～0.50	2～4
产液量/(t/d)	≤10	10～20	20～30	>30
含水率/%	≤40	40～50	50～60	60～70

2. 选井选层方法

1)建立评价对象及其影响因素

反九点井网实施宽带压裂前后，主要表现为产液量上升和含水率下降。综合考虑井控储量、渗流能力、非均质性、地层能量及含水率特征，设置以下影响因素，见表 8-3。以元 296-55、元 306-611、元 308-59 及元 308-61 四个井组为评价对象，以其宽带压裂前的井史数据、开发参数为依据，以产液量的上升幅度、含水率的下降幅度为见效评价标准，基于模糊判断原理，建立超低渗油藏宽带压裂的选井方法。

表 8-3　影响参数筛选表

影响因素	反映参数
井控储量	井网的平均孔隙度
渗流能力	井网的平均渗透率
非均质性	渗透率变异系数
地层能量	产液量
含水率	生产井的平均含水率

2）建立评价对象因素集

建立评价对象因素集及宽带压裂前后产液量和含水率的情况，建立评价标准，见表 8-4。相较于元 296-55 井组，其他 3 个井组的宽带压裂开发效果更为明显，对比东西两个井组的物性参数可以得出：孔隙度越低、渗透率越高且非均质性更强的储层更适宜宽带压裂。

表 8-4　评价标准表

井组	评价对象因素集（宽带压裂前）					宽带压裂后		评价标准	
	井网的平均孔隙度/%	井网的平均渗透率/mD	渗透率变异系数	井组的产液量/(t/d)	井组的综合含水率/%	宽带压裂后的产液量/(t/d)	宽带压裂后的含水率/%	单井产液的上升量/(t/d)	含水率的下降百分点
元 296-55	12.14	0.31	0.038	21.56	76.11	17.00	69.35	−0.651	6.76
元 306-61	11.82	0.57	0.292	13.89	61.20	17.40	55.60	0.439	5.60
元 308-59	11.96	0.97	0.284	12.10	64.30	7.82	43.48	−0.856	20.82
元 308-61	11.95	0.67	0.358	16.30	74.60	6.52	38.80	−1.956	35.80

3）模糊关系矩阵建立

基于理论及生产实例分析，根据各因素是否适宜进行宽带压裂来判断其隶属度，见表 8-5。当渗透率变异系数及综合含水率高时，亟需宽带压裂进行流场重构。另外，当渗透率越大，产液量越高时，常规开发也可以实现工业开采，无需进行宽带压裂。

表 8-5 隶属度表

类型	归一化公式	因素
参数越大，越适宜宽带压裂的因素	$F_{kj}=\dfrac{r_{kj}-(r_{kj})_{\min}}{(r_{kj})_{\max}-(r_{kj})_{\min}}$	井网的平均孔隙度、渗透率变异系数、井组的综合含水率
参数越小，越适宜宽带压裂的因素	$F_{kj}=\dfrac{(r_{kj})_{\max}-r_{kj}}{(r_{kj})_{\max}-(r_{kj})_{\min}}$	井网的平均渗透率、井组的产液量

注：r_{kj}代表任意变量，$(r_{kj})_{\min}$代表变量的最小值，$(r_{kj})_{\max}$代表变量的最大值。

将各因素根据其隶属度进行归一化处理。综合考虑其含水率的降幅和产液量的增幅，得到综合评价指标，见表 8-6。

表 8-6 综合评价指标表

井组	井网的平均孔隙度/%	井网的平均渗透率/mD	渗透率变异系数	井组的产液量/(t/d)	井组的综合含水率/%	综合评价指标
元 296-55	0.430	0.233333	0.021622	0.037	0.19	0.3373
元 306-61	0.590	0.522222	0.908108	0.676	0.94	0.5438
元 308-59	0.520	0.766667	0.686486	0.825	0.78	0.4370
元 308-61	0.525	0.633333	0.886486	0.475	0.27	0.3668

4) 权重系数的确定

勾勒反应评价指标和综合选井决策因子的对应关系，如图 8-7 所示。可见，四个井组的产液量增幅、含水率降幅等综合评价指标与综合决策因子呈正相关性，认为本书建立的权重系数能够反映宽带压裂的开发效果，如表 8-7 所示。

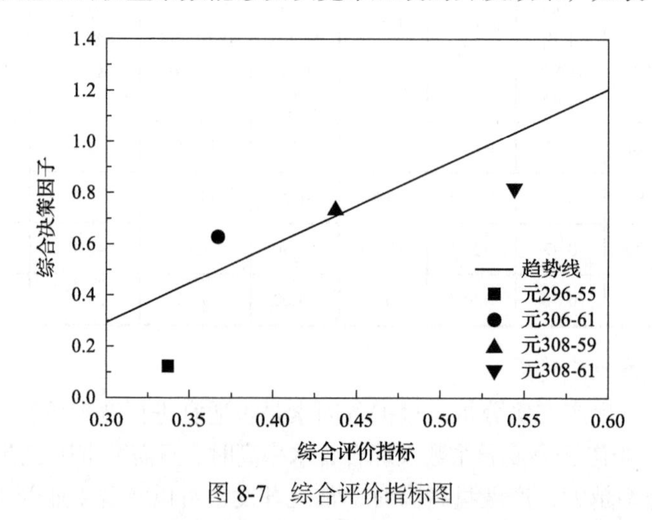

图 8-7 综合评价指标图

表 8-7　权重表

影响因素	单项权重
井网的平均孔隙度	0.043
井网的平均渗透率	0.174
渗透率变异系数	0.435
井组的产液量	0.087
井组的综合含水率	0.261

基于该权重系数可进行宽带压裂井的多因素评价，依据综合决策因子进行注水井宽带压裂的主次排序。

$$\mathrm{FZ}(i)_{1\times n} = \lambda(j)_{1\times 4} F(i,j)_{4\times n} \tag{8-37}$$

式中，FZ 为综合决策因子；λ 为权重系数；F 为影响因素变量；i 代表行数，取 1～4；j 代表列数，取 1～n，n 为任意整数。

第 9 章　径向钻孔-微压裂扩容-调驱方法

径向钻孔技术的应用范围很广泛，主要有如下几方面：井眼污染带、更薄的薄层或薄夹层、套管变形井、无隔层阻止裂缝垂直延伸而进入邻近地层的要压裂层段，此外，在不完整边界且增产不理想的地层，进行完井或二次完井时可采取径向钻孔的方法来实现；可以在处理注水井和污水井时，用来改善注入量和注水剖面；已采取压裂、酸化措施的油田还可以通过起造缝的作用来降低压力，以此提高重复压裂和酸化措施的效果。采用径向钻孔技术进行补孔作业，能帮助老油田解决剩余油气开发难等问题，同时在低渗透油藏应用也较为广泛，并且在疏松砂岩稠油热采方面也体现出了巨大的潜在经济效益。

9.1　稠油油藏径向钻孔后压裂防砂裂缝起裂扩展的数值模拟研究

9.1.1　径向孔参数对裂缝起裂扩展的影响规律

在水力压裂过程中，关于岩石断裂的判据有很多，而基于张性破裂准则所预测的裂缝起裂比其他破裂准则更为准确，因此判断岩石起裂准则采用最大拉应力准则[72]，这一理论认为引起材料断裂破坏的因素是最大拉应力，无论是什么应力状态，只要构件内一点处的最大拉应力达到单向应力状态下的极限应力，材料就会发生断裂，即在水力压裂过程中，当流体压力超过孔壁处岩石开裂所需应力时，孔壁处开始产生裂缝。

1. 径向孔长度对裂缝起裂的影响

建立有限元模型，模型长 150m、宽 6m、高 6m，中间径向孔直径 50mm，底端设置半径为 25mm 的半球状，改变径向孔的长度分别为 50m、80m、100m，模型的 X 轴、Y 轴均为水平方向，Z 轴为竖直方向，其中径向孔垂直为 X 轴，泊松比取 0.26，弹性模量取 1500MPa，采用 solid65 单元，将模型剖分为六面体网格。

疏松砂岩所处埋深 1100m 左右，压裂过程中，假设流体对近井端孔壁造成的压力为 30MPa，随着距近井端距离的增大，流体会有一定的滤失，因此假设流体滤失过程中形成 0.05MPa/m 的压降，其作用于孔壁的压力示意图如图 9-1 所示。

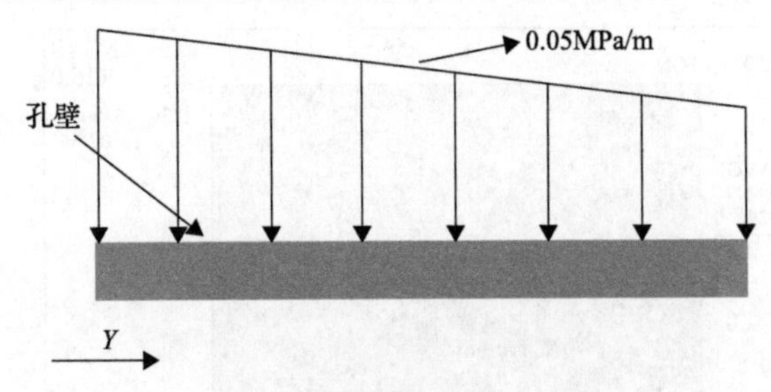

图 9-1　孔壁荷载分布示意图

经调研，1100m 埋深的疏松砂岩在竖直方向的应力为 25MPa，最大和最小水平主应力分别为 20MPa 和 15MPa，采用控制变量法，假设垂直于径向孔的水平地应力为 15MPa，平行于径向孔的水平地应力为 20MPa。

由于对径向孔周围的网格进行了加密处理，随着径向孔长度的增大，网格及节点数逐渐增加。当径向孔长度分别为 50m、80m、100m 时，模型所得的网格数分别为 78000 个、84840 个、121600 个，所得的节点数分别为 82157、90047、129507。施加荷载后，不同径向孔长度的拉应力分布如图 9-2～图 9-4 所示。

从拉应力分布云图可以看出，不同长度的径向孔所受拉应力的最大处均位于近井端附近，且随径向孔长度的变化，最大拉应力的变化幅度并不大，约为 6MPa，即改变径向孔长度对起裂位置的影响不大，均位于径向孔近井端的竖直方向。

2. 径向孔数量对裂缝起裂的影响

为研究径向孔数量对裂缝起裂的影响，假设射孔的相位角为 0，即各个径向孔之间呈平行状态，径向孔的长度设为 100m，在竖直方向设置两个径向孔，径向孔之间的距离为 0.5m，其他参数保持不变。

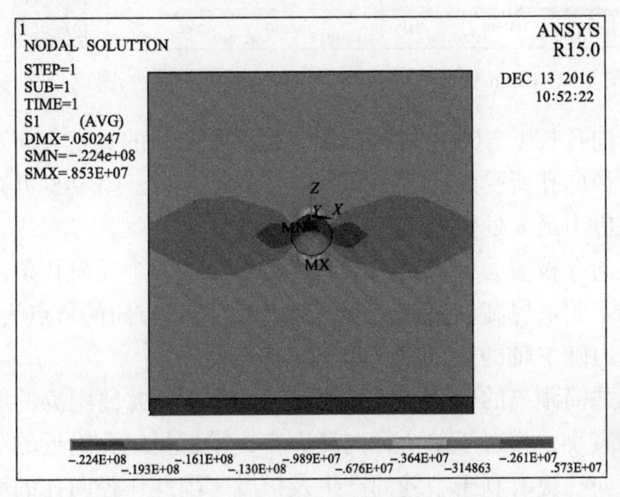

图 9-2　50m 径向孔的拉应力分布云图(扫码见彩图)

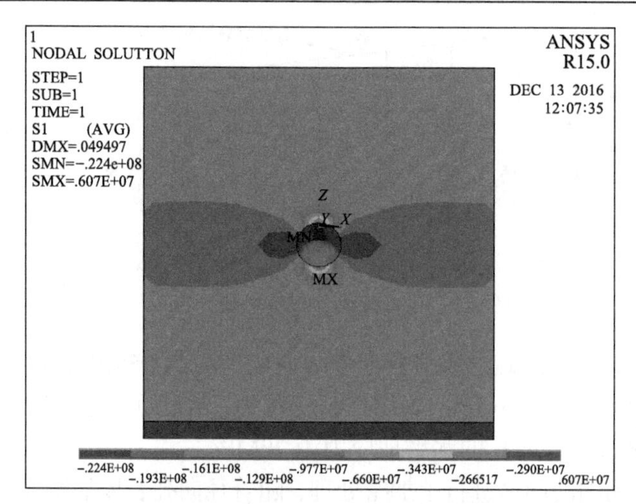

图 9-3　80m 径向孔的拉应力分布云图(扫码见彩图)

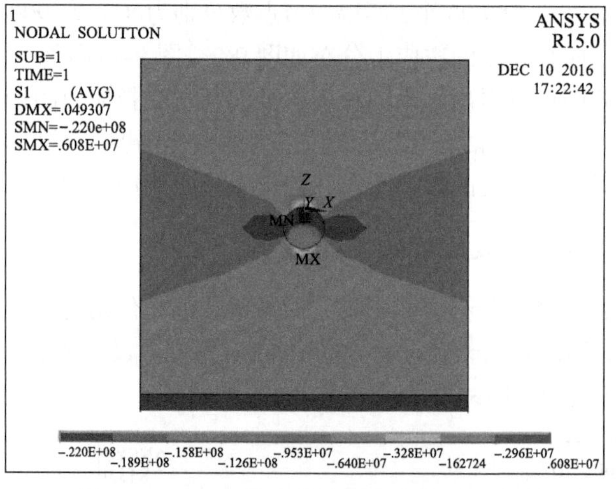

图 9-4　100m 径向孔的拉应力分布云图(扫码见彩图)

为了与单个径向孔长度 100m 对比，两个径向孔模型的竖直方向及水平方向所受的荷载与单个径向孔所受的荷载相同。由拉应力分布云图 9-5 可知，两个径向孔模型所受的拉应力最大处依然位于近井端附近。

通过与单个径向孔拉应力计算结果的对比可知，在两个径向孔条件下，模型所受的拉应力得到了明显提高。选取一径向孔孔壁上竖直方向的节点为研究对象，绘制该线上的拉应力随 Y 轴的变化曲线，如图 9-6 所示。

从拉应力随距井筒距离的变化曲线可以看出，随着距井筒距离的增大，模型所受的拉应力逐渐减小，相对于单个径向孔而言，模型径向孔附近的受拉作用明显增大，即两个径向孔更有利于裂缝的产生及扩展。因此，径向孔的增加对模型

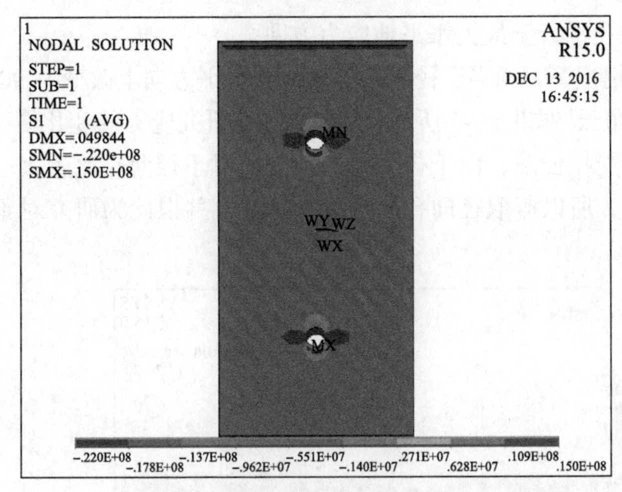

图 9-5　模型拉应力分布云图(扫码见彩图)

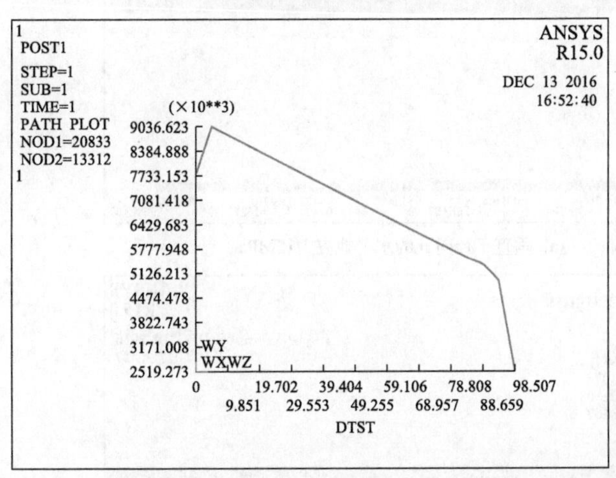

图 9-6　拉应力随 Y 轴的变化曲线(扫码见彩图)

起裂位置的影响较小，但随着径向孔数量的增加，模型受拉最大处所受的拉应力逐渐增加，更有利于裂缝的产生及扩展。在经济利益条件下，可以适当考虑增加径向孔的数量，以达到更好的压裂效果。

3. 径向孔角度对裂缝起裂的影响

径向孔与井筒在平面内的角度改变可以简化为地应力的变化。现假设模型的径向孔长度为 100m，模型的其他参数及孔壁载荷与 3.1.1 节中的模型相同，改变作用于水平方向上的地应力大小，即假设存在两种情况：①垂直于径向孔的水平地应力为 15MPa，平行于径向孔的水平地应力为 20MPa，即径向孔沿最大水平地应力方向；②垂直于径向孔的水平地应力为 20MPa，平行于径向孔的水平地应力为 15MPa，即径向孔平行于最大水平地应力方向。

在两种荷载的情况下，相当于径向孔的角度在水平方向上改变了 90°。对于第一种情况，应力分布云图如图 9-7 所示。为了进一步研究应力的变化情况，沿 *YOZ* 平面做模型的截面受拉云图，由于径向孔的长度相对于径向孔比较大，无法截取整个径向孔的云图，所以截取径向孔的进液端及底端并以此为研究对象，中间部分予以忽略。

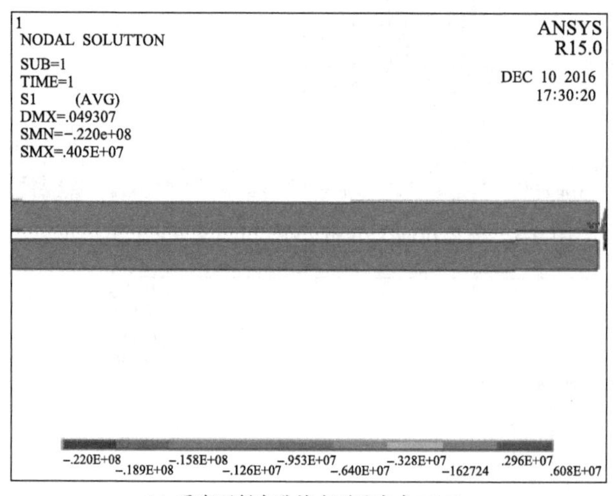

(a) 垂直于径向孔的水平地应力15MPa

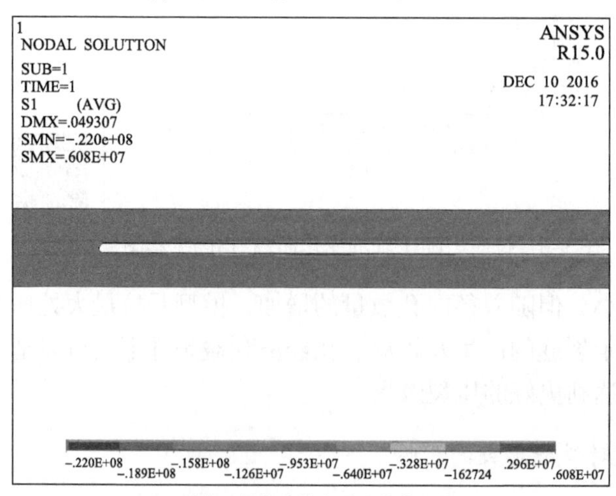

(b) 垂直于径向孔的水平地应力20MPa

图 9-7　*YOZ* 截面受拉分布云图（扫码见彩图）

由云图（图 9-7）可知，模型受拉最大处位于进液端附近，选取截面下端孔壁上的线为研究对象，绘制应力随 *Y* 轴的变化曲线，如图 9-8 所示。由应力变化曲线可知，随距近井端距离的增大，模型所受的拉应力逐渐减小，当距近井端 90m 左右时，模型才由受拉状态变成受压状态。模型底端基本处于受压状态，开裂的可能性很小。

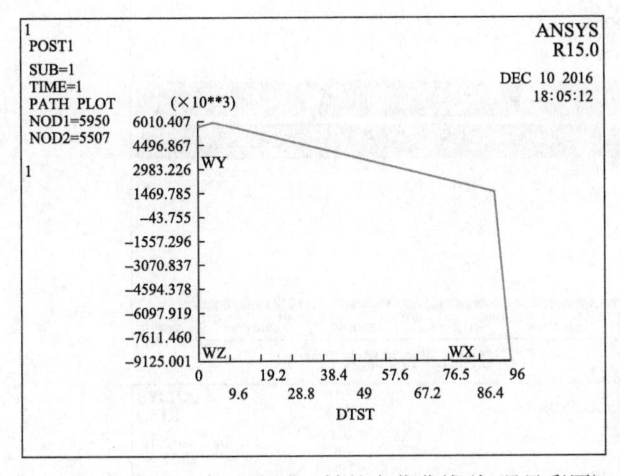

图 9-8　拉应力随 Y 轴的变化曲线(扫码见彩图)

对于第二种情况，分析方法不变，整个模型的受拉分布云图如图 9-9 所示。该情况下，模型拉应力最大处仍然位于近井端孔壁的竖直方向。YOZ 截面云图如图 9-10 所示，Y 轴的变化曲线如图 9-11 所示。

从应力变化曲线可以看出，径向孔角度的改变对受拉最大点的影响不大，但当径向孔垂直于最大水平地应力时，模型孔壁受拉最大处所受的拉应力约为 2.4MPa，当径向孔平行于最大水平地应力方向时，模型孔壁受拉最大处所受的拉应力可达 6MPa。因此，当所射的径向孔角度与最大水平地应力方向平行时，更有利于径向孔水力压裂过程中裂纹的产生与扩展，即建议沿最大水平地应力方向射孔。

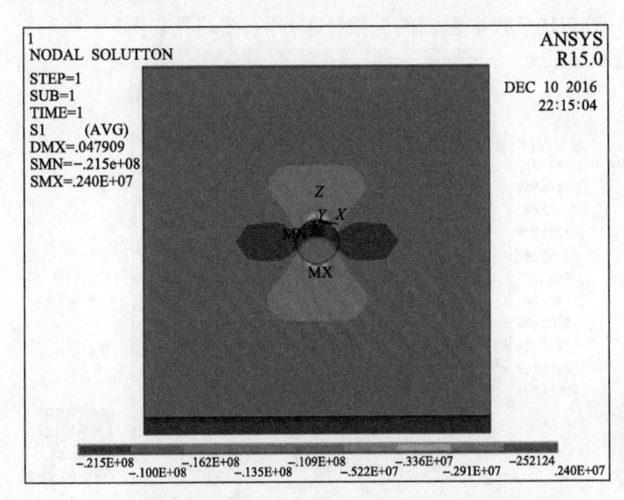

图 9-9　模型的受拉分布云图(扫码见彩图)

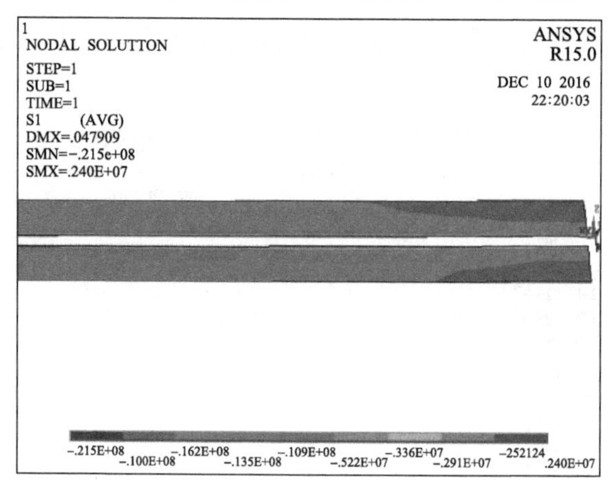

(a) 径向孔平行于最大主应力

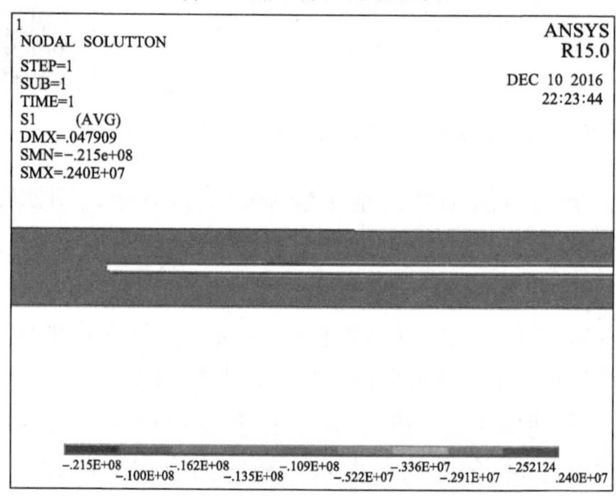

(b) 径向孔平行于最小主应力

图 9-10 *YOZ* 截面的受拉分布云图(扫码见彩图)

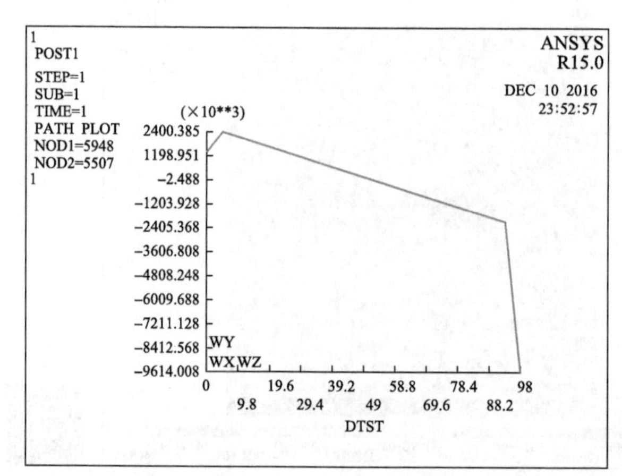

图 9-11 *Y* 轴的应力变化曲线(扫码见彩图)

9.1.2　地应力参数对裂缝起裂扩展的规律研究

为了研究地应力变化对裂缝起裂的影响，假设径向孔长度为 100m，垂向应力为 25MPa。模型与 3.1.1 节中的径向孔长度为 100m 时的模型相同，采用控制变量法，对地应力的变化进行研究。

1. 垂直于径向孔的水平地应力变化对裂缝起裂的影响

假设垂向应力为 25MPa，与径向孔平行的水平地应力为 20MPa，改变垂直于径向孔的水平地应力分别为 14MPa、15MPa、16MPa，其结果如图 9-12～图 9-14 所示。由结果云图可知，模型所受最大拉应力均位于近井端径向孔孔壁的竖直方

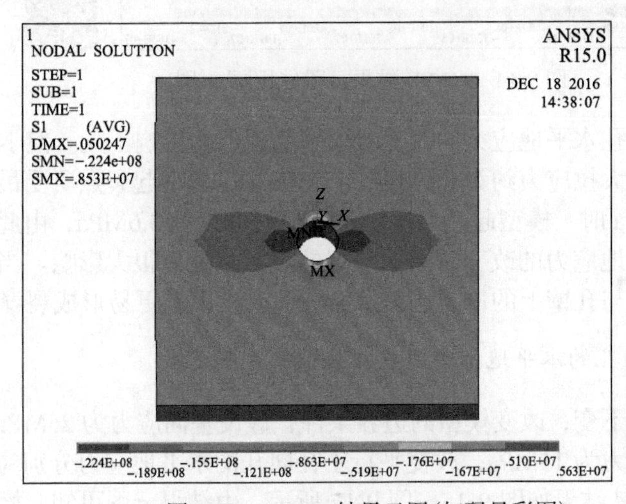

图 9-12　14MPa 结果云图(扫码见彩图)

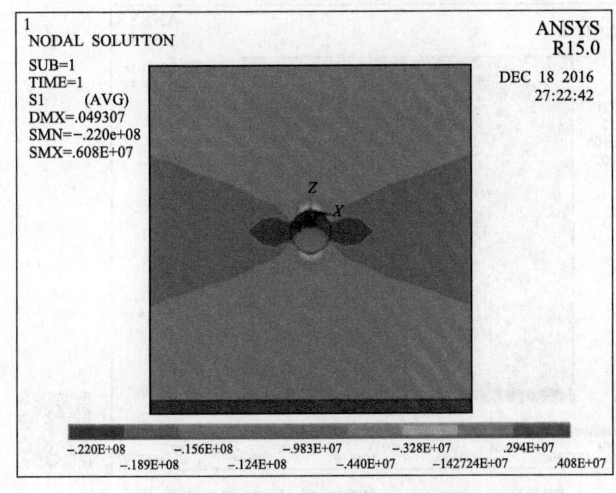

图 9-13　15MPa 结果云图(扫码见彩图)

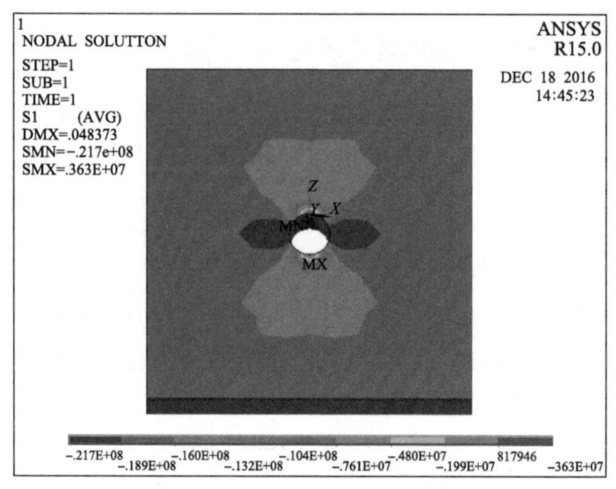

图 9-14　16MPa 结果云图（扫码见彩图）

向，即垂直于径向孔水平地应力的改变对模型起裂点的影响不大。但 14MPa 时，模型起裂点所受最大拉应力约为 8.5MPa；15MPa 时，模型起裂点所受最大拉应力约为 6MPa；16MPa 时，模型起裂点所受最大拉应力仅为 3.6MPa，由此可见，垂直于径向孔的水平地应力的改变对模型起裂的难易程度有很大影响。当垂直于径向孔的水平地应力与孔壁上的压裂压力差值较大时，模型更易形成裂缝。

2. 平行于径向孔的水平地应力变化对裂缝起裂的影响

模型其他条件不变，改变模型的边界条件，假设垂向应力为 25MPa，与径向孔垂直的水平地应力为 15MPa，改变平行于径向孔的水平地应力分别为 18MPa、20MPa、22MPa，其结果如图 9-15～图 9-17 所示。由结果云图可知，模型所受最

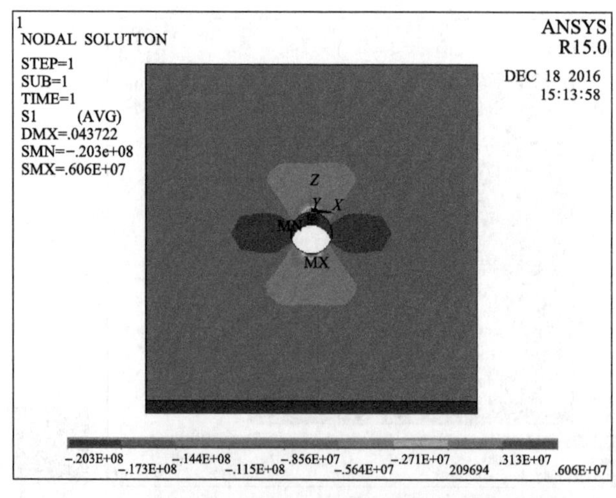

图 9-15　18MPa 结果云图（扫码见彩图）

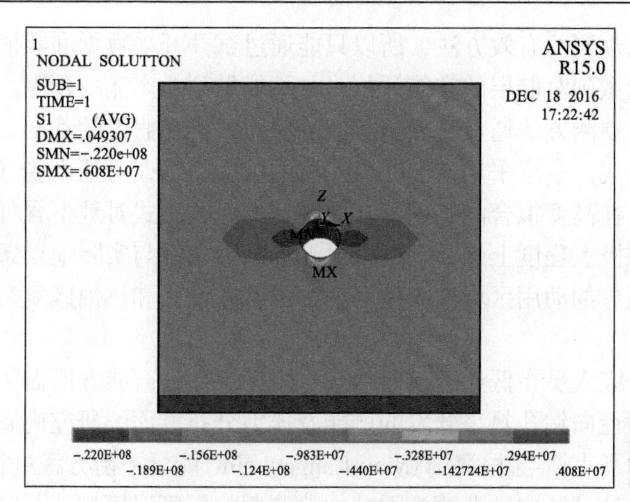

图 9-16　20MPa 结果云图(扫码见彩图)

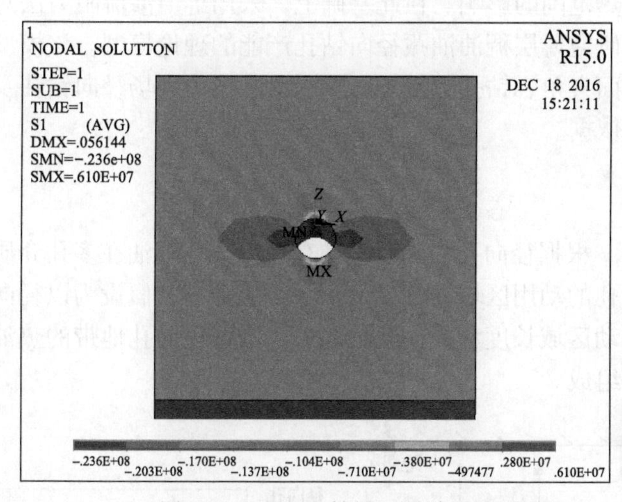

图 9-17　22MPa 结果云图(扫码见彩图)

大拉应力均位于近井端径向孔孔壁的竖直方向，即平行于径向孔水平地应力的改变对模型起裂点的影响不大。同时，随着平行于径向孔水平地应力的增大，模型所受最大拉应力的变化较小，即平行于径向孔水平地应力的改变对模型起裂难易程度的影响很小。

9.2　薄层稠油油藏径向钻孔和压裂防砂渗流规律的研究

由于稠油的黏度较大、启动压力梯度较大，所以通常情况下，稠油油藏较难开采，且产能的计算方法也比其他的开采方式更为复杂。因此，至今尚未形成一套对稠油油藏产能预测的有效方法，所以只能通过试井开采数据和数值模拟等相关方法，但也只能做到对储层的产能评价，并不能做到对产能的预测。如今，对于稠油油藏产能的预测方法通常是做出相应的假设，再在假设的基础上推导出较复杂的产能计算公式。本章采用现场提供实测的黏度数据，对地面脱气原油的黏度曲线进行拟合，在高度拟合的基础上，应用现场经验公式对地下含气原油的黏度进行还原，这在极大程度上保证了模拟原油的黏温条件与实际地层条件的一致性。最后，根据划分的动用区域推导薄层稠油油藏冷油区和热油区复杂的拟稳态等温产能公式。

长期以来，研究人员在低渗透径向井及水力压裂井的产能方面做了大量的研究工作[73-77]，而对径向钻孔热采开发的产能及压力分布方面的研究尚属空白。本章首先使用传统的马克斯-兰根海姆(Max-Langenheim)能量平衡方程进行求解，构建适用于薄层稠油油藏径向钻孔蒸汽吞吐加热范围的新等温模型，并分析不同注采参数对径向孔加热范围的影响。在此基础上，采用等值渗流阻力法对径向钻孔进行处理，建立了研究薄层稠油油藏径向钻孔产能的理论模型。该模型考虑了径向钻孔的长度、平面夹角、钻孔数量等影响因素，可为现场径向钻孔及压裂防砂产能预测提供理论依据。

9.2.1 物理模型

如图 9-18 所示，根据径向孔在油层中的存在方式及稠油在多孔介质中的渗流规律，暂且将径向孔的动用区域划分为两个区，流动方式假设为以径向孔为中心的平面径向流，流动区域长度为径向孔长度 L，由近径向孔地带的热油区和远径向孔地带的冷油区组成。

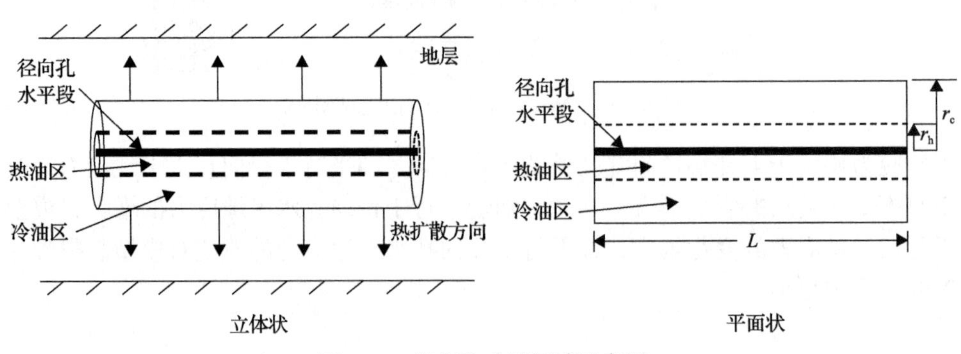

图 9-18 径向孔动用区域示意图

9.2.2 稠油渗流的数学模型

稠油存在于多孔介质及天然裂缝空隙中，是一种复杂的、多组分的有机混合物，主要组分有烷烃、芳烃、胶质、沥青质，其物理化学特性变化较大。稠油一般只含有少量的易蒸馏及易挥发的碳氢化合物，而相对分子质量较大的沥青质及烃类含量较高，且含有硫、氧、氮等杂原子化合物及稀有金属等，因此稠油黏度较普通原油高，密度也较普通原油大，自然条件下在多孔介质中很难流动。在同一稠油油藏中，原油性质在垂向油层的不同井段及平面上各井之间也常有很大的差别；在同一油田或油区，原油性质相差更大。

油藏条件下稠油的渗流不符合达西流动，其显著特点之一就是当稠油受到的驱动压力超过一个临界值后才能被有效驱动，该临界值称为拟启动压力梯度。随着原油密度的增加、储层渗透率的下降和温度的降低，启动压力梯度逐渐增大。

宾汉流体型油藏具有启动压力梯度，且冷采阶段的黏度是不随渗流速度及压力梯度的改变而变化的。本书研究以宾汉流体型油藏为依据，通过计算稠油冷采的动用半径，确定薄层稠油油藏冷采阶段单井的动用范围，进而优化生产压差和井网井距达到一个最大的控制区域(图 9-19)。

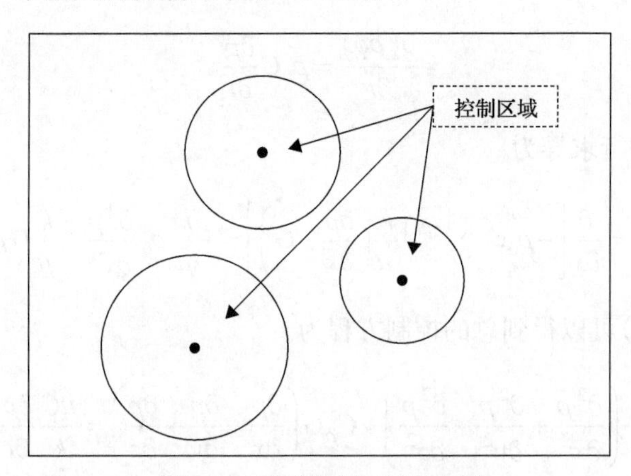

图 9-19 单井控制区域示意图

本章建立了宾汉流体型油藏渗流模型并计算了稠油冷采阶段的动用范围，即油藏温度和压力下冷油区的动用半径。

1. 理论模型

以单相可压缩液体的渗流为例，依据渗流数学模型的建立步骤和方法，建立了宾汉流体型油藏渗流的数学模型。该模型的基本组成部分是质量守恒方程(连续性方程)、状态方程和动量守恒方程(运动方程)，即

连续性方程为

$$\frac{\partial}{\partial t}(\rho\phi)+\operatorname{div}(\rho\vec{v})=0 \tag{9-1}$$

状态方程为

$$\rho=\rho_0 e^{C_\rho(p-p_0)}=\rho_0\left[1+C_\rho\left(p-p_0\right)\right] \tag{9-2}$$

$$\phi=\phi_0+C_\phi\left(p-p_0\right) \tag{9-3}$$

$$C=\phi_0 C_\rho+C_\phi \tag{9-4}$$

动量守恒方程为

$$v=\frac{k}{\mu}(\nabla p-G) \tag{9-5}$$

其中，动量守恒方程依据宾汉流体稳态渗流的平面平行流方程，将式(9-2)～式(9-5)代入式(9-1)后，对时间项进行求导：

$$\frac{\partial(\rho\phi)}{\partial t}=\rho_0 C\frac{\partial p}{\partial t} \tag{9-6}$$

对空间项进行求导为

$$\frac{\partial}{\partial x}(\rho v_x)=\frac{\partial}{\partial x}\left[-\rho_0 e^{C_\rho(p-p_0)}\frac{k}{\mu}\left(\frac{\partial p}{\partial x}-G\right)\right]=-\frac{k}{\mu}\rho_0\frac{\partial^2 p}{\partial x^2}+\frac{k}{\mu}G\rho_0 C_\rho\frac{\partial p}{\partial x} \tag{9-7}$$

通过式(9-7)可以得到总的控制方程为

$$-\left(\frac{\partial^2 p}{\partial x^2}+\frac{\partial^2 p}{\partial y^2}+\frac{\partial^2 p}{\partial z^2}\right)+C_\rho G\left(\frac{\partial p}{\partial x}+\frac{\partial p}{\partial y}+\frac{\partial p}{\partial z}\right)=\frac{\mu C}{k}\frac{\partial p}{\partial t} \tag{9-8}$$

式(9-2)～式(9-8)中，k 为储层绝对渗透率，$10^{-3}\mu m^2$；ρ 为任一点压力为 p 时的流体密度，kg/m^3；ϕ 为压力为 p 时的孔隙度，小数；G 为启动压力梯度，MPa/m；ρ_0 为大气压力条件下的流体密度，kg/m^3；ϕ_0 为大气压力条件下岩石的孔隙度，小数；p_0 为大气压力，MPa；C_ϕ 为岩石的压缩系数，1/atm；C_ρ 为液体的压缩系数，1/atm；C 为总的压缩系数，1/atm。

式(9-8)即为考虑启动压力梯度情况的可压缩液体不稳定渗流控制方程。

2. 理论模型求解

只要求得宾汉流体型油藏渗流模型的解，就能直观地反映出宾汉流体型油藏冷采的动用情况。以平面径向流为例，流线是由注水井(点源)发散出来的直线或生产井(一组流向点汇)。

在实际生产过程中，基本每口井的井底附近都呈平面径向流。因基质的不可压缩性，所以 $C_\rho = 1$。此处采用单相不可压缩液体稳定渗流的数学模型，将其转化为柱坐标系下的常微分方程：

$$\frac{d^2 p}{dr^2} + \frac{1}{r}\frac{dp}{dr} + G\frac{dp}{dr} = 0 \tag{9-9}$$

在定压力边界条件下，对宾汉流体型油藏数学模型进行求解，令 $\frac{dp}{dr} = u$，则原方程可以化简为

$$\frac{du}{dr} = -\left(\frac{1}{r} + G\right)u$$

对方程两边积分，过程如下：

$$\ln u = -(Gr + \ln r) + C_1 \rightarrow \ln\left(ure^{Gr}\right) = C_1 \rightarrow ure^{Gr} = C_1 \tag{9-10}$$

则

$$\frac{dp}{dr} re^{Gr} = C_1$$

结合内外边界的定压条件，幂积分函数的表达式为

$$\mathrm{Ei}(-x) = \int_{-\infty}^{-x} \frac{e^{-u}}{u} du = -\int_{x}^{\infty} \frac{e^{-u}}{u} du$$

得出

$$p(r) = c_1\left(\sum_{i=1}^{\infty} \frac{(-Gr)^i}{i \cdot i!} + \ln|r|\right) + c_2 = -c_1 \mathrm{Ei}(Gr) + c_2 \tag{9-11}$$

式中，$c_1 = \frac{p_e - p_w}{\mathrm{Ei}(Gr_w) - \mathrm{Ei}(Gr_e)}$，$c_2 = p_w + c_1 \mathrm{Ei}(Gr_w)$。

其中，内外边界压力条件为

$$r = r_w, \quad p = p_w \tag{9-12}$$

$$r = r_e, \quad p = p_e \tag{9-13}$$

3. 启动压力梯度求解

现场依据启动压力梯度与流度实测数据，建立了稠油非达西渗流启动压力梯

度的计算公式，启动压力梯度与渗透率及黏度的关系式为

$$G=10^{-0.835-1.1915\lg(k/\mu_0)} \tag{9-14}$$

式中，G 为启动压力梯度，MPa/m；k 为稠油渗透率，$10^{-3}\mu m^2$；μ_0 为脱气原油黏度，mPa·s。

利用式(9-14)，可以求得启动压力梯度在不同的稠油渗透率及温度范围内的分布。如图 9-20 所示，启动压力梯度随渗透率的增大和温度的升高而逐渐减小。

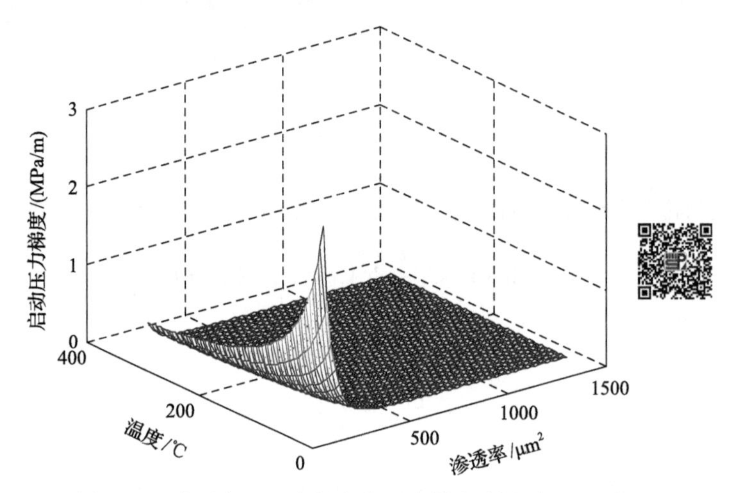

图 9-20 渗透率、温度与启动压力梯度关系(扫码见彩图)

9.2.3 蒸汽吞吐加热范围的数学模型

1. 蒸汽参数的确定

1) 蒸汽热损失量

$$Q_{h1}=2\pi r_0\lambda_e\left[(T_s-T_r)H-\frac{g_f H^2}{2}\right] \tag{9-15}$$

式中，Q_{h1} 为蒸汽注入井筒过程中的总热量损失，kJ；r_0 为井筒直径，m；λ_e 为油层的导热系数，W/(m·K)；T_s 为蒸汽温度，℃；T_r 为原始地层温度，℃；H 为井深，m；g_f 为地温梯度，℃/m；

2) 蒸汽热损失率

$$\eta=\frac{100Q_{hl}}{M_s[X_{surf}L_v+(1-X_{surf})H_w]} \tag{9-16}$$

式中，η 为径向孔的热损失率，%；M_s 为注入的蒸汽质量流速，kg/h；X_{surf} 为注入蒸汽干度；L_v 为注入蒸汽的汽化潜热，kJ/kg；H_w 为在注入温度下水的热焓，kJ/kg。

3) 井底蒸汽干度

先求出井底蒸汽干度是否大于 0，其判别式为

$$Q_{hl} < M_s X_{surf} L_v \tag{9-17}$$

如果式(9-17)成立，那么平均的井底蒸汽干度可以表示为

$$X_b = X_{surf} - \frac{100Q_{hl}}{M_s L_v} \tag{9-18}$$

式中，X_b 为井底蒸汽干度，%；X_{surf} 为井口蒸汽干度，%。

4) 井底蒸汽温度

$$A = \frac{M_s C_f [\lambda_e + r_{ti} f(t)]}{2\pi r_{ti} \lambda_e} \tag{9-19}$$

$$T(H,t) = g_f H + T_{fi} - g_f A + (T_s + g_f A - T_{fi})e^{(-H/A)} \tag{9-20}$$

式中，C_f 为注入流体比热，$kJ/(kg \cdot K)$。

2. 径向孔加热范围

本部分使用传统的 Max-Langenheim 能量平衡方程进行求解，构建适用于薄层稠油油藏径向钻孔蒸汽吞吐加热范围的新等温模型。径向孔中不考虑油水的存在，只是作为传输空间，并且径向孔中的体积比热容近似为该地层温度和压力下的空气比热容；基质及其中流体的孔隙度为 ϕ，其中含水饱和度为 S_w，含油饱和度为 S_o，其体积比热容是油、水和基质三部分比热容的等效比热容。

根据瞬时热平衡原理 $Q_i = Q_L + Q_O$，即注入的热量不仅加热了油层基质，还有一部分被顶底盖层损失掉了。

计算过程：油层向围岩的热损失，根据热传导方程及 Carslaw 与 Jaeger 的解，推导得出

$$T(y,t) = T_s - (T_s - T_r)\text{erf}[y/(2\sqrt{Dt})] \tag{9-21}$$

式中，误差函数 erf(x) 为

$$\begin{cases} \operatorname{erf}(x) = \dfrac{2}{\sqrt{\pi}}\displaystyle\int_0^x \mathrm{e}^{-t^2}\mathrm{d}t \\ \operatorname{erf}(0) = 0 \\ \operatorname{erf}(\infty) = 1 \end{cases} \tag{9-22}$$

这样，在任意时间t内，垂直方向的热损失速率为

$$q_{\mathrm{L}} = -K_{\mathrm{ob}}\left[\frac{\partial T}{\partial y}\right]_{y=0} \tag{9-23}$$

$$\frac{\partial T}{\partial y} = -\frac{T_{\mathrm{s}} - T_{\mathrm{r}}}{\sqrt{\pi D t}}\mathrm{e}^{-\left(\frac{y^2}{4Dt}\right)}$$

因为，

$$\left.\frac{\partial T}{\partial y}\right|_{y=0} = -\frac{T_{\mathrm{s}} - T_{\mathrm{r}}}{\sqrt{\pi D t}}$$

所以，

$$q_{\mathrm{L}} = \frac{K_{\mathrm{ob}}\Delta T}{\sqrt{\pi D t}} \tag{9-24}$$

式(9-23)和式(9-24)中，q_{L}为油层到顶层的瞬时热损失，$\mathrm{kJ/(m^2 \cdot d)}$；$\Delta T$为蒸汽温度与油层温度之差，$\Delta T = T_{\mathrm{s}} - T_{\mathrm{r}}$，℃；$D$为顶底层的散热系数，$D = \dfrac{K_{\mathrm{ob}}}{M_{\mathrm{ob}}}$，$\mathrm{m^2/d}$，其中$K_{\mathrm{ob}}$为顶底盖层的导热系数，$\mathrm{W/(m \cdot K)}$，$M_{\mathrm{ob}}$为顶底盖层的热容，$\mathrm{kJ/(m^3 \cdot K)}$。

假设油层厚度为h，顶底盖层为无限厚，其散热系数为D，注热速度为Q_{L}，则油层的热容M为

$$M = \phi\left(\rho_{\mathrm{o}} S_{\mathrm{o}} C_{\mathrm{o}p} + \rho_{\mathrm{w}} S_{\mathrm{w}} C_{\mathrm{w}p}\right) + (1-\phi)\left(\rho C_{\rho}\right)_{\mathrm{R}} \tag{9-25}$$

向顶底盖层的总热损失速率为

$$Q_{\mathrm{L}} = 2\int_0^{A(t)} q_{\mathrm{L}}\mathrm{d}A \tag{9-26}$$

式中，$A(t)$为时间t时的加热面积，包括蒸汽带面积A_{s}和热水带面积A_{w}。

将式(9-24)代入式(9-26)，则

$$Q_{\mathrm{L}}=2\int_{0}^{A(t)}\frac{K_{\mathrm{ob}}\Delta T}{\sqrt{\pi Dt}}\mathrm{d}A \tag{9-27}$$

在时间 $\tau(\tau<t)$ 内，相应单元面积 $\mathrm{d}A$ 的热损失为

$$\frac{K_{\mathrm{ob}}\Delta T}{\sqrt{\pi D(t-\tau)}}$$

而

$$\mathrm{d}A=\frac{\mathrm{d}A}{\mathrm{d}\tau}\mathrm{d}\tau$$

所以，顶底盖层的总热损失速率为

$$Q_{\mathrm{L}}=2\int_{0}^{\tau}\frac{K_{\mathrm{ob}}\Delta T}{\sqrt{\pi D(t-\tau)}}\frac{\mathrm{d}A}{\mathrm{d}\tau}\mathrm{d}\tau \tag{9-28}$$

当时间为 t 时用于加热油层的热流速率为

$$Q_{\mathrm{o}}=hM\Delta T\frac{\mathrm{d}A}{\mathrm{d}t} \tag{9-29}$$

根据瞬时热平衡原理：

$$Q_{\mathrm{i}}=Q_{\mathrm{L}}+Q_{\mathrm{o}} \tag{9-30}$$

则

$$Q_{\mathrm{i}}=2\int_{0}^{t}\frac{K_{\mathrm{ob}}\Delta T}{\sqrt{\pi D(t-\tau)}}\frac{\mathrm{d}A}{\mathrm{d}\tau}\mathrm{d}\tau+Mh\Delta T\frac{\mathrm{d}A}{\mathrm{d}t} \tag{9-31}$$

初始条件：

$$t=0,\ A(0)=0 \tag{9-32}$$

经过拉普拉斯变换，最后变为

$$A(t)=\frac{Q_{\mathrm{i}}h\lambda}{4K_{\mathrm{ob}}\Delta T}\left[\mathrm{e}^{\left(\frac{t_{\mathrm{D}}}{\lambda^{2}}\right)}\mathrm{erf}\left(\frac{\sqrt{t_{\mathrm{D}}}}{\lambda}\right)+\frac{2}{\sqrt{\pi}}\left(\frac{\sqrt{t_{\mathrm{D}}}}{\lambda}\right)-1\right] \tag{9-33}$$

对于蒸汽带，注热速率为

$$Q_i = 1000 q_s X_s L_v \tag{9-34}$$

式(9-34)代入式(9-33)可得蒸汽带的面积：

$$A_s(t) = \frac{10^3 q_s X_s L_v h\lambda}{4K_{ob}\Delta T}\left[e^{\left(\frac{t_D}{\lambda^2}\right)} \operatorname{erf}\left(\frac{\sqrt{t_D}}{\lambda}\right) + \frac{2}{\sqrt{\pi}}\left(\frac{\sqrt{t_D}}{\lambda}\right) - 1 \right] \tag{9-35}$$

同样，对于热水带：

$$Q_i = 1000 q_s (H_s - H_{wr}) \tag{9-36}$$

其面积为

$$A_w(t) = \frac{10^3 q_s (H_s - H_{wr}) h\lambda}{4K_{ob}\Delta T}\left[e^{\left(\frac{t_D}{\lambda^2}\right)} \operatorname{erf}\left(\frac{\sqrt{t_D}}{\lambda}\right) + \frac{2}{\sqrt{\pi}}\left(\frac{\sqrt{t_D}}{\lambda}\right) - 1 \right] \tag{9-37}$$

分别求得蒸汽带和热水带的加热面积后，相加的总加热范围：

$$A(t) = A_s(t) + A_w(t) \tag{9-38}$$

式(9-25)～式(9-38)中，$A(t)$为注气时间为t时的加热范围，m^2；t_D为无因次时间，$t_D = \frac{4Dt}{h^2}$；t为注气时间，d；h为油层厚度，m；M为油层的热容，kJ/(m^3·℃)；ϕ为油层孔隙度，小数；$\left(\rho C_\rho\right)_R$为地层岩石的热容，kJ/(m^3·℃)；$\lambda$为油层热容与顶底盖层热容之比，$\lambda = \frac{M}{M_{ob}}$；$q_s$为注蒸汽速度，m^3/d；$X_s$为井底蒸汽干度，小数；$L_v$为蒸汽的汽化潜热，kJ/kg；$H_s$为在温度$T_s$下的蒸汽热焓，kJ/kg；$H_{wr}$为在初始油层温度$T_r$下热水的焓，kJ/kg；$S_o$、$S_w$分别为径向孔和裂缝中的含油饱和度、油层中的含水饱和度；ρ_o、ρ_w为原油、水的密度，kg/m^3；C_{op}、C_{wp}原油和水的定压比热容，kJ/(kg·℃)

3. 影响因素分析

径向钻孔蒸汽吞吐的地层参数及生产参数均应用现场实际生产参数，见表9-1。

利用表中的基本参数进行计算，逐一分析注汽量、注蒸汽时间和蒸汽干度等不同生产参数对径向钻孔蒸汽吞吐加热范围的影响。

表 9-1　地层参数及生产参数表

地层参数	值	生产参数	值
井深/m	1100	原油密度/(kg/m^3)	972.2
油层厚度/m	2	水密度/(kg/m^3)	1000
径向孔的孔径/m	0.05	岩石密度/(kg/m^3)	1764.6
原始地层温度/℃	50	顶盖层密度/(kg/m^3)	2308
地温梯度/(℃/100m)	3.2	岩石的体积比热容/[kJ/(m^3·K)]	1830
地表温度/℃	15	油层导热系数/(W/(m·K))	0.39
蒸汽温度/℃	360	顶底盖层的体积比热容/[kJ/(m^3·K)]	2769.6
注蒸汽时间/d	10	顶底盖层的导热系数/[W/(m·K)]	178.7
注蒸汽干度/%	0.7	井口注入温度下蒸汽的热焓/(kJ/kg)	2485.7
注蒸汽压力/MPa	19	井口注入温度下蒸汽的汽化潜热/(kJ/kg)	713.4
注蒸汽速率/(m^3/d)	150	油层温度下热水的焓/(kJ/kg)	209.34
累计注蒸汽量/m^3	1500	顶底盖层散热系数(小数)	0.0645
储层平均孔隙度/%	30	原油的定压比热容/[kJ/(kg·℃)]	2.0
初始含油饱和度/%	60	水的定压比热容/[kJ/(kg·℃)]	4.18
初始含水饱和度/%	40	注入流体比热/[kJ/(kg·K)]	2.75

1) 不同注蒸汽量对径向孔加热范围的影响

如图 9-21 所示，注蒸汽量对加热范围的影响较为显著，在其他生产参数不变的条件下，改变注蒸汽量，可以得出在不同注蒸汽量条件下加热范围的变化。当注蒸汽量在 0～300m^3/d 时，加热范围随注蒸汽量的增加呈线性增长，当注蒸汽量为 300m^3/d 时，最大加热范围为 2604.5m^2。

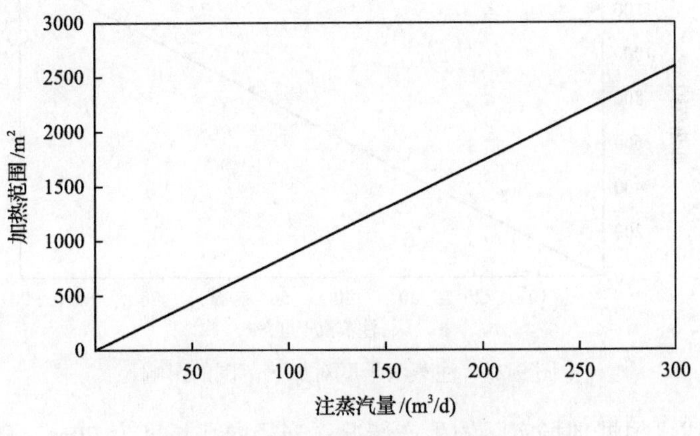

图 9-21　注蒸汽量对加热范围的影响

2) 不同注蒸汽时间对径向孔加热范围的影响

如图 9-22 所示，在其他生产参数不变的条件下，改变注蒸汽时间，可以得出在不同注蒸汽时间条件下加热范围的变化。当注蒸汽时间在 0～10d 的变化范围内，加热范围逐渐增加，但增幅逐渐减小。其主要原因是热损失的影响。随着注蒸汽时间的增加，热损失的累加逐渐增大，加热范围的增幅逐渐减小。当注蒸汽时间为 10d 时，加热范围达到最大值 1735.5m^2。

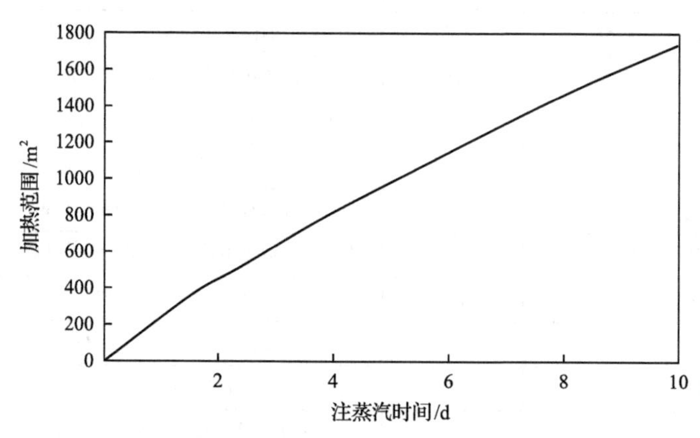

图 9-22　注蒸汽时间对加热范围的影响

3) 不同注蒸汽干度对径向孔加热范围的影响

如图 9-23 所示，在其他生产参数不变的条件下，改变注蒸汽干度，可以得出不同注蒸汽干度条件下加热范围的变化。当注蒸汽干度在 10%～90%时，加热范围呈线性增加，最小的加热范围为 198.1m^2，最大的加热范围为 1398m^2。

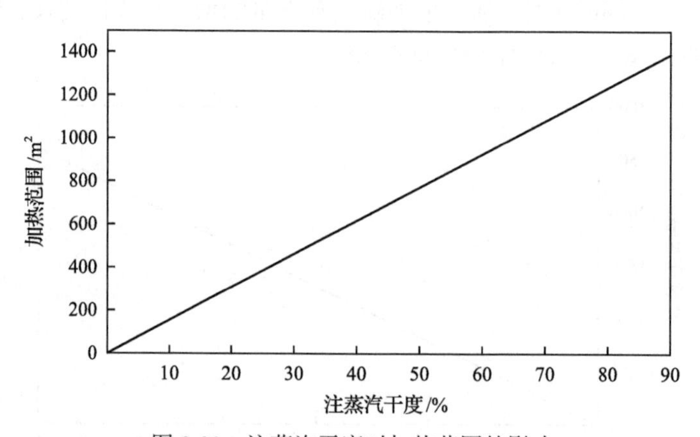

图 9-23　注蒸汽干度对加热范围的影响

综上所述，根据现场实际的生产情况，当径向孔长度为 70m，日注蒸汽量为 150m^3，注蒸汽时间为 7d，注蒸汽干度为 70%时，计算得出的径向孔加热范围为

1302.2m^2，加热半径为 9.3m。

9.2.4　径向钻孔段产能的计算及影响因素分析

1. 确定动用半径及加热半径

1) 动用半径

根据上述稠油的渗流模型，在已知现场地层压力、井底压力和启动压力梯度的情况下，可以求得在油层温度和压力下，薄层稠油油藏中稠油的动用半径，即为冷油区半径 r_d。

2) 加热半径

通过计算径向孔的加热范围，可以求得在径向孔存在的情况下，单井蒸汽吞吐蒸汽带的加热面积和热水带的加热面积，利用加热面积可以分别求得径向孔蒸汽带的加热半径 r_s 和热水带的加热半径 r_w，相加即得到热油区的加热半径 r_h。

其中，

$$r_s = A_s / (2L) \tag{9-39}$$

$$r_w = A_w / (2L) \tag{9-40}$$

$$r_h = r_s + r_w \tag{9-41}$$

式中，A_s 为蒸汽带加热面积，m^2；A_w 为热水带加热面积，m^2。

通过对动用半径及加热半径的求解可以得知，径向孔的动用范围大于油层厚度，因此对物理模型进行修正，将油层加热区域及动用范围进行重新划分。图 9-24 为重新分区后油藏动用范围的剖面示意图。

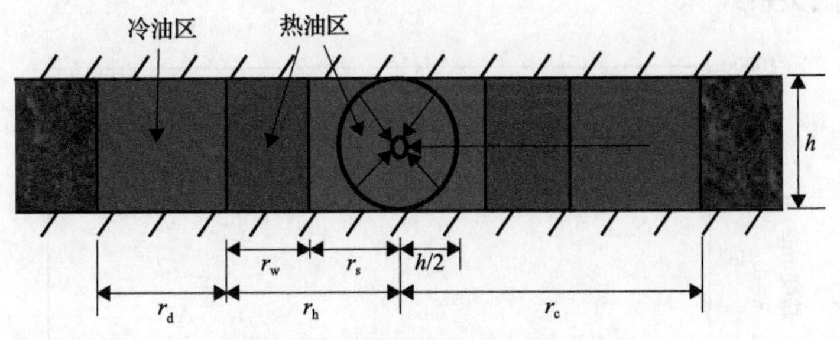

图 9-24　径向孔动用范围剖面图

r_c. 动用半径

2. 冷油区产能

冷油区动用半径 r_c 可由上述稠油渗流的数学模型求得。可以将冷油区简化为流动方向平行于储层、垂直于径向孔从 r_c 流到 r_h 的平面流区域，长度为径向孔长

度 L，其模型如图 9-24 所示。

冷油区的渗流阻力为

$$R_{\mathrm{c}} = \frac{\mu'}{2kLh} \ln \frac{r_{\mathrm{c}}}{r_{\mathrm{h}}} \tag{9-42}$$

式中，μ' 为油藏温度下含气原油黏度，mPa·s；k 为稠油储层的平均渗透率，μm^2；L 为径向孔水平段长度，m。

冷油区的产能公式为

$$Q_{\mathrm{c}} = \frac{p_{\mathrm{e}} - p_{\mathrm{h}3} - G(r_{\mathrm{c}} - r_{\mathrm{h}})}{R_{\mathrm{c}}} \tag{9-43}$$

即

$$Q_{\mathrm{c}} = \frac{p_{\mathrm{e}} - p_{\mathrm{h}} - G(r_{\mathrm{c}} - r_{\mathrm{h}})}{\dfrac{\mu'}{2kLh} \ln \dfrac{r_{\mathrm{c}}}{r_{\mathrm{h}}}} \tag{9-44}$$

式(9-43)和式(9-44)中，p_{e} 为边界压力，MPa；p_{h} 为冷油区与热油区交界面处的压力，MPa；G 为油层温度下的启动压力梯度，MPa/m。

3. 热油区的黏温关系式

原油的黏度对温度非常敏感，尤其是稠油，其随温度的升高而大幅度降低。常温下温度每升高 10℃，黏度下降一半以上，且黏度越高，下降的幅度越大，如图 9-25 所示。热力采油工程计算中常用的黏温关系式有 Andrade 黏温关系式和 Walther 黏温关系式。

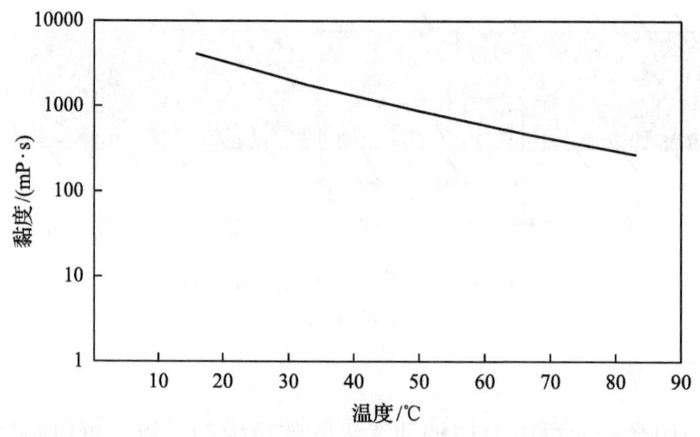

图 9-25　滨 509-12 井原油的黏温关系曲线

如图 9-26 所示，现场给出了实测地面脱气原油的黏温曲线，本研究根据现场生产实测的黏度数据来拟合黏温曲线，利用黏温拟合公式求得各温度值下的黏度值：

$$\mu = B + (A - B) / \left(1 + (T / C)^{P}\right) \tag{9-45}$$

式中，T 为温度，℃；A、B、C、P 为黏温曲线的拟合参数。其中，$A = 41475.3896$，$B = 9.0854$，$C = 31.4111$，$P = 4.8305$。

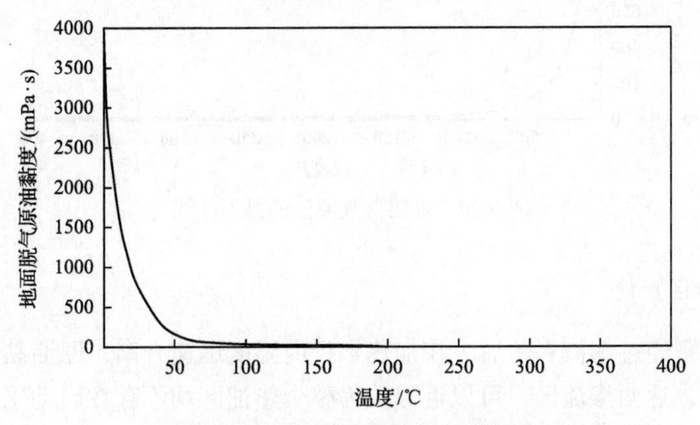

图 9-26　地面脱气原油的黏温曲线

图 9-17 为地面脱气原油黏度与温度的关系曲线。然而在油层条件下，稠油中会溶解大量的天然气，因此在油层条件下，含气原油的黏度比地面脱气原油的黏度低，且溶解气油比越高，原油黏度降低得越多。

根据以下经验公式，可以求得油层条件下极近似的原油黏度：

$$\mu = A\mu_0^{\ B} \tag{9-46}$$

$$A = 10.715(5.615R + 100)^{-0.515} \tag{9-47}$$

$$B = 5.44(5.615R + 150)^{-0.338} \tag{9-48}$$

式中，μ 为含气原油黏度，mPa·s；μ_0 为脱气原油黏度，mPa·s；R 为气油比，m^3/m^3。

现场测得地层原油中溶解气油比为 5～10m^3/m^3，此处选取平均值 7.5m^3/m^3，代入公式即可求得地层温度及压力下含气原油黏度，图 9-27 为地下含气原油的黏温关系曲线图。

从图中可以看出，黏度对于温度的敏感性较强，油层温度下即 50℃时，原油的初始黏度为 1709.8mPa·s，随着温度升高，原油黏度急剧下降，平均温度每升高 10℃，黏度下降一半以上；100℃之后，原油黏度下降到 100mPa·s 以下，且降幅缓慢并逐渐趋于稳定。

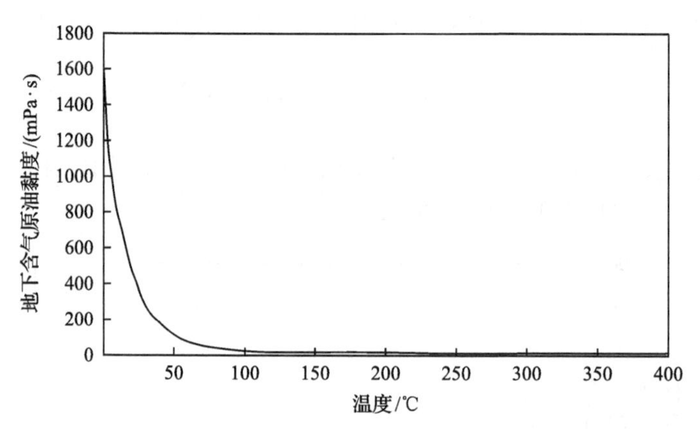

图 9-27　地层含气原油的黏温曲线

4. 热油区产能

稠油油藏经过蒸汽吞吐后，在加热半径内温度迅速升高，原油黏度大幅度降低，很快进入达西渗流区，可以近似认为整个热油区均不存在启动压力梯度。如图 9-28 所示，可以将热油区简化为近径向孔地带从 $h/2$ 处流到径向孔的蒸汽径向流区、远孔地带从 r_s 处流到 $h/2$ 处的蒸汽平面流区和从 r_w 处流到 r_s 处的热水平面流区三个区域，长度均为径向孔长度 L。

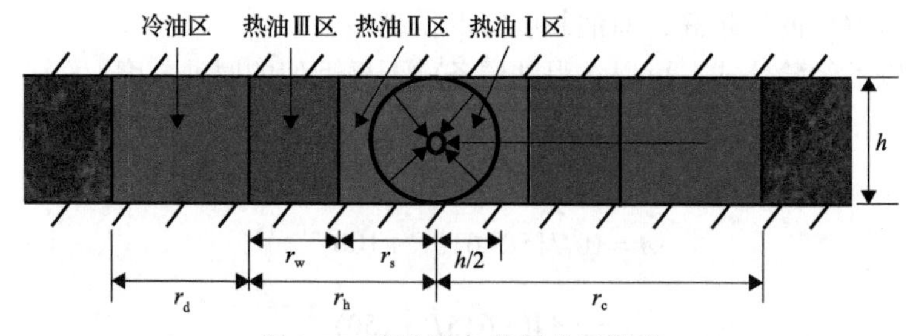

图 9-28　径向孔加热区分区模型

此处产能计算采用等温模型，假设注入蒸汽焖井后，热油区每一个区域的原油具有相同的温度、黏度和流动速度，由拟稳态的渗流产能公式可知如下结论。

热油区Ⅰ区的渗流阻力为

$$R_{h1}=\frac{\mu_1}{\pi khL}\ln\frac{h/2}{r_j} \tag{9-49}$$

式中，μ_1 为蒸汽温度下的原油黏度，mPa·s；r_j 为径向孔半径，m。

热油区 II 区的渗流阻力为

$$R_{h2} = \frac{\mu_1}{2khL} \ln \frac{r_s}{h/2} \tag{9-50}$$

同理，可以得到热油 III 区的渗流阻力为

$$R_{h3} = \frac{\mu_2}{2khL} \ln \frac{r_w}{r_s} \tag{9-51}$$

式中，μ_2 为热油区温度下的原油黏度，mPa·s。

根据等值渗流阻力法，可以求得薄层稠油油藏径向钻孔蒸汽吞吐的热油区产能模型：

$$Q_h = \frac{p_h - p_w}{R_{h1} + R_{h2} + R_{h3}} \tag{9-52}$$

即

$$Q_h = \frac{p_h - p_w}{\frac{\mu_1}{\pi khL} \ln \frac{h/2}{r_j} + \frac{\mu_1}{2khL} \ln \frac{r_s}{h/2} + \frac{\mu_2}{2khL} \ln \frac{r_w}{r_s}} \tag{9-53}$$

式中，p_h 为冷油区与热油区交界面处的压力，MPa。

综上所述，将冷油区与热油区的渗流阻力进行叠加，可以得到薄层稠油油藏径向钻孔蒸汽吞吐开发等温模型的总产能：

$$Q_j = \frac{p_e - p_h - G(r_c - r_h)}{R_c + R_{h1} + R_{h2} + R_{h2}} \tag{9-54}$$

即

$$Q_j = \frac{p_e - p_h - G(r_c - r_h)}{\frac{\mu'}{2kLh} \ln \frac{r_c}{r_h} + \frac{\mu_1}{\pi khL} \ln \frac{h/2}{r_j} + \frac{\mu_1}{2khL} \ln \frac{r_s}{h/2} + \frac{\mu_2}{2khL} \ln \frac{r_w}{r_s}} \tag{9-55}$$

5. 径向钻孔段产能影响因素分析

1) 径向孔长度

在单独改变径向孔长度，其余参数不变的情况下，计算径向钻孔蒸汽吞吐的产能，结果如图 9-29 所示。从图中可以看出，径向孔长度对单井蒸汽吞吐产量的

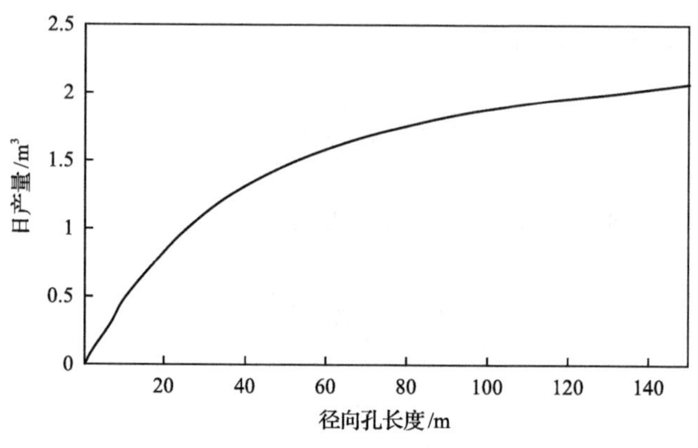

图 9-29　径向孔长度与日产量的关系

影响最为显著。当径向孔长度在 0～50m 变化时，产量随径向孔长度的增加而急剧增长；当径向孔长度为 50～100m 时，产量增加幅度逐渐减小；当径向孔长度超过 100m 时，随着径向孔长度的增加，产量增加得不明显，并逐渐趋于稳产，产量稳定在 $2m^3/d$ 左右。考虑到经济因素的影响，最优径向孔长度范围为 70～120m。

2) 径向孔角度

在单独改变两条径向孔之间夹角，其余注采参数不变的情况下，计算不同夹角的两条径向钻孔蒸汽吞吐的产能。在处理两条径向孔之间干扰区域的问题上，采取动用范围相互叠加的方法对产量进行修正，而不是单纯的产能叠加。计算结果如图 9-30 所示。

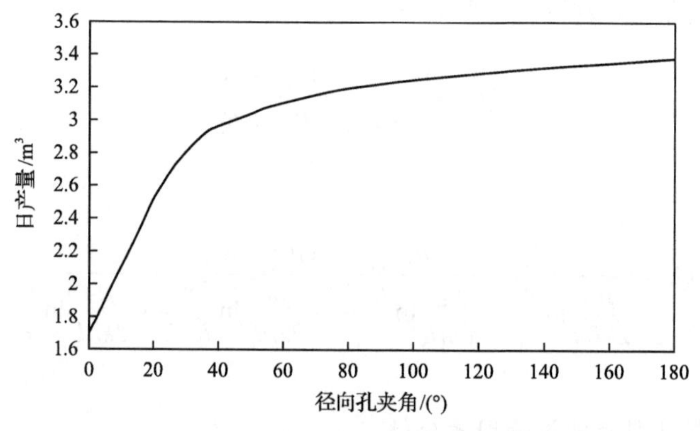

图 9-30　径向孔夹角与日产量的关系

在两条径向孔之间的夹角小于 60°时，径向钻孔蒸汽吞吐产量随径向孔夹角的增大逐渐增加，且增幅较大；当两条径向孔的夹角大于 90°时，产量逐渐趋于平缓，增幅较小；当两条径向孔夹角为 180°时，干扰区域最小，产量达到最大值。

因此，两条径向孔的最优夹角应为径向孔能够达到的最大夹角。

当平面上有多条径向孔时，需要考虑多条径向孔的共同叠加。以 4 条径向孔为例，假设 4 条径向孔的方位角依次增加相同的量，计算不同夹角时 4 条径向孔的产能，结果如图 9-31 所示。

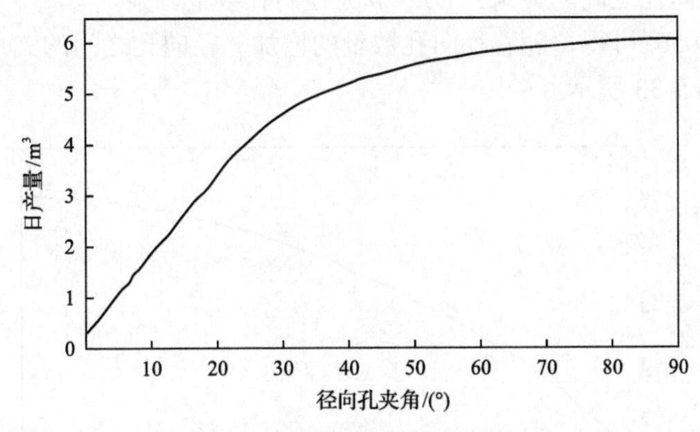

图 9-31　径向孔夹角与日产量的关系

由图 9-31 可知，当径向孔之间的夹角为 0°时，总产能和单条径向孔的产能一致；当径向孔的夹角逐渐增加，总产能开始快速增加，但当夹角超过约 45°后，总产能增加的幅度开始变缓；当夹角达到 90°时，总产能达到最大值，且不再增加。与两条径向孔的结论类似，当平面上分布有 n 条径向孔时，最优的夹角为 360°/n。当平面上具有 4 条径向孔时，取得最优产能时的平面示意图如图 9-32 所示。

图 9-32　4 条径向孔取得最大产能示意图(扫码见彩图)

红色部分为径向孔，蓝色区域为加热范围

3) 径向孔数量

应用表 9-1 中现场的实际生产参数，在单独改变平面上的径向孔数量，其余生产参数不变的情况下，计算在不同径向孔数量的条件下，径向钻孔蒸汽吞吐的

产能。其中，多条径向孔在平面上均匀分布，即径向孔间夹角为

$$\theta=\frac{2\pi}{n} \tag{9-56}$$

式中，θ 为径向孔之间的夹角，(°)；n 为径向孔数量，条。

通过式(9-56)可得，随着径向孔数量的增加，径向孔之间的夹角逐渐减小，计算结果如图 9-33 所示。

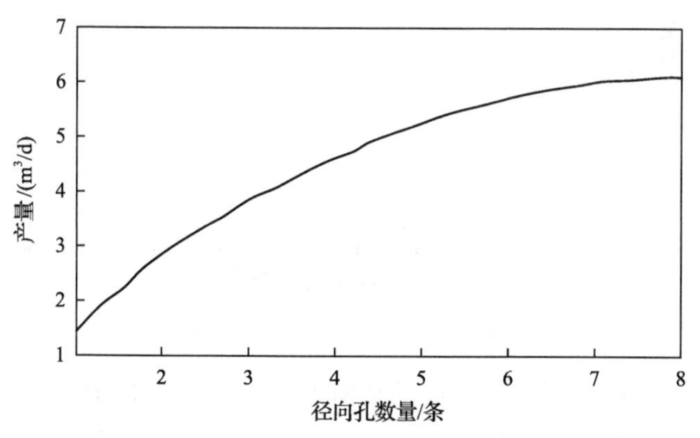

图 9-33　径向孔数量与产量的关系

从图中可以看出，在平面增加径向孔数量，对单井蒸汽吞吐产能的影响较为显著。当同一平面径向孔数量小于 4 条时，产量随径向孔数量的增加而急剧增加；当径向孔数量大于 6 条时，产量逐渐趋于平稳，增幅较小。因此，在同一平面上设置均匀分布的多条径向孔，最优钻孔数量为 4～6 条。

4）考虑地层倾角时径向孔角度的影响

由于地层并非水平，而是具有一定的倾角，因此会对径向孔射孔施工造成影响。由于地层较薄，当考虑地层倾角时，径向孔易钻遇其他地层，所以射孔长度将受到一定限制，进而影响加热面积。从平面上看，示意图如图 9-34 所示。

图 9-34　径向孔长度受地层倾角限制示意图(扫码见彩图)

假设地层厚度为h，径向孔设计长度为L，地层倾角为θ，径向孔方位角为γ，则径向孔实际长度随径向孔方位角的变化如下。

当$\gamma < \arccos\left(\dfrac{h}{2L\sin\theta}\right)$时，

$$L=\frac{h}{2\sin\theta\cos\gamma}$$

当$\arccos\left(\dfrac{h}{2L\sin\theta}\right)\leqslant\gamma\leqslant 180^\circ-\arccos\left(\dfrac{h}{2L\sin\theta}\right)$时，

$$L=L$$

当$\gamma > 180^\circ-\arccos\left(\dfrac{h}{2L\sin\theta}\right)$时，

$$L=-\frac{h}{2\sin\theta\cos(\gamma)}$$

二者的变化关系曲线如图 9-35 所示。

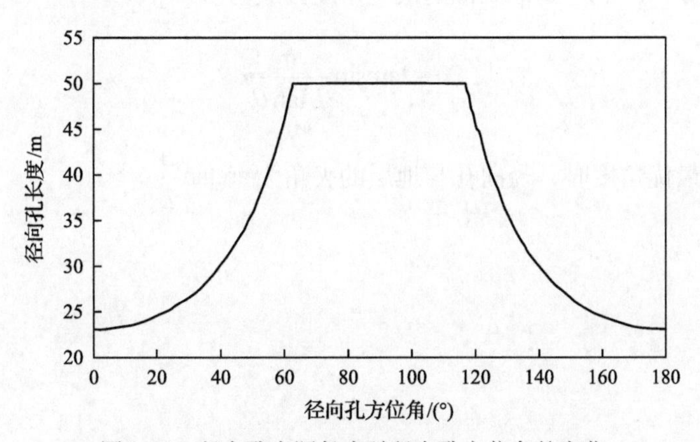

图 9-35　径向孔实际长度随径向孔方位角的变化

考虑地层倾角的因素，再计算 4 条径向孔的总产能。假设 4 条径向孔在平面上为对称形态，一侧的两条径向孔的夹角为α，并假设层厚为 4m，径向孔设计长度为 70m，地层倾角为 5°，计算总产能随角α的变化结果，如图 9-36 所示。

计算结果显示，当α=38.12°时，总产能达到最大值。这一角度也是使 4 条径向孔的最远处都刚好钻遇地层边缘时的角度，如图 9-37 所示。

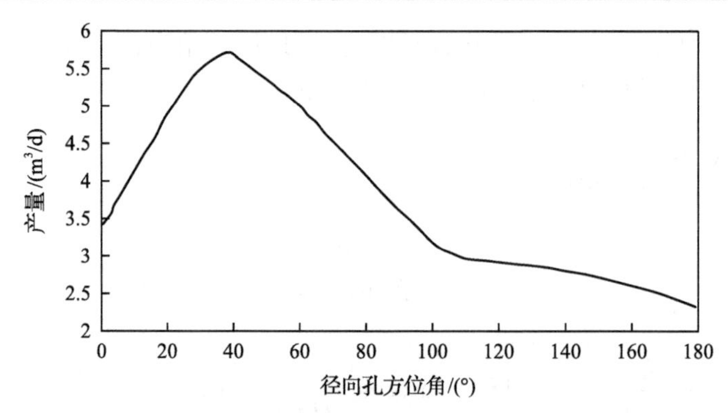

图 9-36　考虑地层倾角时径向孔夹角与产能

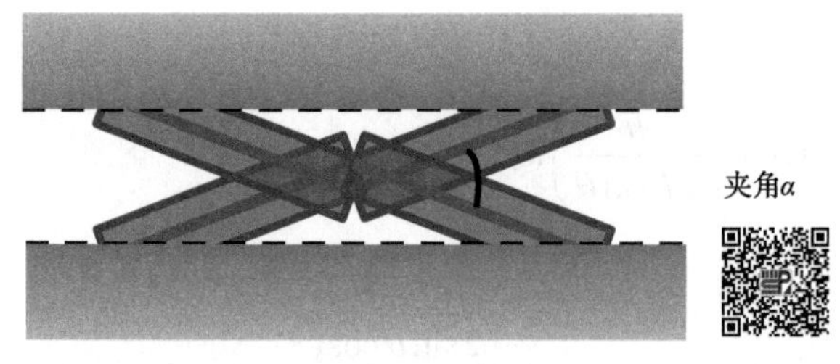

图 9-37　考虑地层倾角时取得最大产能的径向孔示意图(扫码见彩图)

经过推导，产能达到最大值的最优角度公式为

$$\alpha=2\arcsin\frac{h}{L\tan\theta}$$

当取得最优角度时，径向孔与地层的夹角为 $\arctan\frac{h}{L}$。

第 10 章　纳微米非均相体系调驱的决策方法

10.1　纳微米聚合物微球分散体系深度调驱油功能模块模拟器

1. 组分模型差分方程

由于这类模型方程的特殊性，一般采用显式方程进行求解。对于组分问题，边界的注入端一般是定浓度变化的，采出端是松弛的[78,79]。

对全质量守恒方程进行差分。如采用 FTCS 格式，其三维组分方程差分方程为

$$
\begin{aligned}
\tilde{C}_{klm}^{n+1} = \tilde{C}_{klm}^{n} &+ \frac{\Delta t}{\Delta x}\left\{\sum_{j=1}^{n_{\mathrm{p}}} C_{ij}U_{xj} - \phi_{\mathrm{e}}S_j\left(k_{xx}\frac{\partial C_i}{\partial x} + k_{xy}\frac{\partial C_i}{\partial y} + k_{xz}\frac{\partial C_i}{\partial z}\right)\right\} \\
&+ \frac{\Delta t}{\Delta y}\left\{\sum_{j=1}^{n_{\mathrm{p}}} C_{ij}U_{yj} - \phi_{\mathrm{e}}S_j\left(k_{yx}\frac{\partial C_i}{\partial x} + k_{yy}\frac{\partial C_i}{\partial y} + k_{yz}\frac{\partial C_i}{\partial z}\right)\right\} \\
&+ \frac{\Delta t}{\Delta z}\left\{\sum_{j=1}^{n_{\mathrm{p}}} C_{ij}U_{zj} - \phi_{\mathrm{e}}S_j\left(k_{zx}\frac{\partial C_i}{\partial x} + k_{zy}\frac{\partial C_i}{\partial y} + k_{zz}\frac{\partial C_i}{\partial z}\right)\right\} + Q'_{Di}
\end{aligned}
\tag{10-1}
$$

式中，C 为浓度；U 为速度；S 为饱和度；下角 p 表示相，n_{p} 为相的数量；ϕ_{e} 为有效孔隙度；Q' 为源汇项。

$$
\begin{aligned}
k_{xxij} &= D_{xij} + \frac{\alpha_{ij}}{\phi S_j}\frac{U_{xj}^2}{\left|U_j\right|} + \frac{\alpha_{ij}}{\phi S_j}\frac{U_{yj}^2}{\left|U_j\right|} \\
k_{xyij} &= \frac{\alpha_{lij} - \alpha_{tij}}{\phi S_j}\frac{\left|U_{xj}U_{yj}\right|}{\left|U_j\right|} = K_{yxij} \\
k_{yyij} &= D_{yij} + \frac{\alpha_{ij}}{\phi S_j}\frac{U_{xj}^2}{\left|U_j\right|} + \frac{\alpha_{ij}U_{yj}^2}{\phi S_j\left|U_j\right|}
\end{aligned}
\tag{10-2}
$$

其他 k_{xz}、k_{zy}、k_{zz} 类同。

2. 压力差分方程

对全组分方程进行求和，并代入运动方程和其他辅助方程，可得压力方程的

形式为

$$\frac{\partial}{\partial x}\left(\lambda_x \frac{\partial p}{\partial x}\right)+\frac{\partial}{\partial y}\left(\lambda_y \frac{\partial p}{\partial y}\right)+\frac{\partial}{\partial z}\left(\lambda_z \frac{\partial p}{\partial z}\right)+B(x,y,z)+\phi_{\mathrm{t}}'(x,y,z,t)=0 \quad (10\text{-}3)$$

用雅可比共轭梯度法全隐式求解压力差分方程，可得

$$p_{i,j,k}^{n+1}=\frac{1}{a_{ijk}}\left[g_{ijk}p_{i,j-1,k}^{n+1}+c_{ijk}p_{i-1,j,k}^{n+1}+b_{ijk}p_{i+1,j,k}^{n+1}+f_{ijk}p_{i,j+1,k}^{n+1}+s_{ijk}p_{i,j,k+1}^{n+1}\right]+d_{ijk} \quad (10\text{-}4)$$

3. 井制度

井模型处理为两种：定井产量、定压生产。

4. 饱和度方程求解

数值模型方程可以在隐式压力、显式浓度差分方法下进行求解。而饱和度是浓度的函数。根据第 9 章的饱和度方程，且由于水组分只在水相中、油组分只在油相中，即水组分在水相中占 100%，油组分在油相中占 100%，油水不互溶，所以饱和度的求解直接取决于水、油的液相浓度。水、油饱和度的差分方程为

$$S_{\mathrm{w},ijk}^{n}=C_{1,ijk}^{n} \quad (10\text{-}5)$$

$$S_{\mathrm{o},ijk}^{n}=C_{2,ijk}^{n} \quad (10\text{-}6)$$

10.2 微米球逐级深度调驱油数值模拟前后的处理模拟方法

10.2.1 前后处理数学模型

1. 前处理模块

在前处理模块上，用户给出的都是离散的数据，这就需要对数据进行分类和分析，然后对分类的离散数据进行网格化处理，以便进行下一步分析。

数据网格化的方法有很多种，如三角平面插值、按距离平方反比加权插值、按方位取点加权插值和趋势面拟合等。通过对这些方法进行相互比较，认为此次项目采用按方位取点加权插值方法最佳。

该方法的基本原理是：欲求某个网格点 (i,j) 的函数时，则以 (i,j) 为原点将平面分成四个基本象限，再把每个象限分成 n_0 份，这样就把全平面分成 $4n_0$ 等份。然后，在每个等分角内寻找一个距 (i,j) 最近的数据点，其值为 Z_{il}，它到 (i,j) 的

距离为 r_{il}，则网格上 (i,j) 的值为

$$Z(i,j)=\sum_{il=1}^{4n_0} C_{il} Z_{il} \tag{10-7}$$

式中，参数

$$C_{il}=\frac{\prod_{j=1,j\neq il}^{4n_0} r_j^2}{\sum_{k=1}^{4n_0}\prod_{l=1,l\neq k}^{4n_0} r_l^2} \tag{10-8}$$

由上式可以看出，$4n_0$ 个 C_{il} 之和即

$$\sum_{il=1}^{4n_0} C_{il}=\frac{\sum_{il=1}^{4n_0}\prod_{j=1,j\neq il}^{4n_0} r_j^2}{\sum_{k=1}^{4n_0}\prod_{l=1,l\neq k}^{4n_0} r_l^2}=1 \tag{10-9}$$

因此，C_{il} 是符合权系数定义的。

当 $r_{il}=0$ 时，即 Z_{il} 就在网格 (i,j) 上时，由于 $\prod_{l=1,l\neq k}^{4n_0} r_l^2$ 中 $k\neq i_l$ 时，$\prod_{l=1,l\neq k}^{4n_0} r_l^2=0$，因此有

$$C_{il}=\frac{\prod_{j=1,j\neq il}^{4n_0} r_j^2}{\prod_{l=1,l\neq k}^{4n_0} r_l^2}=1 \tag{10-10}$$

且其他的 $C_{il}(j\neq il)$ 都为零，因此网格 (i,j) 上的值就是数据点的值 Z_{il}。

2. 后处理模块

在获得模拟器数据的基础上，绘制等值线及光滑边界的方法有很多种，如样条插值、多项式拟合插值、最小二乘拟合等。通过对这些方法的比较[80]，认为此次项目采用样条插值方法最佳。采用样条插值的方法绘制等值线，边界采用光滑处理，然后在网格上布井，标出井号。

1) 满足上述要求的样条插值函数的数学描述

设平面上给定 n 个点 (x_i,y_i) $(i=0,1,2,\cdots,n)$ 且 $a=x_1<x_2<\cdots<x_n=b$。假设通过这

n个点，曲线$y=f(x)$在(a,b)区间上存在二阶连续导数，在区间(a,b)上做$f(x)$的样条插值函数$S(x)$，使它满足如下条件：

(1) $S(x_i)=y_i$, $i=0,1,2,\cdots,n$;

(2) 在区间(a,b)上存在一阶和二阶连续导数，以保证连接处的曲线是光滑的；

(3) 在每一个子区间(x_i, x_{i+1}) $(i=0,1,2,\cdots,n-1)$上$S(x)$都是三次多项式，其常用的表达式为

$$
\begin{aligned}
S(x)=&\left[\frac{3}{h_i^2}(x_{i+1}-x)^2-\frac{2}{h_i^3}(x_{i+1})^3\right]y_i \\
&+\left[\frac{3}{h_i^2}(x-x_i)^2-\frac{2}{h_i^3}(x-x_i)^3\right]y_{i+1} \\
&+h_i\left[\frac{1}{h_i^2}(x_{i+1}-x)^2-\frac{1}{h_i^3}(x_{i+1}-x)^3\right]m_i \\
&-h_i\left[\frac{1}{h_i^2}(x-x_i)^2-\frac{1}{h_i^3}(x-x_i)^3\right]m_{i+1}
\end{aligned}
\tag{10-11}
$$

式中，$h_i=x_{i+1}-x_i$，$m_i=S'(x_i)$（$x=x_i$处的一阶导数值）。

根据手工绘制颗分曲线的经验,将所有的点连接成曲线后还要做适当的延长，而且延长是顺势的，延长部分近似于直线。所以，在进行插值计算前，应该在曲线的前端和末端各增加一个点。具体方法是在原有样点的基础上，在两端先作线性插值，插值的位置是在两端延长一个数量级粒径单位，当然，超出坐标范围的点应该被剔除。因此，可以假设曲线中的x_0及x_n处的斜率是已知的，即

$$S'(x_0)=m_0=\frac{y_1-y_0}{x_1-x_0} \tag{10-12}$$

$$S'(x_n)=m_n=\frac{y_n-y_{n-1}}{x_n-x_{n-1}} \tag{10-13}$$

式(10-12)和式(10-13)就是利用数据建立样条插值时的边界条件。边界条件确定得恰当与否，可以从曲线的效果和计算对比中进行判断。

正确绘制曲线是计算的前提，而绘制曲线则首先要建立相应的坐标系。在绘制曲线的坐标系中，横纵坐标与计算机显示的逻辑坐标之间是线性对应的关系，计算机图形显示采用既定的逻辑坐标系(在本应用研究中采用 MM_TWIP 的图形影射模式，即在显示界面中，1/1440in(1in=2.54cm)作为一个逻辑单位)，所以必须找出两者之间的对应关系。只有转换为相应的计算机图形坐标系统中的逻辑坐标后，才能进行样条函数插值等计算。

2) 样条函数的建立

正确建立三次样条插值函数是正确绘制颗分曲线和计算 C_u/C_c 的前提。建立三次样条插值函数有多种办法，本书介绍参照建立拉格朗日插值公式方法的推导过程。从表达式中可以看出，函数建立的过程实质上是求解 m_i 的过程，具体可分为以下三个步骤。

(1) 由 $a_1 = \alpha_1 / 2, b_1 = \beta_1 / 2$ 出发，按下式计算 α_i、β_i：

令

$$\alpha_i = \frac{h_{i-1}}{h_{i-1} + h_i}, \quad \beta_i = 3\left[\frac{1-\alpha_i}{h_{i-1}}(y_i - y_{i-1}) + \frac{\alpha_i}{h_i}(y_{i+1} - y_i)\right], \quad i = 2,\cdots,n-1 \tag{10-14}$$

式中，α_i、β_i 为计算的过程变量，无实际意义，以下 a_i、b_i 同；y_i 为第 i 个数据转换后的纵坐标值；h_i=x_{i+1}–x_i，x_i 为第 i 个数据转换后的横坐标值。

(2) 利用下式计算 a_i、b_i：

$$a_i = \frac{\alpha_i}{2-(1-\alpha_i)a_{i-1}} \tag{10-15}$$

$$b_i = \frac{\beta_i - (1-\alpha_i)b_{i-1}}{2-(1-\alpha_i)a_{i-1}}, \quad i = 2,3,\cdots,n \tag{10-16}$$

(3) 按下式计算 m_i：

$$m_i = b_i - a_i m_{i+1}, \quad i = n-1, n-2,\cdots,1 \tag{10-17}$$

将求得的 m_i 代入式(10-11)，即可得出各个子区间的样条插值函数 $S(x)$。

3) 计算步长的确定

由于三次样条函数是分段函数，即在不同的自变量区间有不同的表达式，所以在实际应用中要注意判断自变量所在的子区间。

使用三次样条插值函数求解曲线上非样点的坐标值时，插值的步长可通过试算法确定，即确定一个步长后，看其绘制(打印)曲线的效果，如光滑度不够，则逐渐减小步长的值，直到曲线光滑度达到要求为止。在本应用研究中，使用 25 个图形逻辑单位(相当于 0.068in)作为样条插值的步长，其曲线精度及光滑度已完全满足要求。已知一个方向坐标值，在曲线上查取对应的另一个方向的坐标值时，步长要取得足够小，以保证搜索结果值的精度。

4) 遍历法的使用

函数建立后，有三处需要使用到该函数。一是对原有的数据进行插值计算；二是针对原始数据的不确定值，需要利用该函数计算；三是计算数据时，处理得出的数据点。因此，在实际编程过程中，由于三次样条函数为分段函数，需要计算的值的落点区间不确定，所以需要采用遍历法。即从第一个点开始，横坐标逐次递增一个步长，然后判断坐标点的所属区间，并采用相应的分段函数进行计算，直至遍历整条曲线为止。

10.2.2　程序设计

1. 需求规定

主要分为前后处理两个模块。

前处理模块，要求导出图片，在图片上建立自定义坐标系，设置属性值，然后取点。将取得的点进行插值计算，并将数据网格化，作为数据流，进入模拟器运算。

后处理模块，即数据的可视化。将模拟器运算出的结果进行插值运算(样条插值和多项式插值)，并对数据边界进行光滑处理，作出直观图。

2. 设备要求

PC 机的要求：CPU 为奔腾 III600 以上。

内存：128MB 以上。

硬盘：10GB 以上。

操作系统：Windows 2000/XP。

3. 软件设计

1) 开发工具选择

这里选择 VB+Matlab 生产 com 组件，进行该软件的设计。

(1) VB 强大的可视化设计平台、面向对象的设计方法及通俗易懂的结构化的设计语言可以帮助我们很好地设计用户界面。

(2) Matlab 提供了大量封装和参数化的数学函数，为科学计算插上了强大的翅膀。同时，Matlab 还提供了强大的工具箱及图像功能，对插值计算数据出图提供了很大的帮助。

2) 软件界面设计

(1) 描述任务场景。

前处理模块：用户打开程序，此时能够打开图片，对图片进行描点取属性值操作，然后将取得的点按图层进行网格化，并把所有图层网格化的数据按属性保存到一个数据文件里。

后处理模块：导入模拟器算出的数据文件，按照属性输出可视化图片。

(2) 设计人机交互。

①菜单。

在 VB 的菜单编辑器里设计界面菜单，菜单栏主要有三个菜单：“文件”“取点”“绘图”。“文件”菜单下有“打开图片”“退出程序”；“取点”菜单下有“建立坐标系”“设置目标值”“点描取点”；“绘图”菜单下有“数据网格化”“数据整合”“数据出图”。点击各个菜单会出现相应的对话框。

②toolbar 工具栏。

从 VB 控件里添加 toolbar 控件，提供与菜单栏相同的功能，目的是更加直观、简洁。

③picturebox。

从 VB 控件里添加 picturebox 控件，一是用来将打开的文件存储到 picturebox 里进行操作，通过描点读出图片的属性。二是将后处理作出的图形显示出来，供决策者判断。

④MSFlexGrid。

从 VB 部件里添加 Microsoft FlexGrid Control 6.0 到控件里，然后调用。MSFlexGrid 的主要功能就是将对图片操作取得的点数据显示出来，给用户一个直观的判断。

⑤Commondialog。

从 VB 控件里直接添加，利用 Commondialog 里的.showopen 和.showsave 来打开文件与存储文件，并设置 Commondialog.error 为 true，可以对 Commondialog 操作，具有判错功能。

⑥Driverlistbox、Dirlistbox、Filelistbox、listbox。

这几个 listbox 主要是用来对每次图片操作产生的离散文件进行整合，以便进行后续处理。

⑦Matlab combuilder。

将在 Matlab 中编的 M 文件函数利用 Matlab 自带的 com-builder 生成 dll 文件，以供 VB 直接调用。

4. 图形用户界面设计

图形用户界面区分为字型、坐标系统和事件。

1) 字型

将 form 里的 font 属性设置为“宋体”“小五”，如图 10-1 所示。

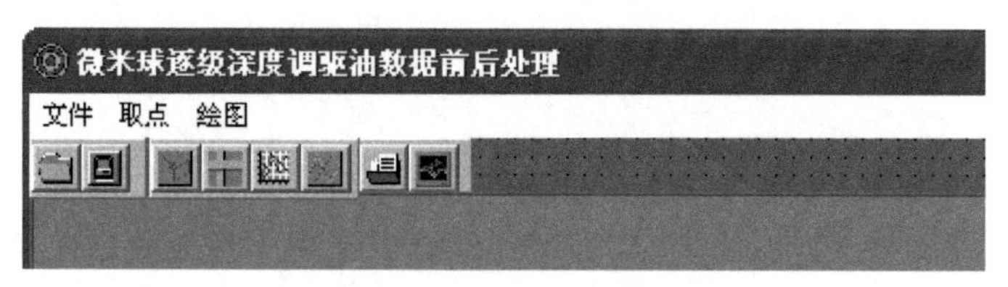

图 10-1 字型设置

2) 坐标系统

VB 的坐标系统默认为左上角为(0，0)，向右、向下递增。但是，在描点读取图片属性时容易混乱。因此，此软件在 picturebox 上设置了自定义坐标系统，方便用户记录数据。

3) 事件

事件是图形用户界面程序的核心，系统应该能够对事件做出正确的反应。

当用户点击菜单“文件”—“打开图片”或 toolbar 中的第一个时，就会触发打开图片事件。这时，程序会弹出打开文件对话框，获取文件名后将图片显示在 picturebox 上。

当用户点击菜单“文件”—“退出程序”或 toolbar 中的第二个时，就会触发退出应用程序事件。这时，程序直接退出。

当用户点击菜单“取点”—“建立坐标系”或 toolbar 中的第三个时，就会触发建立坐标系事件。这时，将鼠标移到 picturebox 中的图片上，在图片上依次点击四个位置，分别记录坐标系统的 X 轴最小值、最大值和 Y 轴最小值、最大值。

当用户点击菜单“取点”—“设置目标值”或 toolbar 中的第四个时，就会触发记录图片所描点属性事件。这时，将鼠标移到 picturebox 中的图片上，对即将操作的曲线设置属性值。

当用户点击菜单“取点”—“点描取点”或 toolbar 中的第五个时，就会触发点描图片曲线事件。这时，将鼠标移到 picturebox 中的图片上，对即将操作的曲线进行描点，此时软件右侧 MSFlexGrid 上会显示当前描取点的坐标及属性值。

当用户点击菜单“绘图”—“数据网格化”或 toolbar 中的第六个时，就会触发数据网格化事件。这时会弹出对话框，选取文件，对描点后存储的数据进行预读处理。处理后会弹出对话框，显示自适应的 X 轴网格数和 Y 轴网格数，并将所描图层的序号写入 NZ，以代表所描图片所在的图层。

当用户点击菜单“绘图”—“数据整合”或 toolbar 中的第七个时，就会触发数据整合事件。这时会弹出数据整合窗口，将网格化后的数据按照属性并按图层顺序进行数据整合，以便进行后续工作。

当用户点击菜单“绘图”—“数据出图”或 toolbar 中的第八个时，就会触发后处理事件。这时会弹出对话框，将从模拟器中运算出的 result_m 文件读入，进行处理，出现 getpic 窗口，然后决策者可以根据窗口左侧的参数进行有选择地出图。

程序的主界面如图 10-2 所示。

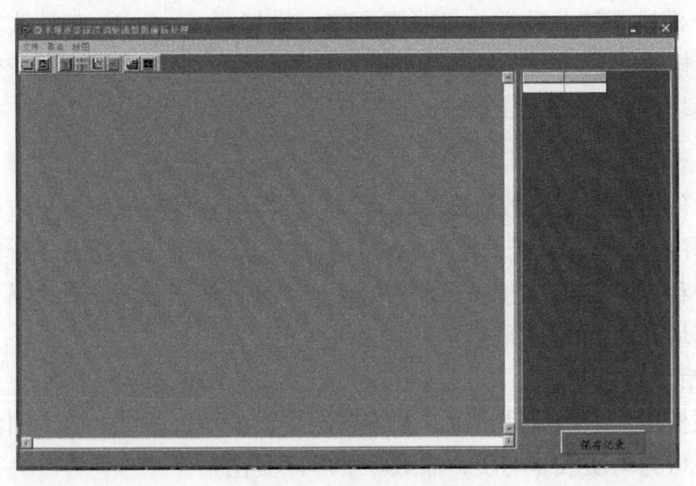

图 10-2　程序主界面

5. 用户操作流程

1) 前处理用户操作流程图见图 10-3

2) 后处理用户操作模块见图 10-4

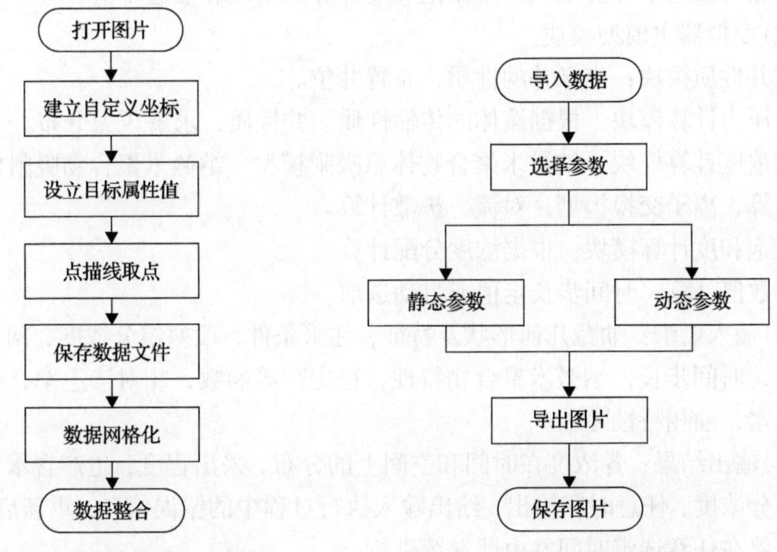

图 10-3　用户前处理操作流程图　　　　图 10-4　用户后处理操作流程图

3)软件结构

自主研制的 gnmpoly 软件由两个按功能划分的大模块构成：①参数场初始化模块(gnmpolyi.f)；②模拟器模块(gnmpolyr.f)。

这两个模块既彼此独立，又紧密衔接，模拟器 gnmpolyr.f 是软件的核心，gnmpolyr.f 模块为模拟器提供参数和静态地质模型，将这个模块运行后的数据文件传给主模块，得出模拟结果。

4)模块设计说明

根据软件结构框架将数值模型进行编程，按组分模型和物化反应模型的特点编制各个程序，如吸附模型子程序 adsod、黏度子程序 visoos、组分子程序 phcomp、离子反应子程序 ioncng、传输子程序 trans、浓度计算子程序 consol 等。

具体模块和功能如下所述。

(1)初始化参数场。

①油藏模型：一维流动情况，两维多层剖面流动，两维多层平面流动，三维流动，油藏可为均质或非均质，油藏厚度可以变化。

②流体特性参数模块：

可动凝胶体系溶液特性参数；纳微米聚合物微球特性参数：非牛顿特性参数、盐敏效应、吸附、降解、毛细管压力、渗透率降低、相黏度、不可及孔隙体积、重力、压缩性。

③网格划分模块：根据油藏类型进行划分分布网格数据。

④相对渗透率计算模块：根据饱和度计算网格点和渗透率值。

(2)模拟器主模型模块。

①井性质模块：定义井的性质，布置井位。

②压力计算模块：根据流体的传输性质、井性质，求解压力分布。

③浓度计算模块：纳微米聚合物体系吸附模型，纳微米聚合物吸附模型，相浓度计算，离子交换模型，对流、扩散计算。

④饱和度计算模块：根据浓度分配计算。

⑤数值计算：时间步长定值或自动选取。

(3)输入要求：油藏几何形状及特征，注采条件，段塞组分浓度，网格数，网格间距，时间步长，纳微米聚合物特性，稳定剂等参数，相对渗透率，毛细管压力表及水，油相特性参数。

(4)输出结果：各浓度在时间和空间上的分布，采出程度，生产含水，产出液中各组分浓度，任意时间输出，给出输入执行过程中的错误信息，重新启动功能，计算可停在任意选定时间并由此继续进行。

(5)程序语言：语言为 FORTRAN77。

(6)应用：可应用于对水驱、纳微米聚合物的模拟。

上述过程任意组合：油藏历史拟合；油藏动态预测；各种机理研究；驱油效果预测；参数敏感性研究；注采条件优选；方案可行性研究和设计。

5)数据结构设计

数据采取公共块的形式进行传递，如图 10-5 和图 10-6 所示。

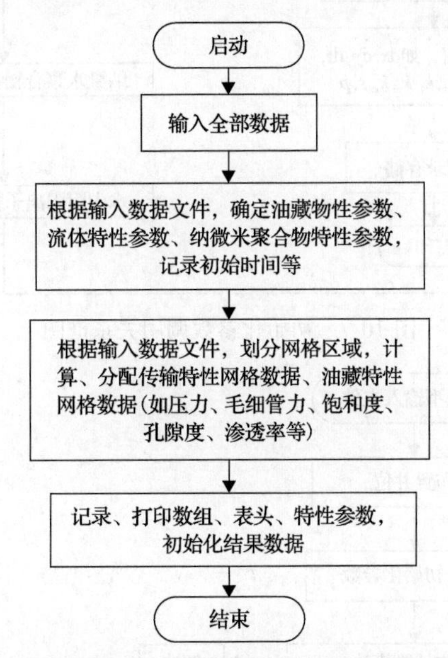

图 10-5　参数场初始化的计算过程简图(gnmpoly.I 框图)

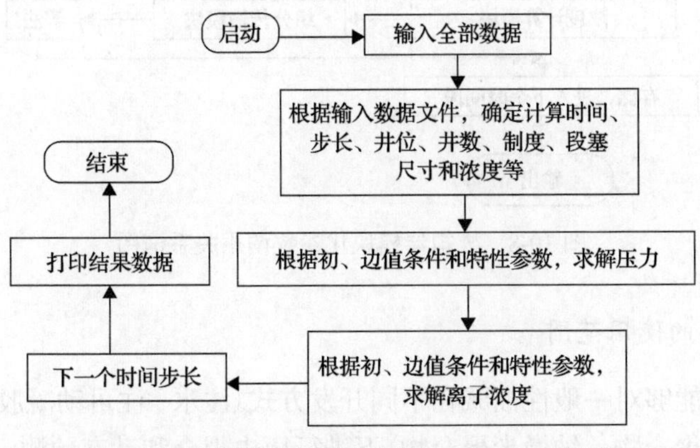

图 10-6　模拟器计算过程简图(gnmpoly.R 框图)

初始化参数设计见图 10-7。

模拟器模块化设计见图 10-8。

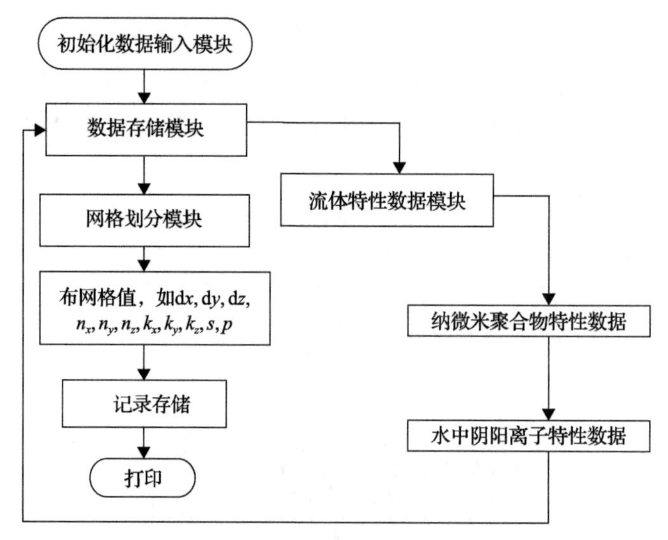

图 10-7　初始化参数调用关系框图

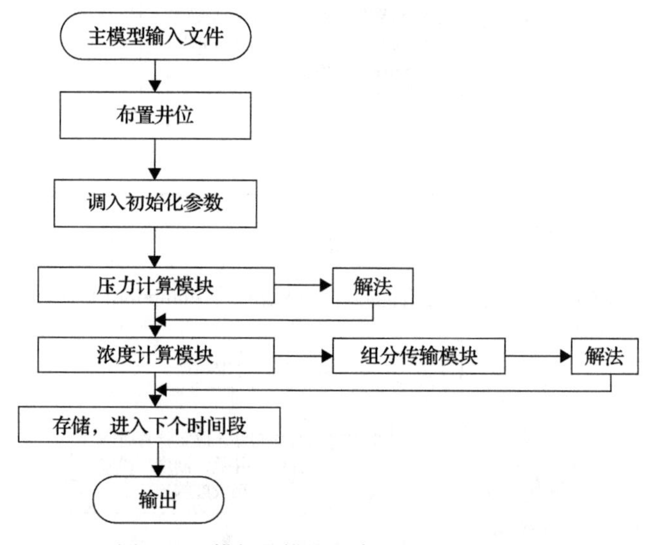

图 10-8　模拟器模块化参数调用关系框图

6. 模拟器的使用范围

本模拟器能够对一般性油藏在不同开发方式(注水、注可动凝胶聚合物、注聚合物、注交联聚合物、纳微米聚合物)下进行历史拟合和动态预测。

1) 模拟范围

(1) 水驱。

(2) 纳微米聚合物驱。

(3)上述过程的任意组合。

(4)纳微米聚合物驱岩心驱替过程模拟。

(5)水、纳微米聚合物驱油机理研究。

(6)矿场水、纳微米聚合物驱油模拟过程。

(7)水、纳微米聚合物历史拟合。

(8)参数敏感性研究。

(9)矿场实验动态预测。

(10)注采条件优选。

(11)方案可行性研究及设计。

2)地质模型

(1)正韵律。

(2)反韵律。

(3)复合韵律。

(4)多段多韵律。

(5)有隔层。

(6)平面任意。

(7)有尖灭。

(8)任意网格。

3)初始条件

适合于无气、水油两相流动的油藏条件。

4)井工作制度

可以定压、定流量注入生产两种工作制度。

5)段塞

可以进行任意驱替(水、纳微米聚合物)的段塞组合。

10.3　算　　例

10.3.1　纳微米聚合物微球分散体系调驱效果的模拟

选择反韵律剖面模型，该模型分为九层，渗透率从上到下分别为 90mD、80mD、70mD、60mD、50mD、40mD、30mD、20mD、10mD，即高渗透层在上面，低渗层在下面，含水饱和度为 0.45，孔隙度为 0.21，采用的网格为 9×9×9，网格步长 dx、dy、dz 分别为 15m、15m、2m，开采时间从 2008 年开始。模拟结果见图 10-9 和图 10-10。由图可知，当水驱开发 1600d 后，含水率达到 80.39%时，进行 AM/AA/MMA 聚合物微球分散体系驱油，模拟结果表明 AM/AA/MMA 聚合物微球分散体系可以提高油层的采收率，大幅度降低含水率。通过对比可知，采用 AM/AA/MMA 聚合物微球分散体系驱油的最终采收率可比水驱提高 7.40%，含水率下降最大达 16.73%。由此看出，在油田高含水时期采用聚合物微球分散体系能够取得较好的降水增油的效果。

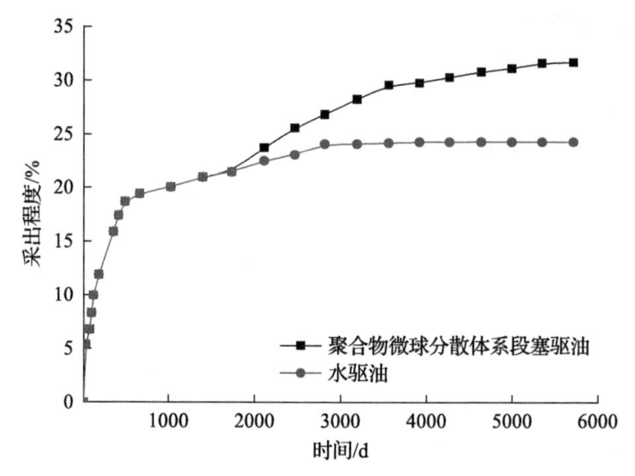

图 10-9　聚合物微球调驱与水驱油采出程度随生产时间的变化曲线

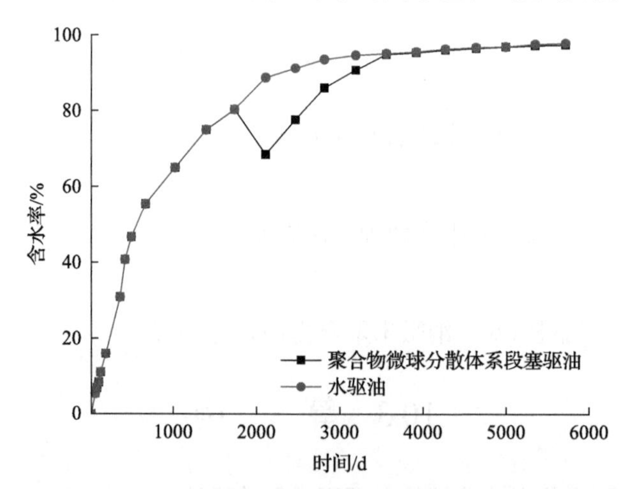

图 10-10　聚合物微球调驱与水驱油含水率随生产时间的变化曲线

10.3.2　纳微米聚合物微球分散体系调驱影响因素的分析

1. 聚合物微球分散体系的段塞尺寸对驱油效果的影响

本节对段塞尺寸分别为 0、0.002PV、0.007PV、0.021PV、0.042PV、0.063PV 的 PVAM/AA/MMA 纳微米聚合物微球分散体系的驱油效果进行数值模拟计算，结果见图 10-11。

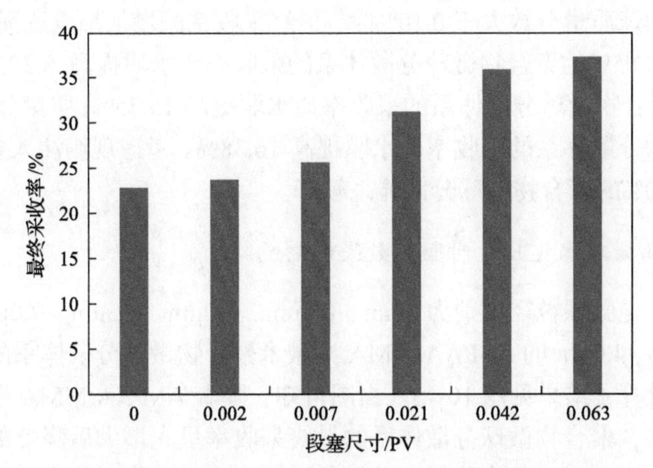

图 10-11　聚合物微球段塞尺寸对驱油效果的影响

由图 10-11 可知，随着 AM/AA/MMA 纳微米聚合物微球段塞尺寸的增大，聚合物微球分散体系最终的采收率也增大，但当段塞尺寸大于 0.042PV 时，最终采收率的增加幅度逐渐变缓。其中，0.021PV 的聚合物微球分散体系的采收率比水驱提高 8.32%，0.042PV 的聚合物微球分散体系的采收率比水驱提高 13.02%，0.063PV 的聚合物微球分散体系的采收率比水驱提高 14.44%。考虑现场注入条件，选择段塞尺寸为 0.042PV 聚合物微球分散体系较好。

2. 聚合物微球浓度对驱油效果的影响

本节对质量分数分别为 0、0.05%、0.075%、0.10%、0.125%的 AM/AA/MMA 纳微米聚合物微球分散体系的驱油效果进行数值模拟计算，结果见图 10-12。由图

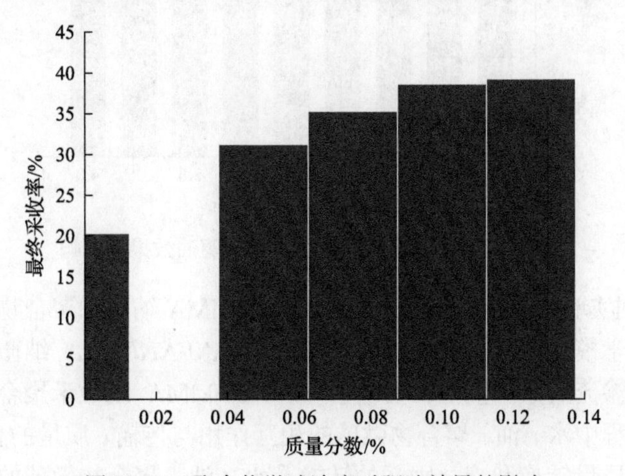

图 10-12　聚合物微球浓度对驱油效果的影响

可知，随着 AM/AA/MMA 纳微米聚合物微球质量分数的增大，最终采收率增大，但当聚合物微球质量分数大于 0.10%时，最终采收率的增加幅度逐渐变缓。其中，质量分数为 0.05%的聚合物微球分散体系的采收率比水驱提高 8.32%；质量分数为 0.10%的聚合物微球分散体系的采收率比水驱提高 15.75%；质量分数为 0.125%的聚合物微球分散体系的采收率比水驱提高 16.38%。考虑现场注入条件，选择质量分数为 0.10%的聚合物微球分散体系较好。

3. 聚合物微球水化尺寸对驱油效果的影响

本节对水化微球粒径分别为 0μm、0.5μm、1.0μm、1.5μm、2.0μm、2.5μm、3.0μm、3.5μm、4.0μm 的 AM/AA/MMA 纳微米聚合物微球分散体系的驱油效果进行数值模拟计算，结果见图 10-13。由图可知，随着 AM/AA/MMA 聚合物微球水化粒径的增大，聚合物微球分散体系的最终采收率呈先增大后降低的趋势。当水化粒径小于 2.0μm 时，聚合物微球分散体系比水驱提高的采收率一直在增加；但当水化粒径大于 2.0μm 时，聚合物微球分散体系比水驱提高的采收率逐渐减小。这说明该储层条件下应选用水化粒径为 2.0～3.0μm 的聚合物微球，其中选择水化粒径为 2.0μm 的聚合物微球的驱油效果最佳。由此可以看出，对于不同的储层需要选择与其相匹配的聚合物微球，从而达到最佳的驱油效果。

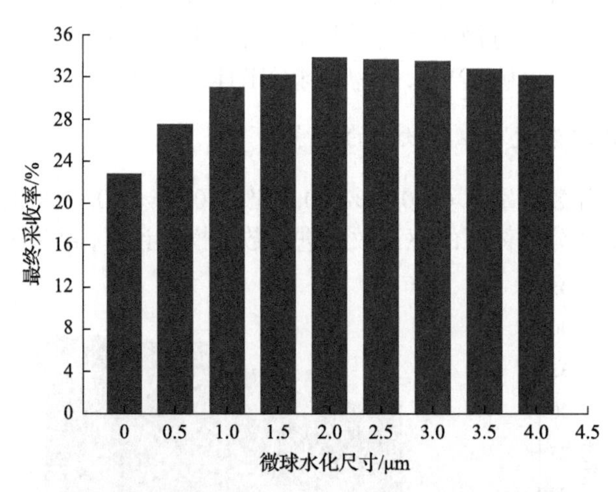

图 10-13 聚合物微球水化尺寸对驱油效果的影响

(1) 在系列实验成果的基础上，对 AM/AA/MMA 纳微米聚合物微球分散体系调驱渗流的数学模型进行了理论研究，建立了 AM/AA/MMA 纳微米聚合物微球分散体系调驱渗流的数学模型，反映了 AM/AA/MMA 纳微米聚合物微球分散体系调驱渗流过程中水、油、聚合物微球的相互作用与传输、质量的相互转换作用，即对流扩散、质量转换和液、固间的转换及水、油、聚合物微球的流动、流体性质的改变等特点。

(2)对 AM/AA/MMA 纳微米聚合物微球所引起渗流特性的改变和复杂渗流特征进行了描述，反映了 AM/AA/MMA 纳微米聚合物微球水化膨胀、渗流阻力变化、堵塞、相对渗透率变化、微球沉淀破碎、残余阻力系数、黏度特性等。

(3)数值模拟结果表明，AM/AA/MMA 纳微米聚合物微球的段塞尺寸、浓度及水化微球尺寸均对驱油效果有影响。当 AM/AA/MMA 纳微米聚合物微球段塞尺寸为 0.042PV、质量分数为 0.10%和水化尺寸为 2.0μm 时，AM/AA/MMA 纳微米聚合物微球分散体系的增油效果较好。

第11章　纳微米非均相体系调驱开发效果的评价方法

为了更好地提高纳微米非均相体系的驱油效果，对纳微米非均相体系的深度调剖用量、浓度、强度等参数进行优化，量化调剖体系与渗透率的匹配关系，给出调剖体系的适用油层条件，调剖井组8口井的平均破裂压力为11.49MPa，目前注入压力10.0MPa，日均注水190m^3，均为分层井，共划分39个层段。调剖井区平均吸水有效厚度只有6.8m，吸水有效厚度比例为45.4%；调剖层的确定依据各小层的发育、连通情况及吸水状况，综合分析剩余油潜力，确定各个注水井调剖层段及主要的调剖目的层位[81-85]。

11.1　调剖体系的确定

采油用调剖剂LHW纳微米聚合物微球——深度调剖剂在油相中为稳定的水分散颗粒，纳微米聚合物微球的平均直径为几百纳米至几十微米，基本形态为球形，具有良好的变形性和特殊的流动特性，可以进入油藏深部。在油藏的流动过程中，使油藏中的"水窜通道"发生"动态堵塞"，不断产生液流改向，通过调整、扩大驱替剂的波及剖面，进一步提高原油采收率。

LHW纳微米聚合物微球的平均直径在几百纳米至几十微米范围内可调，并且纳微米聚合物微球的溶胀速度和变形性可调。因此，可根据不同地层的实际渗透率和孔喉半径，生产不同大小、不同变形性的纳微米聚合物微球体系。通过对注入浓度和注入速度的适当调整，有效地解决了严重水窜通道的封堵和较低渗透率地层的过度封堵、注入压力过高的问题。

为评价调剖剂在不同浓度条件下的黏度及其和大庆油田应用条件的匹配性，利用大庆盐水配制不同浓度的调剖剂样品。从实验结果可以看出，调剖剂浓度为300～2000mg/L时的黏度为0.7～2.2mPa·s，接近水的黏度，因此比较容易注入(表11-1)。

表11-1　不同浓度LHW纳微米聚合物微球深部调剖剂的黏度

参数	数值								
浓度/(mg/L)	200	300	400	500	600	800	1000	1500	2000
黏度/(mPa·s)	0.6	0.7	0.8	0.9	1.0	1.2	1.8	2.0	2.2

11.1.1　纳微米聚合物微球水化尺寸

为了反映纳微米聚合物微球水化特性对驱油效果的影响，本节对水化微球粒径分别达到 5μm、10μm、20μm、30μm、40μm、50μm、60μm、70μm、80μm 的纳微米聚合物体系进行了数值模拟研究。模拟结果表明，对于该区块地层条件下应选用 10～30μm 水化粒径的纳微米聚合物微球，其中选择 20μm 时的驱油效果较好(图 11-1)。由此可以看出，对于不同的储层需要选择与其相匹配的纳微米聚合物微球，从而达到最佳的驱油效果。不同的储层渗透率适应不同的水化微球大小，表 11-2 给出了不同渗透率适应不同水化微球的粒径尺寸。

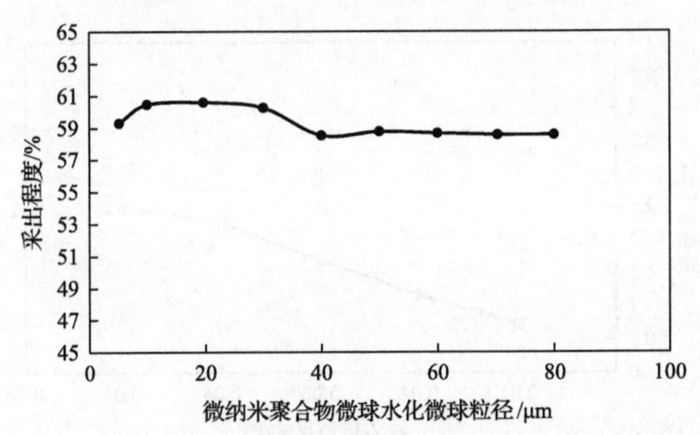

图 11-1　纳微米聚合物微球水化微球粒径对采收率的影响关系

表 11-2　不同渗透率适应水化微球粒径尺寸

渗透率/mD	50～200	200～500	500～700	700～900
水化微球粒径/μm	5～15	15～25	25～50	50～70

11.1.2　注入浓度的确定

模拟计算结果表明，注入不同浓度的纳微米聚合物微球对驱油效果有直接的影响，浓度高的比浓度低的要好。考虑该区的渗透率和地质条件，对该井组选择注入浓度为 0.05%的纳微米聚合物微球较好。模拟结果见表 11-3。

表 11-3　段塞浓度大小对采出程度的影响

方案	注入纳微米聚合物微球浓度/%	注入段塞时间/d	到 2018 年时的含水率/%	到 2018 年时的采出程度/%
1	0.03	120	93.6	44.93
2	0.04	120	93.7	46.18
3	0.05	120	93.7	47.15
4	0.08	120	93.8	47.46
5	0.10	120	93.9	47.82
6	水驱		93.5	43.87

模拟结果表明，其结构为注入浓度为 0.05%的纳微米聚合物微球，注入 360d，然后再注水，驱油效果较好。到 2018 年底可比水驱提高采收率 3.3%，最高含水下降 7.2%。模拟结果表明，段塞浓度小、增油效果差，难以达到较好的增油效果。

11.1.3　注入段塞尺寸的确定

计算结果表明，纳微米聚合物微球驱油存在最佳段塞，对于浓度高于 0.05%的纳微米聚合物微球体系 0.03PV，采收率的提高幅度较高(图 11-2)。其中，浓度为 0.05%的纳微米聚合物微球注入 0.03PV 时较佳。同一浓度下，较小段塞尺寸的驱油效果变差。

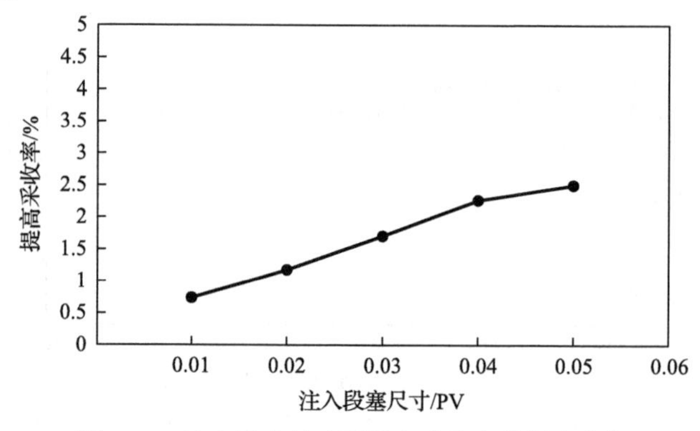

图 11-2　注入段塞尺寸对提高采收率的影响曲线

11.1.4　纳微米聚合物微球调驱效果的预测

通过对以上优选方案的计算，水驱、纳微米聚合物微球的驱油效果对比如表 11-4 所示。从表中可以看出，注入纳微米聚合物微球可以提高采出程度，含水

表 11-4　纳微米聚合物微球调驱与水驱累计产油模拟结果对比

年份	水驱采出程度/%	纳微米聚合物微球调驱采出程度/%
2009	39.87	40.55
2010	40.37	41.55
2011	40.77	42.45
2012	41.27	43.25
2013	41.67	43.95
2014	42.07	44.65
2015	42.57	45.35
2016	42.97	45.95
2017	43.47	46.55
2018	43.87	47.15

下降。在驱替过程中，纳微米聚合物微球驱的含水率可下降 5.43%左右。由此看出，纳微米聚合物微球驱油可以达到较好的驱油效果。

根据方案的计算结果和其技术指标可知，增油的高峰期主要集中在注入纳微米聚合物段塞及以后的 0.75～3 年，增油有效期在 0.5～3.5 年，见表 11-5。

表 11-5　纳微米聚合物微球调驱有效期

方案	增油高峰期/a	增油有效期/a	见效时间/a
纳微米聚合物微球调驱	开注后的第 0.75～3	3.0	0.5～3.5

由此可以看出，采用纳微米聚合物微球调驱可以达到增油目的，技术可行性强。

单井情况如下，纳微米聚合物微球调驱后单井均明显增油，含水下降，区块综合含水率由 87.53%下降到 82.1%，中心井由 92.7 下降到 74.7%，下降幅度为 18.0%，非中心井由 83.4%下降到 80.1%。区块中有 73%的油井见效。

11.2　实施效果

实验区自 2008 年 3 月～7 月已开始注入，实施效果见表 11-6。这说明纳微米驱取得了预期效果。

表 11-6　调剖井区见效情况分类

见效井分类	调剖前			见效高峰期			目前情况			备注
	日产液/t	日产油/t	含水/%	日产液/t	日产油/t	含水/%	日产液/t	日产油/t	含水/%	
断层边部	45	6.5	85.6	41.9	7.3	82.5	42.5	6.8	84.0	目前见效
断层边部	82	12.1	85.2	74.4	11.4	84.7	71	11.6	83.7	目前见效
断层边部	87	9.2	89.4	75	9.6	87.2	85.2	10.8	87.3	目前见效
断层边部	45	12.8	71.6	40.4	13.8	65.9	47.2	14.1	70.2	目前见效
断层边部	41	8.0	80.5	37.3	8.9	76.1	36.4	7.3	79.9	目前见效
断层边部	46	6.4	86.1	79	15.7	80.1	79	15.7	80.1	目前见效
断层边部	45	3.5	92.2	30.8	5.6	81.9	34.3	3.7	89.3	见效含水回升
断层边部	50	5.9	88.2	45.7	7.7	83.1	49.2	6.4	87.0	见效含水回升
断层边部	64	8.5	86.7	63.5	14.9	76.6	67.0	7.5	88.8	见效含水回升
高含水井区	82	3.7	95.5	109	10.9	90.0	127.3	7.5	94.1	见效含水回升（中心井）

续表

见效井分类	调剖前			见效高峰期			目前情况			备注
	日产液/t	日产油/t	含水/%	日产液/t	日产油/t	含水/%	日产液/t	日产油/t	含水/%	
高含水井区	66	6.6	90.0	53	5.8	89.1	51.3	4.1	92.0	见效含水回升（中心井）
高含水井区	95	7.1	92.5	68.2	5.7	91.6	65.6	3.5	94.7	见效含水回升（中心井）
断层边部	31	11.3	63.5	31.8	11.4	64.2	33.7	11.5	65.9	见效显示
高含水井区	115	10.3	91.0	108.9	8.8	91.9	108.9	8.8	91.9	见效显示
断层边部	78	10.0	86.8	59.6	9.7	83.8	60.1	9.5	84.2	见效显示
高含水井区	55	6.3	88.5	52	5.9	88.7	59.8	4.4	92.6	未见效
断层边部	34	4.0	88.1	38.5	4.8	87.6	41.6	3.3	92.0	未见效
断层边部	68	15.8	76.8	77.7	17.5	77.4	82.3	16.3	80.2	未见效
高含水井区	53	5.3	90.0	52.2	5.5	89.5	52.5	4.1	92.3	未见效（中心井）
高含水井区	91	8.8	90.3	76.7	7.7	90.0	58.3	4.2	92.8	未见效（中心井）
高含水井区	92	7.3	92.1	87	6.4	92.6	75.7	5.2	93.2	未见效（中心井）
断层边部见效井	614	94.2	84.66	579	116	79.98	606	104.9	82.68	
高含水井区见效井	358	27.7	92.26	339	31.2	90.80	353	23.9	93.23	
未见效	393	47.5	87.91	384	47.8	87.56	370	37.5	89.87	

第 12 章　纳微米非均相体系调驱技术在低渗致密油田的应用

GL-L6 油藏发育有多排鼻状隆起，鼻状隆起的轴线走向近于东西向，轴长为 3～12km，两翼倾角为 0.2°～1°，隆起幅度为 5～20m，这些鼻状隆起与上倾方向的岩性致密带或泥岩相匹配，形成了良好的圈闭，对油气运移和富集具有一定的作用。油层的平均有效厚度为 12.2m，平均有效孔隙度为 12.74%，渗透率为 $1.81\times10^{-3}\mu m^2$，中值渗透率为 $1.0\times10^{-3}\mu m^2$。储层垂向上的致密夹层较多，这些夹层的存在增加了储层的纵向非均质性[86-89]。

12.1　纳微米聚合物微球改善水驱效果的预测

如图 12-1 所示，GL-L6 油藏自 2005 年起的产油量处于稳定递减期，用图解法回归递减曲线，年递减率为 3.1%。

根据单位时间内产量递减率方程式：

$$a=-1/Q\cdot dQ/dt \tag{12-1}$$

式中，a 为产量递减率，a^{-1}，通常采用小数进行表达和计算。以此公式计算每年的递减率，如图 12-1 所示。

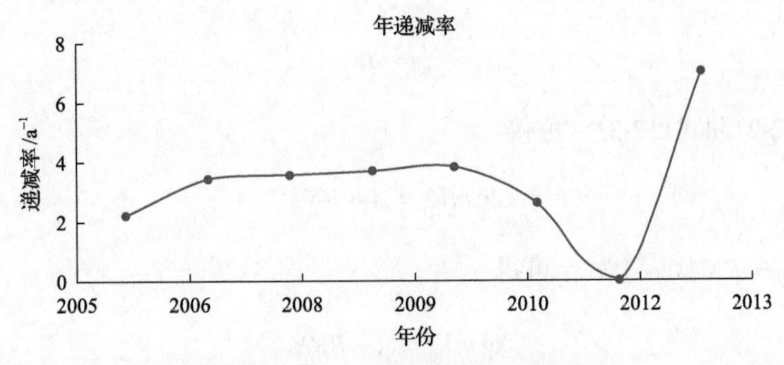

图 12-1　GL-L6 油藏递减率的变化曲线

用图解法回归预测年产量如表 12-1 所示。

从拟合程度(R^2)来看，线性函数及指数函数拟合的精度较好。沿用 2013 年之前的工作制度，截至 2020 年，累计可增油 4.3×10^6t 左右，采收率提高 5.66%。

表 12-1 年产量预测(图解法)

年份	年产量/10^4t		
	线性函数	指数函数	幂函数
2014	68.77	68.78	71.51
2015	66.20	66.44	69.49
2016	63.63	64.17	67.53
2017	61.07	61.96	65.63
2018	58.50	59.83	63.79
2019	55.93	57.76	62.01
2020	53.37	55.75	60.28
总计	434.68	427.46	460.24
拟合程度(R^2)	0.9833	0.9831	0.9726

12.2 纳微米聚合物微球提高采收率的预测模型

乙型水驱规律曲线的基本表达式为

$$\lg L_{\mathrm{p}} = A + BN_{\mathrm{p}} \tag{12-2}$$

式中，L_{p}为累计产液量，$10^4\mathrm{m}^3$；A为截距；B为斜率；N_{p}为累计产油量，$10^4\mathrm{m}^3$。

设油层的孔隙体积为V_{p}，聚合物驱阶段累计注入溶液量为W_{p}。将W_{p}与V_{p}的比值m定义为注入油层的孔隙体积倍数。当油田注采平衡时，累计注入溶液量与累计产液量体积相等，即

$$L_{\mathrm{p}} = mV_{\mathrm{p}} \tag{12-3}$$

联立式(12-2)和式(12-3)，可得

$$\lg mV_{\mathrm{p}} = A + BN_{\mathrm{p}} \tag{12-4}$$

将$N_{\mathrm{p}} = RN$代入上式，可得

$$\lg mV_{\mathrm{p}} = A + BRN \tag{12-5}$$

式中，R为聚合物驱阶段的采出程度，%；N为地质储量，$10^4\mathrm{m}^3$。

提高采收率的表达式为

$$\Delta E_{\mathrm{R}} = R - E_{\mathrm{R}} \tag{12-6}$$

将式(12-6)代入式(12-5)可得

$$\lg mV_{\rm p} = A + BN(\Delta E_{\rm R} + E_{\rm R}) \tag{12-7}$$

整理可得

$$\lg m = A + BNE_{\rm R} + \lg\frac{1}{V_{\rm p}} + BN\Delta E_{\rm R} \tag{12-8}$$

式中，$\Delta E_{\rm R}$ 为提高采收率的值，%；$E_{\rm R}$ 为水驱的最终采收率，%。

聚合物用量的表示为

$$P_{\rm y} = mC_{\rm p} \tag{12-9}$$

可得

$$\lg P_{\rm y} = A + BNE_{\rm R} + \lg\frac{C_{\rm p}}{V_{\rm p}} + BN\Delta E_{\rm R} \tag{12-10}$$

令 $A_1 = A + BNE_{\rm R} + \lg\frac{C_{\rm p}}{V_{\rm p}}$，$B_1 = BN$，则

$$\lg P_{\rm y} = A_1 + B_1\Delta E_{\rm R} \tag{12-11}$$

式中，$P_{\rm y}$ 为纳微米聚合物微球用量，$\rm PV \cdot mg/L$；A_1 为截距；B_1 为斜率。

12.3　纳微米聚合物微球用量对提高采收率的影响

当纳微米聚合物微球段塞尺寸为 0.3PV 时，在渗透率相近的岩心上考察纳微米聚合物微球浓度对提高采收率的影响，实验结果见表 12-2。

表 12-2　纳微米聚合物微球浓度对采收率的影响

序号	纳微米聚合物微球浓度/(g/L)	水驱采收率/%	总采收率/%	提高采收率/%
1	1	51.43	59.07	7.64
2	2	50.52	59.41	8.89
3	3	51.89	61.34	9.45
4	4	51.69	61.63	9.94
5	5	52.35	62.37	10.02

当纳微米聚合物微球浓度为 5g/L 时，在渗透率相近的岩心上考察纳微米聚合物微球段塞对提高采收率的影响，实验结果见表 12-3。

表 12-3 纳微米聚合物微球段塞尺寸对采收率的影响

序号	纳微米聚合物微球段塞尺寸/PV	水驱采收率/%	总采收率/%	提高采收率/%
1	0.1	53.59	59.17	5.58
2	0.3	52.35	62.37	10.02
3	0.5	54.49	65.34	10.85
4	0.8	55.64	67.42	11.78
5	1	54.22	66.49	12.27

依据上述室内实验，绘制纳微米聚合物微球用量与提高采收率的关系曲线，如图 12-2 所示。

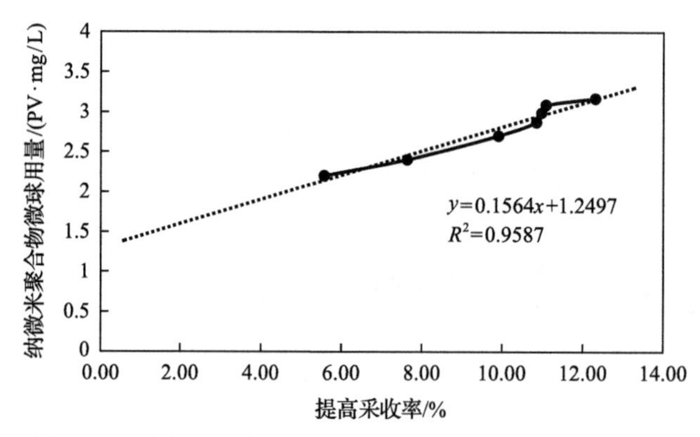

图 12-2 纳微米聚合物微球用量与提高采收率的关系曲线

根据纳微米聚合物微球提高采收率的室内实验，综合应用驱替特征曲线和经验回归的方法，建立纳微米聚合物微球驱阶段提高采收率的预测模型。在对数坐标下，聚合物用量与提高采收率幅度呈近似线性关系。可得出 A_1=1.2497，B_1=0.1564，即

$$\lg P_{\mathrm{y}} = 1.2497 + 0.1564 \Delta E_{\mathrm{R}} \tag{12-12}$$

上述方程可以反映出纳微米聚合物微球用量与提高采收率幅度的关系。该预测模型可以应用于纳微米聚合物微球驱的长远规划与年度规划中，也可用于对纳微米聚合物微球驱开发调整措施效果的评价和确定纳微米聚合物微球驱转后续水驱的时机。

第 13 章　纳微米非均相体系调驱技术在低渗透油田的应用

GT 油层的开发面积为 $51.71km^2$，地质储量为 7069.4×10^4t，1987 采用反九点法面积井网投入开发，投产油水井 905 口，油水井数比为 3∶1，由于本次模拟区域为整个构造区块，模拟相对完整，模拟储量与实际一致。模拟区实际储量为 4.83×10^6t，其中表内储量为 3.23×10^6t，表外储量为 1.6×10^6t[91-94]。

13.1　GT 油层水驱开发历史的拟合研究

拟合采用的工作制度是采用定产油量来拟合含水率指标。含水率拟合直接影响着单井的产量(或注入量)及油水比的变化，对油藏中含水的拟合，实质上是实现对油藏中流体饱和度分布和区域岩石相对渗透率的拟合，这种拟合对于检验和完善油藏描述，认识油藏开采机理有着重要的作用。模拟区域储层的横向和纵向非均质性强，不同区域的相对渗透率属性差异较大，所以相对渗透率也会发生变化。因此，必须通过储层含水饱和度和区域岩石相对渗透率的调整拟合油井含水率，加深对油藏开采机理的认识，建立可靠的油藏预测模型。

含水率的拟合首先是拟合整个油田的含水率，如图 13-1 所示，通过修改整体相对渗透率来实现油藏含水率的基本拟合，调整是以岩心实验测试的相对渗透率为基础，通过调整油相和水相相对渗透率随含水饱和度变化的幅度及相对渗透率曲线的端点值，来大致拟合油藏产水状况，如图 13-2 和图 13-3 所示。

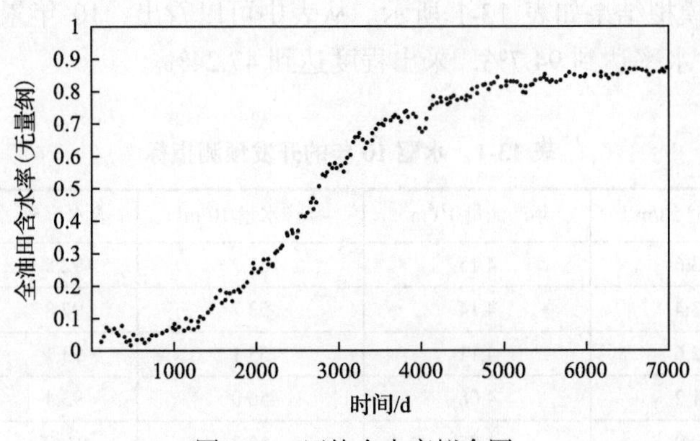

图 13-1　区块含水率拟合图

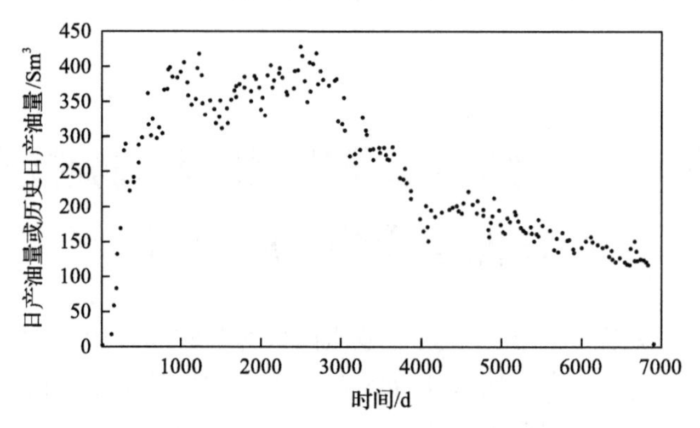

图 13-2 区块日产油量的拟合图

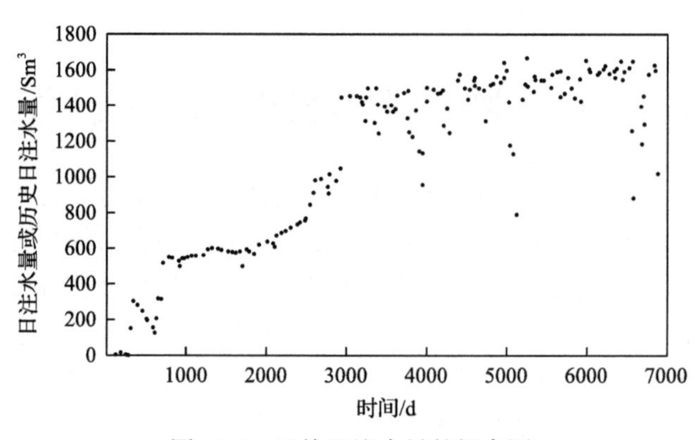

图 13-3 区块日注水量的拟合图

13.2 GT 油层水驱开发开采的动态预测

为了掌握注水开发效果，对区块进行了 10 年的水驱计算，通过水驱模拟来预测开采效果。模拟结果如表 13-1 所示。从表中可以看出，10 年累计产油 $38.5\times10^4m^3$，综合含水率达到 94.7%，采出程度达到 47.24%。

表 13-1 水驱 10 年的开发预测指标

年份	年均日产油/m^3	年产油量/10^4m^3	年产水量/10^4m^3	含水率/%	采出程度/%
2009	113.6	4.15	51.7	92.5	39.87
2010	113.4	4.14	53.7	92.8	40.76
2011	112.6	4.11	55.1	93.1	41.64
2012	111.2	4.08	56.0	93.4	42.52
2013	110.9	4.05	56.7	93.65	43.39

续表

年份	年均日产油/m^3	年产油量/10^4m^3	年产水量/10^4m^3	含水率/%	采出程度/%
2014	109.8	4.01	57.1	93.9	44.26
2015	105.8	3.86	57.4	94.2	45.09
2016	98.1	3.58	57.6	94.4	45.84
2017	92.1	3.36	57.8	94.6	46.56
2018	86.7	3.16	57.9	94.7	47.24

通过对方案的模拟预测，到 2018 年底，可比水驱增油 $1.442\times10^5m^3$。在驱替过程中，纳微米聚合物微球驱的含水率则下降 5.43%左右。区块综合含水率由 87.53%下降到 82.1%，中心井由 92.7%下降到 84.7%，下降幅度为 8.0%，非中心井由 83.4%下降到 80.1%。区块中 73%的油井见效。由此可以看出，纳微米聚合物微球驱油可以达到较好的驱油效果。

第14章　纳微米非均相体系调驱技术在中渗透油田的应用

LHP 油藏的顶面形态为一不对称的“凹”字形，油藏含油面积为 10.4km^2，地质储量为 1.739×10^7t。处于湖盆由抬升转变为沉降的过程，埋藏深度为 1425～1495m，地层厚度为 140～190m。根据沉积旋回及标准层可划分为 3 个油层组、9 个砂岩组、30 个小层，地面原油性质具有“三低一高”(密度低、黏度低、含胶量低、凝固点高)的特点[94-97]。

14.1　LHP 油田调驱井组开发历史的拟合

14.1.1　储量拟合

由于本次模拟区域为整个构造区块，模拟相对完整，模拟储量与实际一致。试验区储量的拟合精度达到 98.7%，见图 14-1。

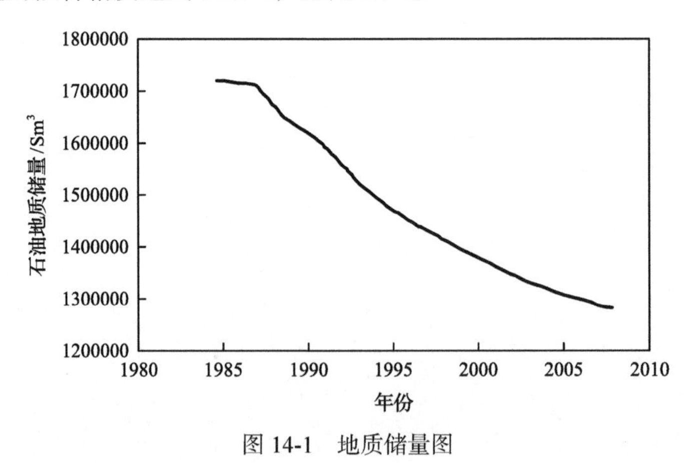

图 14-1　地质储量图

14.1.2　含水率拟合

首先，拟合整个油田的含水率。通过修改整体的相对渗透率以实现对油藏含水率的基本拟合，调整以岩心实验测试的相对渗透率为基础，通过调整油相和水相的相对渗透率随含水饱和度变化的幅度及相渗曲线的端点值，可大致拟合油藏产水的状况。

经过对相渗曲线的处理后，大部分生产井实现了对含水率的拟合，但对部分高含水井的拟合效果欠佳。因此，针对高含水井还需要采用特殊的拟合技术进一步处理，即对含水饱和度和井间连通性的修正。

改善井间连通性可采用以下两种拟合技术：对于物性较好、产能和含水率较高，但含水率上升并不剧烈的井区，调整注水井与采油井之间的网格渗透率，即可达到拟合目的。对于物性较差、含水上升剧烈的井区，可采用局部网格加密技术，模拟注采井间裂缝的水窜，可以达到很好的拟合效果。

由于油藏模拟采用生产井定油量控制，水产量受储层含水饱和度和岩石相对渗透率的制约，而储层非均质性和生产井增产措施及生产制度将影响油井含水率，降低油藏含水率的拟合精度。本次模拟通过对油水的相对渗透率和储层含水饱和度的修正，所以对油藏含水率的拟合取得了较好的效果，如图 14-2 所示。实验区含水的拟合精度与实际含水的差值在 3.6%以内。

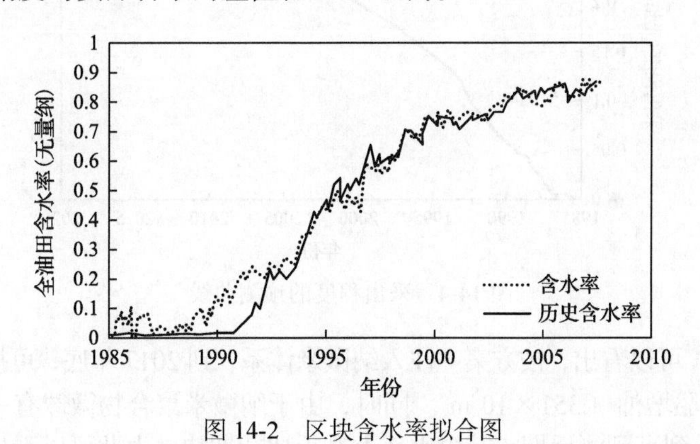

图 14-2　区块含水率拟合图

14.2　LHP 油田调驱开发开采的动态预测

在 2007 年 10 月～2008 年 11 月这段时间，对水淹严重的四口井进行了纳微米调驱。在历史拟合的基础上，根据纳微米驱的实验数据，按照纳微米驱产量递减的规律，对模拟区进行了 10 年的预测(到 2018 年)。

从模拟结果可以看出，经过纳微米堵水调剖后，产液量和产油量都有显著增加，同期含水率比水驱低，采出程度比水驱高，由于纳微米驱受到受效期(一般为 0.5～4 年)的影响，故含水率在 2010 年后有几次纳微米驱失效的扰动。在同等含水率的条件下，纳微米驱比水驱多采油约 $0.5\times10^4m^3$。纳微米驱采收率在 2018 年达到 28.43%，比水驱预期的采出程度高出约 0.33%，如图 14-3 和图 14-4 所示。

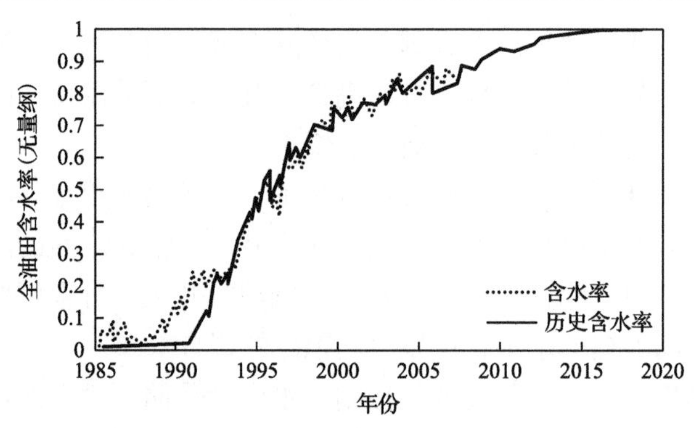

图 14-3　含水率的预测曲线

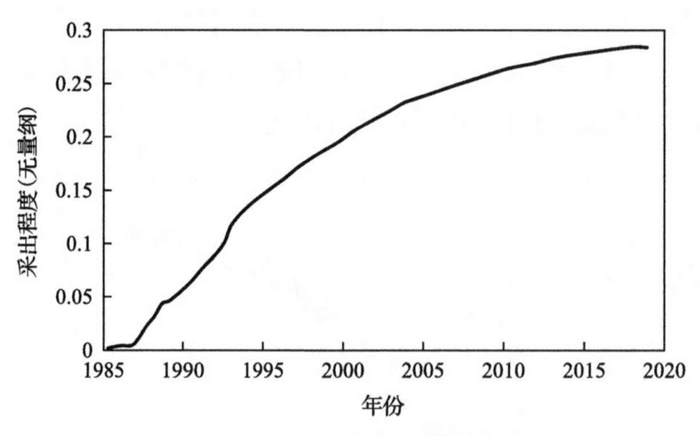

图 14-4　采出程度的预测曲线

从表 14-1 可以看出，按方案一注入纳微米体系，到 2017 年底，可提高采出程度 7.92%，比水驱增油 $1.351\times10^5m^3$。同时，由于纳微米聚合物微球有一定的受效期(0.5～4 年)，到了预测后期，其含水率上升得比初期快。由此可以看出，纳微米聚合物微球驱油可以达到较好的驱油效果。

表 14-1　10 年开发预测指标

年份	年均日产油 /m^3	年均日产水 /m^3	年产油量 /10^4m^3	年产水量 /10^4m^3	累计产油量 /10^4m^3	含水率 /%	采出程度 /%
2009	52.88	529.47	1.93	19.33	50.40	90.92	29.30
2010	51.36	691.97	1.87	25.26	52.27	93.09	30.39
2011	49.48	793.44	1.81	28.96	54.08	94.13	31.44
2012	45.71	1224.00	1.67	44.68	55.75	96.4	32.41
2013	42.41	1488.67	1.55	54.34	57.29	97.23	33.31
2014	38.64	1551.53	1.41	56.63	58.70	97.57	34.13
2015	32.99	1608.12	1.20	58.70	59.91	97.99	34.83
2016	30.63	1958.34	1.12	71.48	61.03	98.46	35.48
2017	25.45	1962.57	0.93	71.63	61.95	98.72	36.02
2018	23.56	2043.25	0.86	74.58	62.81	98.86	36.52

第 15 章　纳微米非均相体系调驱技术在普通稠油油田的应用

B-PPG（branched-preformed particle gel）是一种新型预交联凝胶微球。它与预交联凝胶微球的分子结构有所不同，B-PPG 的主体结构与预交联凝胶微球的三维网状结构分子相同，不同的是在 B-PPG 的三维网状结构分子上增加了许多线性支链。由于这些支链也是聚丙烯酰胺类聚合物，这些支链可以溶于水，具有增黏作用。分子结构的不同肯定会影响其各种性质，所以对这种新型预交联凝胶微球的研究具有重要的意义[98-101]。

15.1　B-PPG 微球注入对井筒内不同层位液量分配的影响关系

15.1.1　制备可视化非均质平面填砂物理模型

为制备可视化非均质平面填砂模型，通过高清摄像头实时采集传输图像和数据至计算机，能够直接动态地观察驱油体系在模型中的渗流情况，精确反映不同渗透率级差的驱油效率。

该装置如图 15-1 所示，主要由盖板、底板和填砂槽组成，上面四个螺丝主要是为了固定注入口和采出口的位置，填砂槽里面可以填 20～200 目的石英砂，用于模拟不同的渗透率环境。

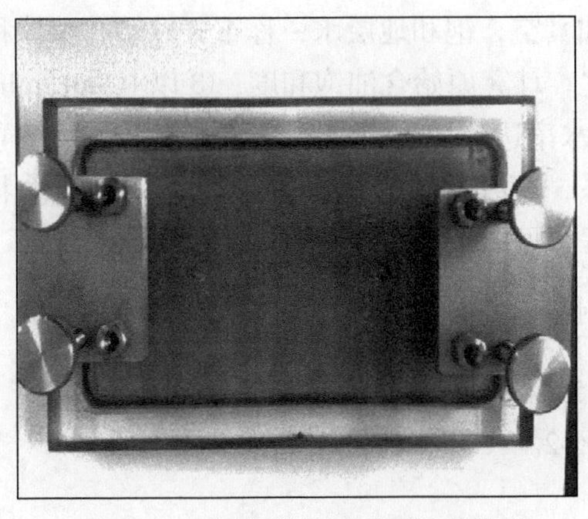

图 15-1　可视化非均质平面填砂模型

15.1.2 微球在井筒内不同层位的运移与浓度变化

储层非均质性是油气藏地质研究的核心内容，它不仅影响油气储量计算的可靠性，而且还对油田开发与开采方案的制定与实施，特别是对提高油田最终采收率的影响重大，它是进行油藏描述和油藏数值模拟研究的基础工作。通过对储层宏观非均质性的研究，有助于搞清砂体的连通状况，揭示油水的运动规律，为合理划分开发层系、选择合理的注采系统、预测产能、分析生产动态，从而为改善油田的开发效果，进行二次、三次采油提供可靠的地质依据。

油田的非均质是绝对的、无条件的、无限的，而均质是相对的、有条件的、有限的，也就是只有在一定的非均质层内、一定条件下和有限的范围内才可以把油田近似地看成是均质的。油田的非均质从宏观到微观可以分为两大类：流场非均质和流体非均质。

1. 试剂与仪器

试剂与仪器：B-PPG 聚合物微球(配制浓度为 1.2g/L，平均粒径为 106μm)，氯化钠、氯化钾、硫酸钠、碳酸钠、碳酸氢钠、氯化镁、氯化钙、氢氧化钠、盐酸(均为分析纯试剂)，地层水(矿化度为 8g/L)，模拟油(69.5℃下的黏度为 53.4mPa·s)，去离子水，平板填砂模型(尺寸为 23cm×13cm×1cm，砂层厚度为 5mm)，HDR-PJE50 摄像机(日本 SONY 公司生产)，XZ-1 型真空泵(北京中兴伟业仪器有限公司生产)，平流泵(北京卫星厂生产)，岩心驱替装置。

2. 实验方法

利用平板填砂模型进行可视化非均质渗流调控实验。实验步骤如下：①平面填砂模型称干重；抽真空，饱和地层水，称重，计算孔隙体积；②注入模拟油，直至模型完全不出水，计算原始含油饱和度；③以 0.3mL/min 为注入速度进行水驱，直至采出端的含水率达到 98%，计算水驱采收率；④以相同的速度注入 0.45PV 聚合物微球分散体系；⑤后续水驱，直至不出油，计算聚合物微球分散体系提高的采收率，实验流程图见图 15-2。

3. 实验结果与讨论

实验参数见表 15-1。

实验结果见表 15-2。

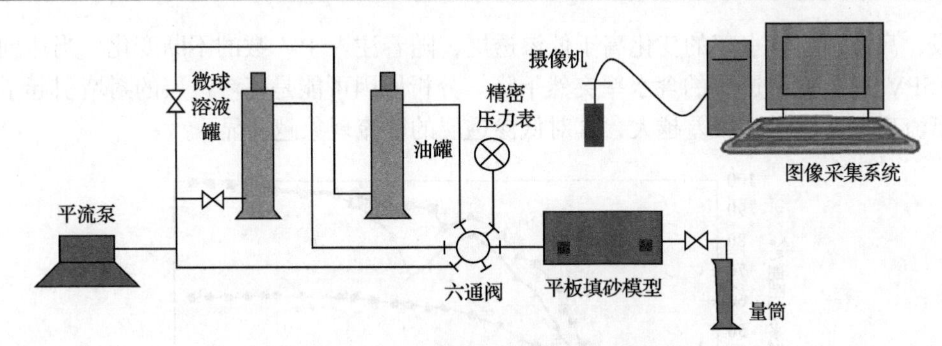

图 15-2　层内平板填砂模型的实验流程图

表 15-1　层内平板填砂模型参数

组号	渗透率/$10^{-3}\mu m^2$	平均渗透率/$10^{-3}\mu m^2$	孔隙度/%	渗透率级差
1	1.24	1.88	32.5	2.03
	2.52		34.4	
2	1.24	2.44	32.5	2.94
	3.64		36.6	
3	1.24	2.90	32.5	3.68
	4.56		39.4	
4	2.52	3.08	34.4	1.44
	3.64		36.6	
5	2.52	3.54	34.4	1.15
	4.56		39.4	
6	3.64	4.10	36.6	1.08
	4.56		39.4	

表 15-2　层内平面填砂模型的采出程度

组号	渗透率级差	采出程度/%
1	2.03	63.22
2	2.94	67.53
3	3.68	72.37
4	1.44	74.71
5	1.15	76.56
6	1.08	80.21

从表 15-2 可以看出，随着渗透率级差的减小，采出程度不断增加。

根据一组高渗透层和低渗透层含水率的变化曲线(图 15-3)可以得到，起始阶段，高渗透层含水率的变化高于低渗透层，随着注入 PV 数的不断变化，当达到 1.5PV 时，低渗透层的含水率突然下降。分析原因可能是高渗透层的封堵引起了窜流现象，渗透率级差越大，其对低渗透层的窜流现象越明显。

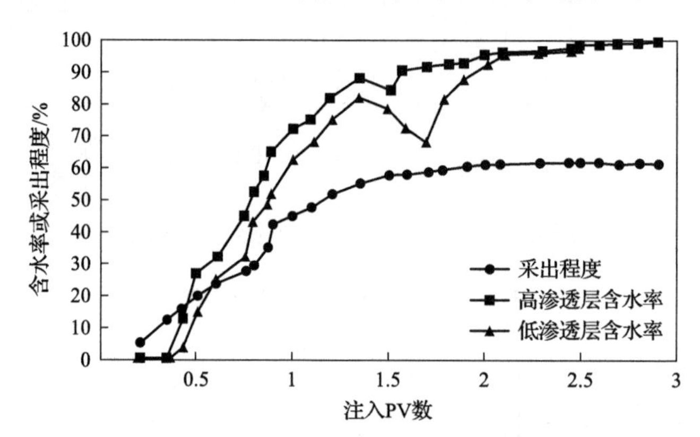

图 15-3　层内平面填砂模型采出程度和含水率的变化曲线

15.2　B-PPG 微球注入对井筒内不同层位液量分配的预测模型

针对无剖面资料的注采井，本节先分析了影响劈分系数的众多因素，首次提出对影响劈分系数的若干因素进行分类，用灰色关联分析方法对这些因素按关联度大小进行排序，确定影响劈分系数的主要因素与非主要因素，抓住主要矛盾，并基于此建立了一种符合实际油田的动态劈分方法。针对油田实际数据，经排序选择出的影响因素，首次建立了注采井垂向劈分系数，克服了过去常规劈分方法中人为选择多因素(参数)构建劈分系数而缺乏科学理论依据的弊端，并以实际油田数据和吸水剖面系数对比，吻合程度较高，说明了此方法的可行性，解决了目前区块注水量和产液量无法劈分到单层上的这一难题，为注采井合理进行液量劈分配注提供了指导方法，具有一定的先进性。

15.2.1　构建垂向劈分系数

依据上面选出的 6 个参数及其对劈分系数的影响，构建符合大洼油田的垂向劈分系数：

$$\beta_{ij} = Q_i \frac{(\overline{KH})_{ij} M_{ij} G_{ij} Z_{ij} E_{ij} / (I_n D_{ij})}{\sum_{i=1}^{m} (\overline{KH})_{ij} M_{ij} G_{ij} Z_{ij} E_{ij} / (I_n D_{ij})}；\quad (\overline{KH})_{ij} = \frac{\sum_{k=1}^{I} \overline{K}_{ijk} \overline{H}_{ijk}}{I} \tag{15-1}$$

式中，Q_i 为 i 注采井的单井液量；M 和 I 分别为区块注水井总层数和与注水井连通的油井数；$\overline{(KH)}_{ij}$为连通油井的 i 注水井 j 层段各方向地层系数 K_{ijk}、H_{ijk} 的平均值，即平均方向地层系数；M_{ij} 为区块 i 注水井 j 层数措施改造系数，无因次；G_{ij} 为区块 i 注水井 j 层层间干扰系数，无因次；I_{m} 为注采井距；D_{ij} 为 i 注水井 j 层方向的地层系数；Z_{ij} 为区块 i 注水井 j 层层间连通系数，无因次；E_{ij} 为区块 i 注水井 j 层层间开采厚度系数，无因次；β_{ij} 为 i 注水井 j 层段的垂向劈分系数。

这样，动态劈分系数的建立已基本完成。此方程考虑了地质因素、人为因素和综合因素的共同作用，计算参数较少且容易确定，可以用来指导区块注采井的液量劈分工作。

15.2.2　注采井液量劈分的计算模型

在计算垂向劈分系数的基础上，根据注采井井口的液量，计算水、油井的分层注采量：

$$Q_{ij} = Q_i \beta_{ij} = Q_i \frac{\overline{(KH)}_{ij} M_{ij} G_{ij} Z_{ij} E_{ij} / (I_n D_{ij})}{\sum_{i=1}^{m} \overline{(KH)}_{ij} M_{ij} G_{ij} Z_{ij} E_{ij} / (I_n D_{ij})} \tag{15-2}$$

由于现场没有油井产液剖面，所以选出了 4 口注水井，利用垂向劈分系数法、地层系数法与实测吸水剖面进行对比。结果表明，尽管在绝对值上有一定误差，但本节所提供方法的计算结果基本符合实际情况，而用地层系数计算的吸水量与实际测试结果相差较大。

经过分析认为，垂向劈分系数法把油、水井作为一个统一的油水运动系统，采用动静结合的方式，综合考虑了注水井与其影响到的采油井的油层条件和开发条件等因素，克服了常规利用地层系数劈分注采井的分层液量不准确的缺陷，与现场资料的符合率较高，如图 15-4～图 15-6 所示。

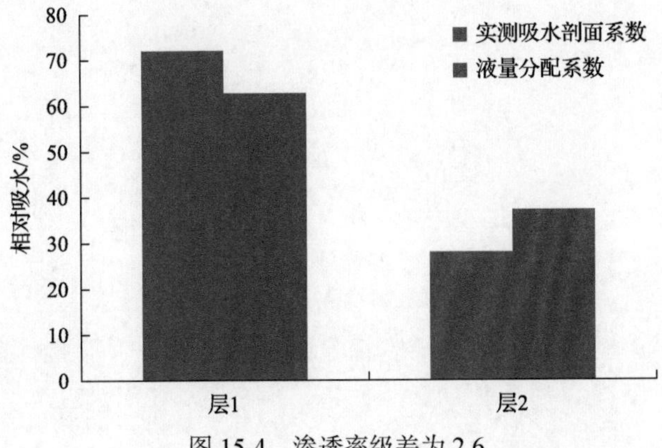

图 15-4　渗透率级差为 2.6

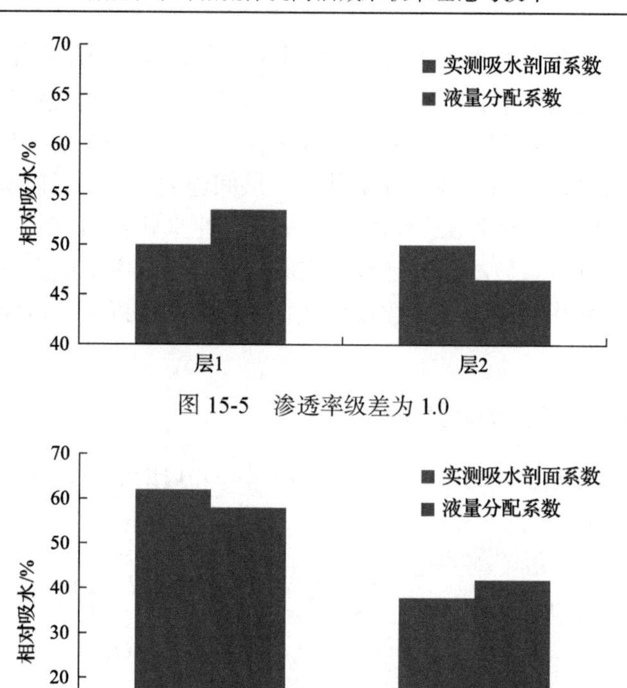

图 15-5　渗透率级差为 1.0

图 15-6　渗透率级差为 1.2

第16章　纳微米非均相体系调驱在高含水油田的应用

萨尔图油田背斜北部构造较为平缓，地层倾角约为2°，地形平坦，地面平均海拔高度为150.0m。油层埋藏深度900～1200m，砂泥岩交互分布，非均质严重。含油面积为20.2km^2，地质储量为1.2336×10^6t，含油岩系是一套河流-三角洲相沉积的砂泥岩互层，非均质极为严重，共分为7个油层组，29个砂岩组，99个沉积单元[102-105]。

16.1　高含水期水驱油效果的影响因素分析

油田注水开发效果、经济效益实际上是受多种因素控制的，是各种影响因素综合作用的结果。油藏注水开发的实践表明，下列因素对开发效果具有不可忽视的影响。

16.1.1　储层非均质性

储层非均质性表现有层间差异大，层内非均质性强。注水开发后，由于非均质性、不良连通性、低导流能力、低流动性及井网不完善等因素，储层从而表现出压力分布不均衡的特点。室内实验结果表明，储层非均质性对水驱开发效果具有非常大的影响。渗透率低，采出程度也低；渗透率越大，采出程度也越大；渗透率小，则束缚水饱和度大，束缚水饱和度大，采出程度小。当岩心渗透率较大时，油的黏度对含水率变化的影响不大，说明对驱替速度的影响较小。渗透率越低，不同黏度下含水率变化的差别越大。孔隙度大，水驱的采出程度大。渗透率级差越大，注入水突破时间越短，含水率上升得越快(表16-1)。

表16-1　不同级差条件下注入水与突破时的采出程度

渗透率级差	突破时间/d	突破时采出程度/%	含水率/%
均质	245	55.3	15.0
2	245	57.89	24.0
4	189	48.18	15.4
6	183	46.79	20.1
8	175	43.49	23.4
10	103	24.00	17.1

续表

渗透率级差	突破时间/d	突破时采出程度/%	含水率/%
50	100	23.63	51.6
100	99.8	23.47	61.2
200	99.5	23.40	65.2
400	99.4	23.36	66.1

16.1.2 油水黏度比

油黏度越低，采出程度即驱油效率越高，油黏度大使水驱油的效率降低。当岩心渗透率较大时，油黏度对含水率的变化影响不大。当渗透率小于500mD时，黏度对含水率变化的影响非常明显，表现出油黏度低，含水率上升快。渗透率越低，不同黏度下含水率变化的差别越大。

16.1.3 含水率上升符合一般规律

含水率是反映注水油田开发效果的一个重要指标，油田注水开发表明，任何一个注水油藏的含水率与采出程度之间都存在一定的关系，并取决于油藏的最终采收率。对于特定的油田或油藏，其含水率上升曲线不仅受地质特点和开发条件的影响，同时也受油水黏度比的制约：油水黏度比由大到小，含水率上升曲线的形态可表现为凸形、凸S形、S形、凹S形、凹形，含水率变化遵循不同的规律。对于该区块，其含水率上升曲线的形态呈凹S形。由于油田开发过程是一个不断调整、不断完善的过程，油藏非均质性等因素使各层系的含水率随采出程度的上升趋势而变化，所对应的最终采收率也有所不同。

从图16-1～图16-3可以看出，高含水期对于渗透率大的储层而言，油黏度对采出程度的影响仍然较大；当渗透率较低时，油黏度对采出程度的影响变小。这

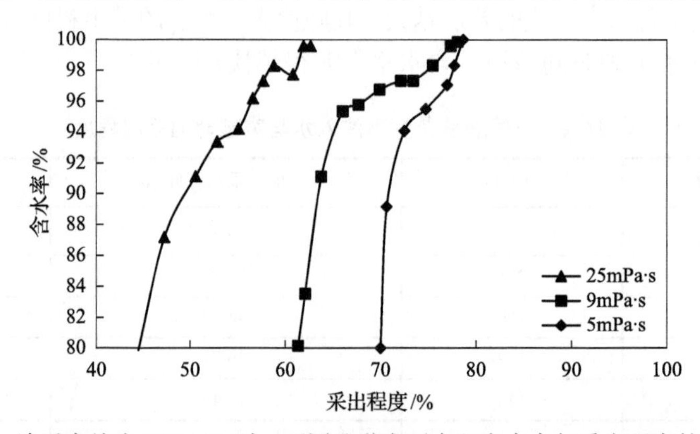

图16-1 渗透率约为2500mD时，不同油黏度下水驱含水率与采出程度的变化关系

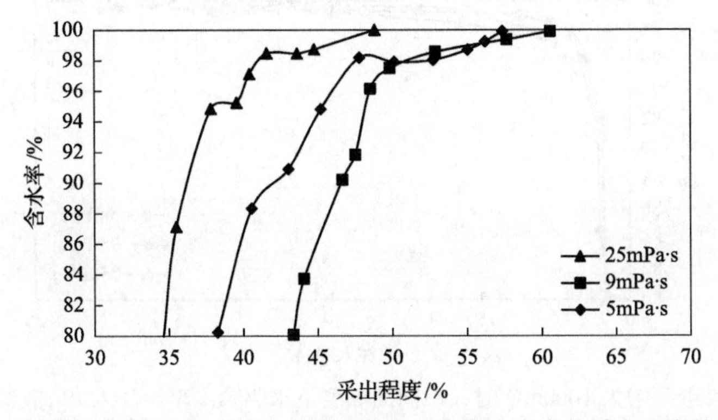

图 16-2　渗透率约为 550mD 时，不同油黏度下水驱含水率与采出程度的变化关系

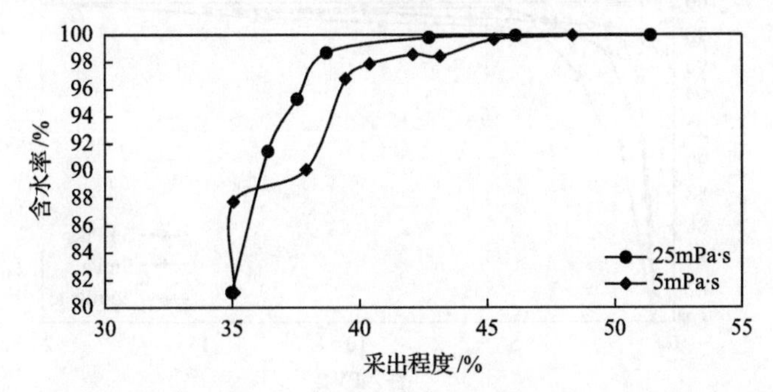

图 16-3　渗透率约为 30mD 时，不同油黏度下水驱含水率与采出程度的变化关系

说明渗透率对储层采出程度的影响具有优先级，黏度次之。为此，对高含水期渗透率大的储层而言，降低油的黏度是提高采出程度的有利途径。

从图 16-4～图 16-8 可以看出，高含水期对于渗透率大的储层而言，油黏度对含水率变化的影响变小；当渗透率较低时，油黏度对含水率的变化具有显著影响，这说明渗透率低时改变油的黏度可以提高采出程度并降低含水率。

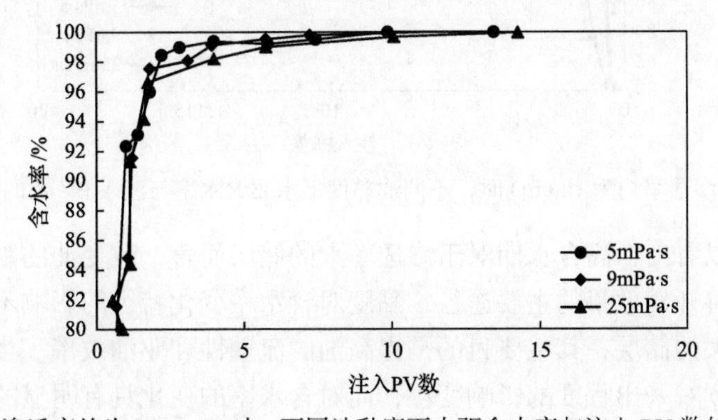

图 16-4　渗透率约为 2500mD 时，不同油黏度下水驱含水率与注入 PV 数的变化关系

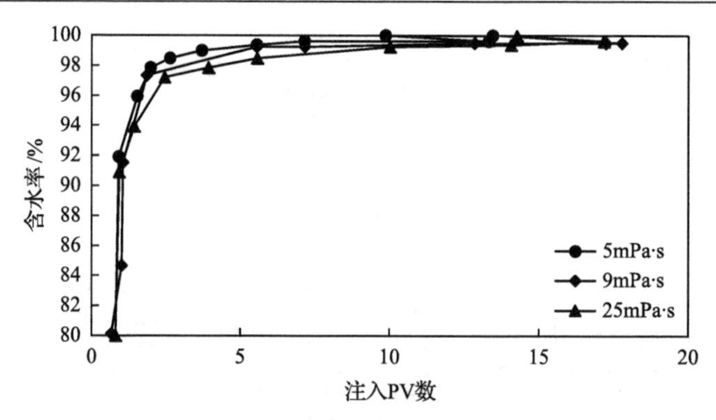

图 16-5 渗透率约为 1000mD 时，不同油黏度下水驱含水率与注入 PV 数的变化关系

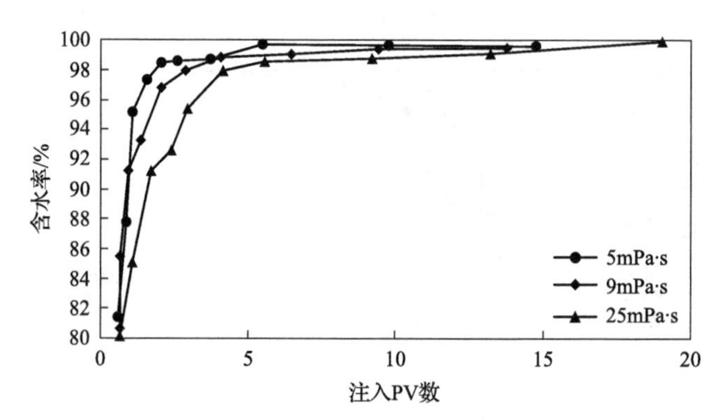

图 16-6 渗透率约为 500mD 时，不同油黏度下水驱含水率与注入 PV 数的变化关系

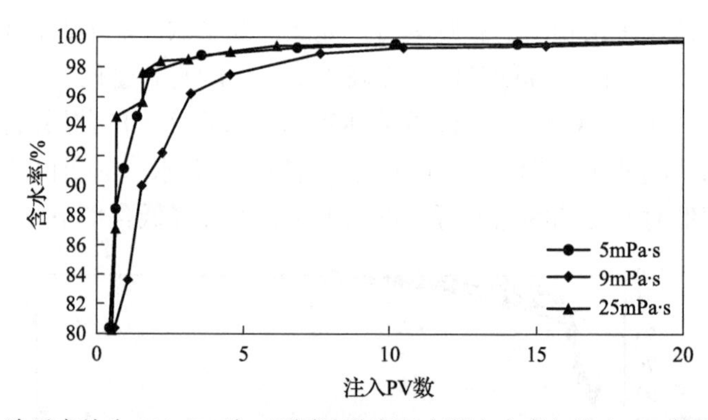

图 16-7 渗透率约为 100mD 时，不同油黏度下水驱含水率与注入 PV 数的变化关系

由此可以看出，高含水期对于渗透率大的储层而言，改变油的黏度是提高采出程度并改善开发效果的主要途径，黏度对含水率变化特征的影响不大。这说明对于渗透率大的储层，其主要目的是提高油的流动性和驱油效率。当渗透率较低时，油的黏度对采出程度的影响变小，而对含水率的变化具有明显的影响，通过

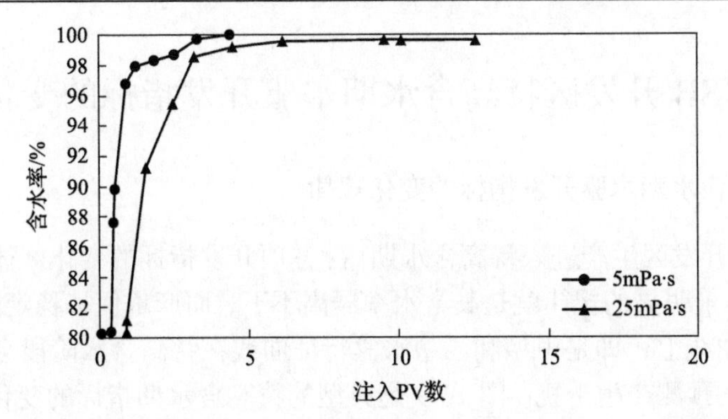

图 16-8　渗透率约为 30mD 时，不同油黏度下水驱含水率与注入 PV 数的变化关系

改变油的黏度可以提高采出程度，降低含水率。这说明渗透率低时，不仅要降低原油黏度来提高驱油效率，更重要的是提高渗流能力，扩大波及体积，而扩大波及体积将是提高采收率最重要的途径。

16.1.4　储层孔隙结构对驱油效果的影响

储层沉积微相与储层非均质性有着密切的关系，不同的沉积环境和不同的沉积方式，其垂向韵律也不同，所以由其引起的层内非均质也不相同，由主河道、河间砂体和前缘砂体的沉积引起的层内非均质程度也不同，微观的孔隙结构也不同。而孔隙结构对水驱效率又有较大的影响。研究结果表明，水驱效率与孔隙结构的特征函数呈正相关。储层长期注水开发对油层孔隙结构将产生影响，一般储集层微观孔隙结构随注水开发程度的加深将发生复杂的变化。其中，孔隙结构的变化较大，孔隙度变大。物性好的储层，其孔隙度和渗透率随注水程度的增加而增大。对于孔隙度和渗透率较低的储层而言，喉道非均质性随注水开发程度的加深而增强(表 16.2)。

表 16-2　不同含水阶段的喉道特征参数统计表

含水阶段	喉道半径/μm		喉道分选性		
	平均	中值	分选系数	变异系数	均质系数
初期	5.23	3.89	4.04	0.651	0.344
中期	5.52	4.31	3.74	0.699	0.459
高期	7.41	5.31	3.58	0.753	0.414
特高期	7.23	5.33	2.21	0.694	0.508

16.2 SB 开发区特高含水期水驱开发指标的变化规律

16.2.1 特高含水期水驱开发指标的变化规律

SB 油田开发区生产进入特高含水期后，各项开发指标的变化规律与前期有所不同。其中，最明显的规律就是其含水率居高不下，而产量保持稳定的难度增加。反映在水驱曲线上，即是甲型和乙型水驱特征曲线在特高含水阶段会上翘，从而对开发指标的预测产生干扰。图 16-9 是典型的特高含水期指标的变化规律，从图中可以看出，特高含水期尤其是在含水率高于 95%以后，水油比的增长幅度变大，而相对应采出程度的增长却变得非常慢，也就是说含水率在增加，但累计产量的增加却很缓慢。

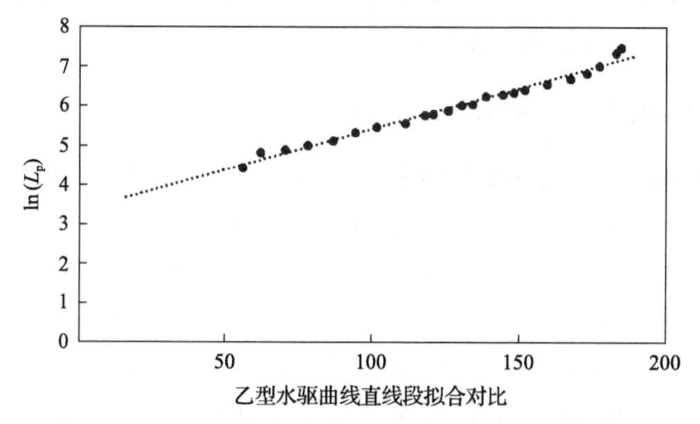

图 16-9 特高含水期的水油比与采出程度的典型变化

特高含水期油田的开发指标之所以会出现这种变化规律，究其原因在于其相对渗透率的曲线形态发生了变化。通常情况下，假设油水相对渗透率比值的对数与含水饱和度呈直线关系，即 $\ln\frac{k_{ro}}{k_{rw}} = C + DS_w$（$C$、$D$ 为系数），这一线性关系在特高含水期之前是成立的，所以我们以分流方程为基础，由此推导出水油比与采出程度的半对数关系：

$$\ln(\mathrm{WOR}) = A + BR \tag{16-1}$$

式中，WOR 为水油比；R 为采出程度。

$$A = \ln\frac{\mu_o}{\mu_w} - C - D + \frac{DB_o(1 - S_{wi})}{B_{oi}} \tag{16-2}$$

$$B = -\frac{DB_o(1 - S_{wi})}{B_{oi}} \tag{16-3}$$

其中，S_{wi} 为初始含水饱和度；B_o 为油体积系数；B_{oi} 为油初始体积系数。

在特高含水阶段，相对渗透率比值与含水饱和度的半对数曲线下垂，不再遵守直线关系，其系数 D 值减小，所以 $\ln(\mathrm{WOR}) = A + BR$ 中的 B 值增大，反映在 $\ln(\mathrm{WOR}) = A + BR$ 的曲线上，就会出现上翘(图 16-9)。

16.2.2　特高含水期水驱开发指标的预测公式

人们提出了各种研究油田的动态变化的方法，也对很多影响因素进行了定性的实验总结。在深入进行文献调研的基础上得知，随着水驱开发的进行，油藏的储层物性会发生变化，并且影响开发动态。一般而言，随注入孔隙体积倍数的增加，渗透率的微观非均质性将加强，宏观上会出现水驱优势通道，即渗透率的变异系数增大。大庆油田的储层是砂泥岩交互分布，非均质性很严重，因而在注水开发的过程中，其非均质性将进一步加大，反映在开发动态上，即进入高含水期后，含水上升率增大，而产量却明显下降。

本书经深入研究，提出了以乙型水驱特征曲线 $\ln L_p = A_0 + B_0 N_p$ 为基础，考虑储层性质由水驱引起的变化，这种变化为随注入孔隙体积倍数对渗透率变异系数产生的影响，通过实验和现场实验数据回归，建立了如下的动态水驱曲线公式：

$$\ln L_p = \left(A_0 - \frac{an}{1+bn} \right) + \left[B_0 + \beta \ln(1+n) \right] N_p \tag{16-4}$$

式中，N_p 为累计产油量，$10^4\mathrm{m}^3$；L_p 为累计产液量，$10^4\mathrm{m}^3$；A_0 为乙型水驱曲线的系数；B_0 为乙型水驱曲线的系数；n 为注入 PV 数；a 、b 、β 为方程系数。

令 $A = A_0 - \dfrac{an}{1+bn}$，$B = B_0 + \beta \ln(1+n)$，新的乙型水驱特征曲线可以简写为

$$\ln L_p = A + BN_p \tag{16-5}$$

由上式可得含水率与采出程度的关系：

$$f_w = 1 - \frac{1}{B\exp(A + BNR)} \tag{16-6}$$

式中，N 为地质储量。

从图 16-10 可以看出，原有使用的乙型水驱特征曲线方程对预测大庆油田的特高含水期曲线上翘规律部分存在较大误差(见图中黑色线——乙型水驱特征公式)，而新模型公式(图中的红线为考虑注水储层性质变化的新型乙型水驱特征公式)着重反映了长期注水储层的性质变化对开发指标的影响。与水驱的全过程均吻合得较好。

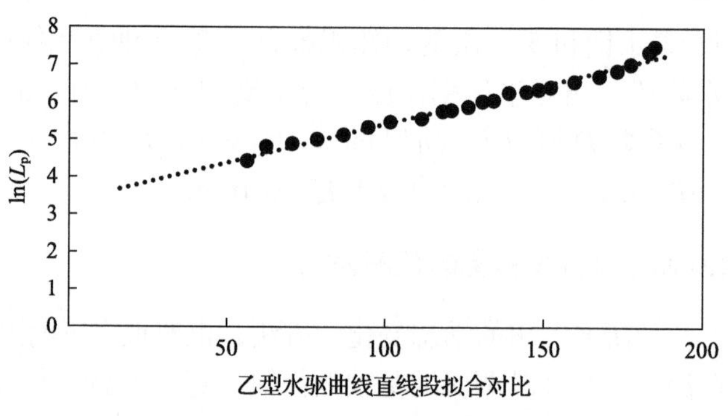

图 16-10　SB 开发区水驱特征曲线

参 考 文 献

[1] 叶贞成, 刘洪来, 胡英. 非均匀流体密度泛函理论研究进展[J]. 中国科技论文, 2006, 1(1): 1-12.

[2]〔英〕马丁・克劳福德. 空气污染控制理论[M]. 梁宁元, 孙佩极, 等, 译. 冶金工业出版社, 1985: 43-44.

[3] 力学词典编辑部. 力学词典[M]. 北京: 中国大百科全书出版社, 1990: 42.

[4] 化学工业出版社辞书编辑部. 化学化工大辞典(下)[M]. 北京: 化学工业出版社, 2003.

[5] 邓修, 施亚钧, 戴星. 乳状液分散相在填充床中的聚结——填充介质的选择[J]. 化工学报, 1991, (3): 349-355.

[6] 张兆顺, 崔桂香. 流体力学[M]. 北京: 清华大学出版社, 1999.

[7] 李子全. 预处理 SiC 颗粒在 ZA-27 合金中的分散润湿过程和界面反应模型[J]. 南京航空航天大学学报, 2002, (3): 240-244.

[8] 梁文平. 表面活性剂及其在分散体系中的应用[J]. 日用化学工业, 1999, (1): 10-14.

[9] 任娟清. 几种混悬剂的选择试验[J]. 中国药学杂志, 1966, (1): 45.

[10] 本刊编辑部. 炼油、化工消防[J]. 工业用水与废水, 1976, (3): 1.

[11] 罗哲鸣, 李传宪. 原油流变性及测量[M]. 东营: 石油大学出版社, 1994: 48.

[12] 张立影. 多孔介质中非牛顿液体流动界面稳定性研究[D]. 大庆: 大庆石油学院, 2002.

[13] 庄全超, 许金梅, 樊小勇, 等. $LiCoO_2$ 电极/电解液界面特性的电化学阻抗谱研究[J]. 中国科学(B 辑: 化学), 2007, (1): 18-24.

[14] (美)约翰・R. 范驰(John R.Fanchi). 集成油藏资产管理原理与最佳实践[M]. 韩继勇, 张益, 程国建, 译. 北京: 石油工业出版社, 2014.

[15] 李素梅, 张爱云, 王铁冠. 原油极性组分的吸附与储层润湿性及研究意义[J]. 地质科技情报, 1998, 17(4): 6.

[16] 秦积舜, 李爱芬. 油层物理学[M]. 东营: 石油大学出版社, 2001.

[17] 韩大匡, 韩冬, 杨普华, 等. 胶态分散 凝胶驱油技术的研究及进展[J]. 油田化学, 1996, 13(3): 273-276.

[18] 张雪龄, 朱维耀, 蔡强, 等. 单分散介孔氧化硅微球的粒径可控制备[J]. 功能材料, 2011, 42(S5): 803-808.

[19] 雷光伦, 郑家朋. 孔喉尺度聚合物微球的合成及全程调剖驱油新技术研究[J]. 中国石油大学学报, 2007, 31(1): 87-91.

[20] 王聪, 辛爱渊, 张代森, 等. 交联聚合物微球深部调驱体系的评价与应用[J]. 精细石油化工进展, 2008, 9(6): 23-25.

[21] 李娟, 朱维耀, 龙运前, 等. 纳微米聚合物微球的水化膨胀封堵性能[J]. 大庆石油学院学报, 2012, 36(3): 8, 52-57.

[22] 林梅钦, 董朝霞, 彭勃, 等. 交联聚丙烯酰胺微球的形状与大小及封堵特性研究[J]. 高分子学报, 2011, (1): 48-54.

[23] Flory P J. Principles of Polymer Chemistry[M]. New York: Cornel University Press, 1953.

[24] 狄勤丰, 李战华, 施利毅, 等. 疏水纳米 SiO_2 对微管道流动特性的影响[J]. 中国石油大学学报(自然科学版), 2009, 33(1): 109-111, 119.

[25] 黎晓茸, 贾玉琴, 樊兆琪, 等. 裂缝性油藏聚合物微球调剖效果及流线场分析[J]. 石油天然气学报, 2012, 34(7): 9, 125-128.

[26] 龙运前. 纳微米聚合物颗粒分散体系调驱多相渗流理论研究[D]. 北京: 北京科技大学, 2013.

[27] McGuire, Thomas P, Derek Elsworth, et al. Experimental measurements of stress and chemical controls on the evolution of fracture permeability[J]. Transport in Porous Media, 2013, 98(1): 15-34.

[28] 雷占祥, 陈月明, 冯其红, 等. 聚丙烯酰胺反相乳液深部调驱数学模型[J]. 石油学报, 2006, 27(5): 103-107.

[29] Liu X H, Civan F. Characterization and prediction of formation damage in two-phase flow systems[C]. SPE Production Operations Symposium, Oklahoma City, 1993.

[30] 朱维耀, 程杰成, 吴军政, 等. 多元泡沫化学剂复合驱油渗流数学模型[J]. 北京科技大学学报, 2006, 28(7): 619-624.

[31] 龙运前, 朱维耀, 宋付权, 等. 低渗透储层纳微米聚合物颗粒分散体系调驱多相渗流理论[J]. 中南大学学报(自然科学版), 2015, (5): 1812-1819.

[32] 陈芳芳. 葡北油田纳微米微球深部调驱数值模拟研究[D]. 大庆: 东北石油大学, 2013.

[33] 王鸣川, 朱维耀, 董卫宏, 等. 曲流河点坝型厚油层内部构型及其对剩余油分布的影响[J]. 油气地质与采收率, 2013, 20(3): 14-17, 112.

[34] 陈程, 贾爱林, 孙义梅. 厚油层内部相结构模式及其剩余油分布特征[J]. 石油学报, 2000(5): 1, 99-102.

[35] 吕晓光, 田东辉, 李伯虎. 厚油层平面宏观非均质性及挖潜方法的探讨[J]. 石油勘探与开发, 1993(4): 58-63, 71.

[36] 陈程, 孙义梅. 厚油层内部夹层分布模式及对开发效果的影响[J]. 大庆石油地质与开发, 2003, (2): 24-27.

[37] Miall A D. The Geology of Fluvial Deposits: Sedimentary Facies Basin Analysis and Petroleum Geology[M]. New York: Springer-Verlag, 1996: 57-98.

[38] 张瑞, 刘宗宾, 贾晓飞, 等. 基于储层构型研究的储层平面非均质性表征[J]. 西南石油大学学报(自然科学版), 2018, 40(5): 15-27.

[39] 封从军, 鲍志东, 陈炳春, 等. 扶余油田基于单因素解析多因素耦合的剩余油预测[J]. 石油学报, 2012, 33(3): 465-471.

[40] 陈亮, 张一伟, 熊琦华. 严重非均质油藏高含水期剩余油分布研究进展[J]. 石油大学学报(自然科学版), 1996, (6): 101-106.

[41] Wang Y X, Shang Q H, Zhou L F, et al. Utilizing macroscopic areal permeability heterogeneity to enhance the effect of CO_2 flooding in tight sandstone reservoirs in the Ordos Basin[J]. Journal of Petroleum Science and Engineering, 2021, 196: 107633.

[42] Wen B L, Chini G P. Reduced modeling of porous media convection in a minimal flow unit at large Rayleigh number[J]. Journal of Computational Physics, 2018, 371: 551-563.

[43] Elnaggar O M. A new processing for improving permeability prediction of hydraulic flow units, Nubian Sandstone, Eastern Desert, Egypt[J]. Journal of Petroleum Exploration and Production Technology, 2018, 8(3): 677-683.

[44] Wei L, Shi C L, Yang C H, et al. Classification and application of flow units in carbonate reservoirs[J]. IOP Conference Series: Earth and Environmental Science, 2018, 186(3): 012028.

[45] 武男, 朱维耀, 石成方, 等. 有效流动单元划分方法与流场动态变化特征[J]. 中南大学学报(自然科学版), 2016, 47(4): 1374-1382.

[46] Wang W, Tan J, Mu S R, et al. Study on flow unit of heavy oil bottom water reservoir with over-limited thickness in offshore oilfield[J]. Open Journal of Geology, 2019, 9(9): 507-515.

[47] Yusuf I, Padmanabhan E. Impact of rock fabric on flow unit characteristics in selected reservoir sandstones from West Baram Delta Offshore, Sarawak[J]. Journal of Petroleum Exploration and Production Technology, 2019, 9: 2149-2164.

[48] Abdulaziz A M, Abouzaid M A, Dahab A S. Petrophysical analysis and flow units characterization for abu madi pay zones in the Nile delta reservoirs[J]. Open Journal of Geology, 2018, 8(12): 1146-1165.

[49] 刘吉余, 郝景波, 尹万泉, 等. 流动单元的研究方法及其研究意义[J]. 大庆石油学院学报, 1998, 22(1): 5-7.

[50] 于润涛. 大庆油田萨中开发区高含水期地质储量精细计算方法研究[D]. 大庆: 大庆石油学院, 2006.

[51] Savins J G. Non-Newtonian flow through porous media[J]. Industrial & Engineering Chemistry, 1969, 61(10): 18-47.

[52] Gogarty W B. Rheological properties of pseudoplastic fluids in porous media[J]. Society of Petroleum Engineers Journal, 1967, 7(2): 149-160.

[53] Jennings R R, Rogers J H, West T J. Factors influencing mobility control by polymer solutions[J]. Journal of Petroleum Technology, 1971, 23(3): 391-401.

[54] Hirasaki G J, Pope G A. Analysis of factors influencing mobility and adsorption in the flow of polymer solution through porous media[J]. Society of Petroleum Engineers Journal, 1974, 14(4): 337-346.

[55] 张晓芹, 关恒, 王洪涛. 大庆油田三类油层聚合物驱开发实践[J]. 石油勘探与开发, 2006, (3): 374-377.

[56] 胡睿智, 唐善法, 金礼俊, 等. 阴离子双子表面活性剂分子结构对其溶液表、界面活性的影响[J]. 西安石油大学学报(自然科学版), 2020, 35(5): 98-107.

[57] Esfandyari H, Shadizadeh S R, Esmaeilzadeh F, et al. Implications of anionic and natural surfactants to measure wettability alteration in EOR processes[J]. Fuel, 2020, 278: 118392.

[58] 于洋. 富芳烃石油磺酸盐的制备及应用性能研究[D]. 青岛: 中国石油大学(华东), 2017.

[59] 肖传敏, 张艳芳. 聚合物-表面活性剂复合驱用石油磺酸盐研制与评价[J]. 长江大学学报(自科版), 2016, 13(11): 6, 71-74.

[60] Zhong Q L, Cao X L, Zhu Y W, et al. Studies on interfacial tensions of betaine and anionic-nonionic surfactant mixed solutions[J]. Journal of Molecular Liquids, 2020, 311: 113262.

[61] Zhao G, Khin C C, Chen S B, et al. Nonionic surfactant and temperature effects on the viscosity of hydrophobically modified hydroxyethyl cellulose solutions[J]. Journal of Physical Chemistry B, 2005, 109(29): 14198.

[62] Fabíola D S C, Santanna V C, Neto E L B, et al. Adsorption of nonionic surfactants in sandstones[J]. Colloids & Surfaces A Physicochemical & Engineering Aspects, 2007, 293(1-3): 1-4.

[63] Guo J C, Li M, Chen C, et al. Experimental investigation of spontaneous imbibition in tight sandstone reservoirs[J]. Journal of Petroleum Science and Engineering, 2020, 193: 107395.

[64] 达引朋, 薛小佳, 刘明, 等. 超低渗油田蓄能重复压裂增能机理[J]. 科学技术与工程, 2021, 21(33): 14139-14146.

[65] 马驷驹, 董悦, 张智旋, 等. 宽带压裂技术在低渗透油藏中高含水井的应用[J]. 石油化工应用, 2020, 39(6): 75-77, 90.

[66] 韩福勇, 倪攀, 孟海龙. 宽带暂堵转向多缝压裂技术在苏里格气田的应用[J]. 钻井液与完井液, 2020, 37(2): 257-263.

[67] 王飞, 齐银, 达引朋, 等. 超低渗透油藏老井宽带体积压裂缝网参数优化[J]. 石油钻采工艺, 2019, 41(5): 643-648.

[68] 李忠兴, 李松泉, 廖广志, 等. 长庆油田超低渗透油藏持续有效开发重大试验攻关探索与实践[J]. 石油科技论坛, 2021, 40(4): 1-11.

[69] 李熠, 张宁利, 刘建升, 等. 中高含水油井宽带压裂技术试验及应用[J]. 石油化工应用, 2021, 40(8): 58-61.

[70] 巨江涛, 张进科, 张青锋. 姬塬油田宽带压裂工艺技术研究与应用[J]. 石油化工应用, 2020, 39(4): 55-62.

[71] 王敏生, 光新军. 智能钻井技术现状与发展方向[J]. 石油学报, 2020, 41(4): 505-512.

[72] 林伯韬, 陈森, 潘竟军, 等. 风城陆相超稠油油砂微压裂扩容机理实验研究[J]. 石油钻采工艺, 2016, 38(3): 359-364, 408.

[73] 孙君, 王小华, 徐斌, 等. 强非均质超稠油砂储层双水平井扩容启动数值模拟研究[J]. 科学技术与工程, 2021,

21(15): 6262-6271.

[74] 林伯韬, 史璨, 庄丽, 等. 基于真三轴实验研究超稠油储集层压裂裂缝扩展规律[J]. 石油勘探与开发, 2020, 47(3): 608-616.

[75] 肖宇, 孙尧尧, 贺敬聪. 注水井微压裂技术在渤海某油田的应用效果评价[J]. 海洋石油, 2018, 38(3): 36-38.

[76] 陈森, 林伯韬, 金衍, 等. SAGD井微压裂储层渗透率变化规律研究[J]. 西南石油大学学报(自然科学版), 2018, 40(1): 141-148.

[77] 杨洪, 陈森, 张玉凤, 等. 风城 SAGD 微压裂扩容启动数值模拟及应用[J]. 新疆石油天然气, 2017, 13(2): 3, 38-42.

[78] 刘合, 金旭, 丁彬. 纳米技术在石油勘探开发领域的应用[J]. 石油勘探与开发, 2016, 43(6): 1014-1021.

[79] 孙业恒, 龙运前, 宋付权, 等. 低渗透油藏纳微米聚合物颗粒分散体系封堵性能评价[J]. 油气地质与采收率, 2016, 23(4): 88-94.

[80] 李小永, 李经纬, 付亚荣, 等. 油水井智能堵水调剖技术现状及发展趋势[J]. 石油钻采工艺, 2021, 43(4): 545-551, 558.

[81] 李彦阅, 黎慧, 吕金龙, 等. 海上油田堵调驱技术驱油机理及剩余油分布研究[J]. 当代化工, 2022, 51(1): 139-143, 150.

[82] 樊兆琪, 程林松. 聚合物微球调剖封堵渗流场可视化及矿场试验[J]. 科学技术与工程, 2012, 12(29): 7543-7546.

[83] 雷锡岳, 曲占庆, 郝彤, 等. 聚合物驱后复合相态调驱体系提高采收率技术[J]. 特种油气藏, 2018, 25(2): 143-147.

[84] 张庆龙. 非均质油藏聚合物微球-表面活性剂复合调驱体系[J]. 断块油气田, 2021, 28(5): 716-720.

[85] 魏焜, 郑继龙, 刘浩洋, 等. 聚合物微球调驱体系储层渗透率级差界限实验[J]. 精细石油化工进展, 2021, 22(5): 6-9.

[86] 崔宝玉, 董於, 冯文勇. 深部调剖技术在长庆五里湾一区的应用[J]. 石化技术, 2015, 22(4): 78.

[87] 刘磊, 孟艳青, 马春晖. 靖安油田剩余油分布规律及挖潜技术研究[J]. 石油化工应用, 2014, 33(10): 36-39.

[88] 吴钰, 杜东军, 杨卫军, 等. 靖安油田低渗透油藏注水井调剖技术研究[J]. 辽宁化工, 2014, 43(3): 336-339.

[89] 康治华, 彭瑞强, 刘广峰, 等. 五里湾长 6 油藏剩余油分布特征及挖潜技术研究[J]. 石油化工应用, 2015, 34(2): 65-68.

[90] 张庆石. 富油凹陷向斜区油气富集控制因素及成藏分析——以松辽盆地齐家北扶余、高台子油层为例[J]. 西部探矿工程, 2021, 33(12): 89-93.

[91] 刘言, 王文广. 南二、三区高台子油水同层潜力及挖潜界限研究[J]. 当代化工, 2015, 44(4): 763-765.

[92] 张威. 齐家地区高台子油层成藏要素特征及其空间配置关系[J]. 西部探矿工程, 2018, 30(12): 60-64.

[93] 刘静, 常城, 于佳琳, 等. 北一区断东二、三类油层三次采油前综合挖潜试验[J]. 大庆石油地质与开发, 2014, 33(2): 66-72.

[94] 伍英. 龙虎泡地区扶余油层致密油成藏特征[J]. 西部探矿工程, 2015, 27(9): 79-82.

[95] 王伟, 岳湘安, 王敏, 等. 龙虎泡低渗透油田聚表二元复合驱实验研究[J]. 西安石油大学学报(自然科学版), 2012, 27(4): 42-45, 115.

[96] 张获楠, 金曙光, 刘淑琴. 龙虎泡地区高台子油层沉积及成岩作用对储层物性的影响[J]. 大庆石油地质与开发, 1998, (4): 9-11, 55.

[97] 李艳梅, 王利峰. 龙虎泡低渗透油田开发技术方法研究[J]. 内蒙古石油化工, 2012, 38(13): 114-116.

[98] 于龙, 李亚军, 宫厚健, 等. 支化预交联凝胶颗粒驱油机理可视化实验研究[J]. 断块油气田, 2014, 21(5): 656-659.

[99] 任亭亭, 宫厚健, 桑茜, 等. 聚驱后 B-PPG 与 HPAM 非均相复合驱提高采收率技术[J]. 西安石油大学学报(自然科学版), 2015, 30(5): 9, 54-58, 84

[100] 姜祖明. 基于可视化实验和分形维数的 B-PPG 微观驱油特征研究[J]. 塑料工业, 2020, 48(8): 151-156.

[101] 王昕, 聂飞朋, 车传睿, 贺启强, 刘煜, 石琼. B–PPG 非均相复合体系对滤砂管通过性能实验研究——以胜利海上油田为例[J]. 石油地质与工程, 2021, 35(2): 117-121.

[102] 曾雪梅. 萨北开发区井震结合断层区精细挖潜研究[J]. 石油规划设计, 2016, 27(6): 23-26, 50, 57.

[103] 葛岩. 北三东水驱均衡地层压力的调整方法研究[J]. 长江大学学报(自科版), 2014, 11(26): 81-83, 92.

[104] 朱琦. 北三东西块聚驱见效特征分析及治理对策研究[J]. 科技与企业, 2013, (13): 240-241.

[105] 何利. 萨北开发区北三区东部水驱开采方向[J]. 油气田地面工程, 2012, 31(2): 62-63.